Mehr als 2.400 Ikarus 31 bzw. des ihm äußerlich sehr ähnlichen ab 1964 gefertigten Nachfolgetyps 311 erreichten zwischen 1957 und 1972 die DDR und waren hier vereinzelt fast 30 Jahre im Einsatz.

7.466 Ikarus 55 verließen 1953 bis 1972 die Fertigungsbänder. Einige Auftraggeber bestellten sie mit anderen Antriebsaggregaten, beispielsweise von Unic. In der DDR fuhren knapp 2.300 dieser markanten Omnibusse.

Lebenslinien der frühen
Ikarus-Busse

Die großen Rahmenbusse
Die kleinen Frontlenker
Ikarus 55 und 66

Andreas Riedel

Titelfotos: - **oben links:** Eine absolute Seltenheit stellte im August 1977 dieser mehr als 20 Jahre alte Ikarus 30 dar, dem der Fotograf in Bautzen begegnete.

- **oben rechts:** Nach Polen rollte dieser Ikarus 620 aus dem Jahre 1967.

- **Mitte:** Ikarus 31 des VEB Kraftverkehr Meißen aus dem Jahre 1960, hier bereits nach einer Generalreparatur.

- **unten:** Fabrikneue Ikarus 66, 620 und 55, aufgenommen im Jahre 1965.

Innentitel: Ikarus 55 von 1960 als Flughafenzubringer der ungarischen Fluggesellschaft Malev.

Rücktitel: Früher Ikarus 66 Stadtwagen, aufgenommen 1959 während der Versuchsfahrten in Halle/Saale.

ISBN 978-3-96564-005-4

Bildverlag Böttger GbR
W. I. T. der Gewerbepark
Witzschdorfer Hauptstraße 94
09437 Witzschdorf
Telefon: 0 37 25 / 2 01 40
Fax: 0 37 25 / 2 02 40
www.boettger-bildverlag.de
E-Mail: info@boettger-bildverlag.de

1. Auflage 2020

Inhaltsverzeichnis

Zum Geleit

Im Jahre 2020 begehen wir das 125. Jubiläum der Entstehung der Keimzelle des späteren Budapester Omnibusherstellers Ikarus, welcher zeitweilig zu den größten der Welt gehörte. Es ist nicht die Absicht des Verlages und des Autors die bereits in recht detaillierter Form vorliegende geschichtliche Darstellung des Unternehmens zu wiederholen. Hier möchten wir uns auf einige unserer Meinung nach für das Verständnis wichtige Details beschränken. 1895 gründete Imre Uhry eine Schmiede- und Wagenbauanstalt. Auf verschiedenen zugekauften Fahrgestellen sind hier bereits in den 1920er Jahren Omnibusse aufgebaut worden. Einer der Zulieferer war die ungarische Firma Mavag (Ungarische Eisen-, Stahl,- und Maschinenfabrik), welche ab 1928 Nutzfahrzeuge mit Lizenzen von NAG und Daimler Benz fertigte. Der bereits 1943 geplante Umzug des Unternehmens von Uhry in die fast ein Jahrzehnt brach liegenden deutlich größeren Produktionsstätten des Unternehmens MAG am Standort Matyasföld konnte infolge von Schäden durch alliierte Luftangriffe im Jahre 1944 erst im Frühjahr 1946 erfolgen, wo ab 1947 der Omnibusbau beginnen konnte. Die 1916 gegründete Maschinen- und Metallwaren AG (MAG), welche 1949 in das ein Jahr zuvor verstaatlichte Unternehmen eingegliedert worden ist, steuerte den Namen Ikarus bei, welchen sie ab 1940 in ihrer Firmenbezeichnung geführt hatte. Fortan firmierte das Unternehmen unter dem Namen Ikarus Karosserie- und Fahrzeugwerk. Weitere Zusammenhänge werden an entsprechenden Stellen im Text ausgeführt.

Mit der vorliegenden Arbeit verfolgen wir die Absicht, anhand einer Reihe einzigartiger und mehrheitlich bisher nicht veröffentlichter Bilddokumente die Lebenslinien von vier Omnibusreihen unter Berücksichtigung wichtiger äußerer Merkmale einzelner Baulose nachzuzeichnen, welche in dieser Genauigkeit bislang nicht dargestellt werden konnten. Es sind dies die großen Rahmenbusse bis zum Ikarus 630/632, die teilselbsttragenden kleinen Omnibusse bis zum Ikarus 311 sowie die heckgetriebenen Ikarus 55 und 66. Gerade bei den genannten Typen im Allgemeinen und den Ikarus 55/66 im Besonderen erleben wir aktuell eine zunehmende Erhebung in den Kultstatus. Dabei kennen die wenigsten jüngeren Generationen diese Fahrzeuge in ihren Werkszuständen, weil durch wiederholte Um- und Neuaufbauten im Rahmen der Werterhaltung das äußere Erscheinungsbild ganz unterschiedlicher Serien sich nach und nach angenähert hat. Geschuldet war diese Verfahrensweise der nicht selten mehr als 15- bis 20-jährigen Einsatzzeit einzelner Fahrzeuge mangels ausreichender Mittel und Möglichkeiten der Ersatzbeschaffung.

Ergänzt werden die vielen Aufnahmen aus der Produktion sowie mehrheitlich weitgehend fabrikneuer Serienfahrzeuge durch viele Bilder aus den Archiven zahlreicher Nahverkehrs- und Omnibusfans. Um die Darstellung lebendiger erscheinen zu lassen, sind an mehreren Stellen kleine Bildkapitel zu ausgewählten Themen – einzelne Busse im Wandel der Zeiten, Blick in den Betriebsalltag und den Werterhaltungsprozess, um nur einige zu nennen – eingefügt worden, die es auch den weniger mit der Materie vertrauten Lesern erleichtern mögen, ein klein wenig hinter die Kulissen zu schauen und zugleich ein authentisches und lebendigeres Alltagsbild zu vermitteln. Dabei greifen wir auch auf Bildmaterial zurück, welches bislang kaum eine Chance hatte, öffentlich gezeigt zu werden, weil andere Motive vermeintlich intakterer Fahrzeuge bislang meist den Vorrang in Publikationen hatten. Der tägliche Betrieb aber sah oft anders aus und diesen möchten wir ungeschönt darstellen, so, wie ihn mehrere Generationen Tag für Tag erlebt haben. Andere sehenswerte Bilddokumente konnten bislang mangels an geeigneten Möglichkeiten nicht so dargestellt werden, wie wir es für angemessen halten. Dies möchten wir mit dieser Arbeit und Bilddokumentation ebenfalls realisieren. Wir begegnen einer überraschend großen Mannigfaltigkeit selbst bei weitgehend gleichartigen Fahrzeugen. Es sind dies die Lebenslinien, welche durch die unterschiedlichen Herausforderungen des Betriebsdienstes gezeichnet worden sind, lange nachdem die Konstrukteure den Bussen ihre stilprägenden Merkmale geschaffen, bei laufender Produktion immer wieder aktualisiert und mit auf den Weg gegeben hatten.

Am Ende des Buches vermitteln wir einen kurzen Überblick über jene Nutzfahrzeuge, deren Aggregate für den Vortrieb der beschriebenen Busse sorgten und die selbst in nennenswerten Stückzahlen in die DDR geliefert worden sind und hier viele Jahre Bestandteil des Alltages gewesen sind.

Da die Bilder verschiedenster Fotografen und Archive in den ersten Jahren nach der Wende relativ unkontrolliert Verbreitung fanden – häufig ohne Nennung der Urheber – fassen wir die verwendeten Quellen und soweit bekannt auch die Fotografen in einem Anhang am Schluss des Buches zusammen.

Wir wünschen uns, dass Sie so viel Spaß bei der Lektüre, wie wir bei der Zusammenstellung und Darstellung der Fakten und Zeitdokumente haben mögen.

Autor und Verlag

Von den lediglich 78 in den Jahren 1948 bis 1950 hergestellten teilselbsttragenden TR 3.5 wurde ein einziges Fahrzeug in Ägypten getestet.

Anfangs war der Ikarus 55 als reiner Langstreckenomnibus konzipiert gewesen und mit einer entsprechenden Ausstattung versehen. Hier ein ganz frühes Fahrzeug aus dem Jahre 1954.

Die in der DDR oft als Arbeiterbus geringgeschätzte Ikarus 60er Reihe zählte fast 20 Jahre zum Alltagsbild im Arbeiter- und Bauernstaat. Hier ein Ikarus 601, aufgenommen 1976 am Grenzübergang von Polen bei Görlitz.

Auf Initiative der Budapester Verkehrsbetriebe wurden zahlreiche ausgeschiedene Frontlenker umgebaut, um sie auch weiter nutzen zu können. Eine Sonderstellung nahmen dabei einige wenige Aussichtsbusse für Stadtrundfahrten ein. Hier einer von lediglich zwei aus Ikarus 630 in dieser Weise umgestalteten Busse.

Im ungarischen Regionalverkehr waren Ikarus 311 meist mit nur einer Schlagtür im Einsatz. In die DDR kamen Busse dieses Typs stets mit zwei von ihnen.

Selten zeigten sich Ikarus 66 Stadtwagen in der DDR mit einem farbenfrohen Außenanstrich wie hier in der Stadt Weimar. Zu sehen sind der Wagen Nr. 44 aus dem Jahre 1968 und am rechten Bildrand zwei weitere Ikarus 66.

Viele Ikarus-Busse vor allem der 60er Reihe erhielten neue Karosserien und blieben dadurch bis Ende der 1970er Jahre im Einsatz. Ein Altenburger Aufbau auf dem Fahrgestell eines Ikarus 602, im Einsatz beim VEB Kraftverkehr Aue mit der Nummer 30-8502.

1. Die großen Rahmenfrontlenker

TR 5 und M 5

Im Jahre 1948 verließen die ersten 148 Busse des auf dem Mavag-Vorkriegsfahrgestell L 5000 aufgebauten Omnibusses vom Typ TR 5 die Werkhallen. Sie wurden im Budapester Stadtverkehr dringend benötigt. Ihnen folgten bis 1951 weitere 423 Wagen, von denen 325 nach Polen geliefert wurden und 93 in Ungarn verblieben. Lediglich 5 Busse kamen nach Albanien. Für den Vortrieb der 9,4 m langen Fahrzeuge sorgte ein Vierzylinder-Dieselmotor vom Typ Lang OML 674 mit einer Leistung von 105 PS, das Schaltgetriebe verfügte über sechs Gänge. Wie beim Fahrgestell handelte es sich auch beim Antriebsaggregat um eine Lizenz von Daimler Benz aus Vorkriegsjahren. Im Fahrgastraum waren 20 Sitz- und 33 Stehplätze vorhanden. Die Höchstgeschwindigkeit gab der Hersteller mit 70 km/h an. Mehrheitlich verfügten die Busse über zwei mit Druckluft betätigte, viergeteilte Falttüren. Nur relativ wenige Fahrzeuge fuhren mit Schlagtüren und aufgesetzter Dachreling. Einige von ihnen erhielt das ungarische Militär. Es gab verschiedene Formen des Kühlergrills, wobei es bisher nicht gelungen ist, herauszufinden, ob diese unterschiedliche Ausführung Bestandteil der Modellpflege gewesen ist. Unterhalb der Frontscheiben fanden sich an den Ecken unterschiedlich große ovale Öffnungen, welche auf der Fahrerseite zum Lüften über nach außen aufklappbare Abdeckungen, (die kleinere) auf der Einstiegsseite über eine Verglasung verfügten. Eine Besonderheit waren 45 TR 5 mit Rechtslenkung im Jahre 1949, für die der polnische Auftraggeber Fahrgestelle vom Typ Fiat 666 RN beisteuerte. Diese Busse unterschieden sich äußerlich verhältnismäßig wenig von den anderen Fahrzeugen dieser Reihe. Es waren aber nicht die einzigen auf beigesteuerten Fremdfahrgestellen aufgebauten Busse in der Ikarus-Geschichte.

Zwei für Ägypten und den südamerikanischen Markt im Jahre 1950 auf dem Mavag-Fahrgestell L 5000 aufgebaute Busse vom Typ A-19 verblieben in Ungarn, weil es nicht zu einer Serienproduktion kam, obwohl beide mit 10,5 m Gesamtlänge recht imposanten Busse bei ihrer Präsentation auf der Wiener Motorschau 1949 für großes Aufsehen sorgten und damit halfen, die Marke Ikarus überregional bekannt zu machen und dadurch neue Märkte zu erschließen. Das recht auffällige chromglänzende Outfit stammte übrigens von Kazmer Schmiedt. Ab 1960 verwendete man im Budapester Stadtverkehr ausgeschiedene TR 5 als Nachläufer bei der Herstellung von Kurzgelenkzügen des Typs IC 600 auf der Grundlage von ebenfalls aus dem Liniendienst ausgeschiedenen Ikarus 60, wie an späterer Stelle noch zu berichten sein wird. Auch aus 53 Ikarus 60 T sind Fahrzeuge zu Gelenkzügen unter Einbeziehung ausgesonderter TR 5 gefertigt worden und kamen mit den Nummern T 401 bis T 453 mit der Bezeichnung ITC 600 zum Einsatz. Eine kleine Zahl diente aber nach ihrem Ausscheiden aus dem Linienverkehr auch als Anhänger in Gliederzügen.

Vor allem für Polen und Rumänien fertigte man parallel zum TR 5 in den Jahren 1949 und 1950 eine abgewandelte und geringfügig kürzere Überlandversion mit der Bezeichnung M 5. Diese verfügte über zweigeteilte Schiebefenster und Dachreling mit mittlerer Aufstiegsleiter am Heck. Die Frontpartie näherte sich bereits den späteren Ikarus 60. Das Heck, welches bildlich sowohl mit, als auch ohne aufgesetzte Ersatzräder belegt ist, entsprach aber weitgehend jenem des TR 5. Es gab Fahrzeuge mit Druckluft- und Schlagtüren. Von den 170 Bussen gingen allein 90 nach Polen und 45 nach Rumänien, die übrigen sind wie auch fünf im Jahre 1950 hergestellte Busse der Bezeichnung TR 5/B 5 mit zwei Falttüren in Ungarn aufgebraucht worden.

TR 5 mit fein geripptem Grill, eingesetzt auf der Budapester Stadtlinie 7.

Der Wagen GA 03-35 hatte ein grob geripptes Grill mit nur sechs Leisten. Man achte auf die geöffnete Lüfterklappe vor der Fahrertür.

Pausengespräch an einem der Endpunkte der Budapester Linie 7. Auch diese beiden TR 5 haben grob gerippte Grillmasken.

Der Wagen Nr. GA 03-54 ist hier auf der Linie 6 im Einsatz. Auch er besitzt ein grob geripptes Grill.

Hier ein TR 5 mit Schlagtüren und grob geripptem Grill. Solche Wagen sind meist auf Vorortlinien zu sehen gewesen.

Auch das ungarische Militär nutzte den TR 5 mit Schlagtüren. Hier ein Bus mit fein geripptem Grill aus einer frühen Serie.

Typische Haltestellenszene in Budapest gegen Ende der 1950er Jahre mit zwei TR 5.

Vor der Kulisse der 1949 fertiggestellten Szechenyi Kettenbrücke zwischen Buda und Pest ist ein TR 5 im Einsatz auf der Linie 4 bildlich dokumentiert.

Hier ein TR 5 auf der Budapester Buslinie 45. Auch hier ist die Lüfterklappe vor dem Fahrersitz geöffnet.

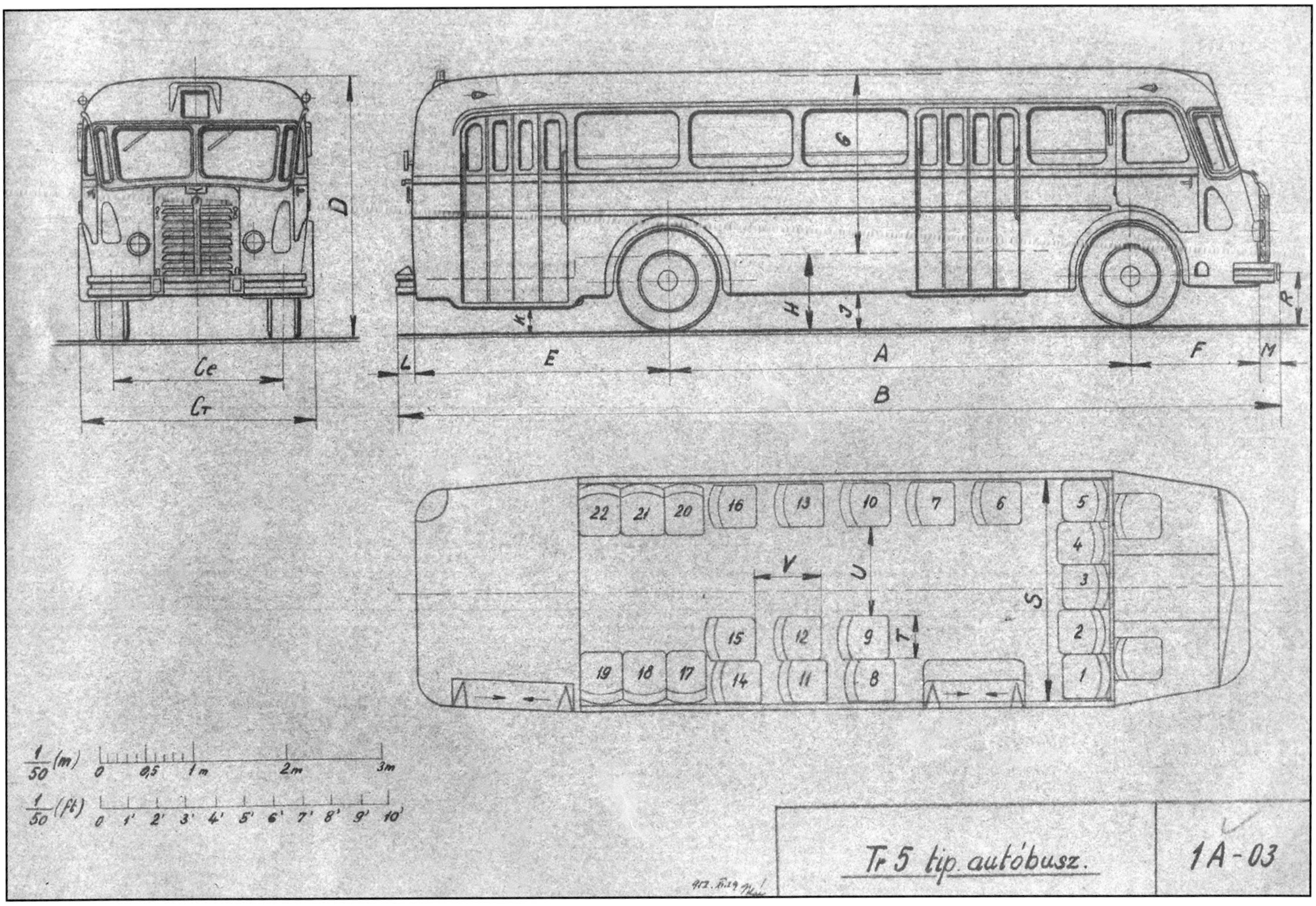

Zeichnung des TR 5 mit zwei Falttüren

45 TR 5 mit Rechtslenkung sind 1949 auf beigestellten Fahrgestellen des Fiat 666 RN aufgebaut worden. Sie kamen in der polnischen Hauptstadt Warschau zum Einsatz.

Für Ägypten und den südamerikanischen Markt wurde der A 19 geschaffen. Es blieb bei zwei Mustern, welche allerdings die Marke Ikarus auf den potentiellen Märkten bekannt machten. Kazmer Schmiedt schuf das chromglänzende Design des amerikanisch wirkenden Busses.

Einer der beiden A 19-Busse im Einsatz als Servicefahrzeug.

Ikarus 60 im Einsatz mit als Anhänger umfunktionierten TR 5. Man achte auf die Gitter zwischen Zugfahrzeug und Anhänger.

Ikarus M 5 mit zwei Schlagtüren. Stilistisch war er der 60er Reihe bereits nicht unähnlich.

Heckansicht des M 5 mit mittlerer Aufstiegsleiter zur Gepäckbrücke.

Innenraum des Ikarus M 5. Die Überlandwagen fuhren vor allem in Polen und Rumänien.

Zwei am Heck befestigte Reserveräder waren selten am Ikarus M 5 zu sehen.

In Budapest sind auch einige vom Ikarus M 5 abgewandelte Stadtwagen zum Einsatz gebracht worden. Sie trugen die Bezeichnung Ikarus B 5.

Ikarus 60er Reihe

Ikarus 50, 60 und 60 T

Zu Beginn dieses Kapitels möchten wir einen weiteren Blick in die Firmengeschichte werfen. Aus einer ehemaligen Flugzeugfabrik entstand 1949 der Nutzfahrzeughersteller Csepel, welcher die Produktion von mittleren Lastkraftwagen auf der Grundlage von Steyr-Lizenzen und bei Raba gefertigten Achsen, welche ebenfalls Steyr-Lizenzen darstellten, aufnahm. Auch die vierzylindrischen Dieselmotoren und Fahrwerke basierten darauf. Da für den Bau neuer Ikarus-Omnibusse nicht mehr auf Altmaterial zurückgegriffen werden konnte, verhandelte man mit Csepel hinsichtlich der Modifizierung der Fahrwerke und der Ableitung eines sechszylindrischen Aggregates aus dem Lizenzmotor. Im Ergebnis war zunächst der Csepel D 613 mit einer Leistung von 125 PS entstanden, der nun für die neue 60er Reihe verfügbar wurde. Deren Bau währte zunächst mit dem Typ 60 von 1951 bis 1959 und erreichte allein bei diesem eine Gesamtstückzahl von 1.891 Wagen, unter denen sich auch 157 Oberleitungsbusse Ikarus 60T für den Budapester Stadtverkehr, elektrisch ausgerüstet von der Firma GANZ, befanden (hergestellt zwischen 1952 und 1956). Eine Besonderheit stellte ein 1952 produzierter einzelner Überlandwagen mit nur einer Schlagtür und ohne Zielschilderkasten dar, werksintern den Ikarus 601 zugeordnet, in verschiedenen Quellen auch als Ikarus 50 bezeichnet und von der bahnnahen staatlichen ungarischen Busgesellschaft MAVAUT genutzt. Mit 1.145 Bussen erhielten ungarische Unternehmen den Hauptanteil an Ikarus 60, gefolgt von China (334), den sowjetischen Republiken (300) und Polen (256). In die DDR rollten zwischen 1953 und 1957 insgesamt 150 dieser Busse, wobei die Dresdner Verkehrsbetriebe mit 26 Bussen aus drei

Nach aktuellem Kenntnisstand entstand bereits 1952 ein Vorauswagen der späteren Sechziger Reihe mit nur einer vorn angeschlagenen Tür, ganz sicher auch Muster mit zwei Schlagtüren im selben oder im Folgejahr, werksintern Ikarus 50 oder Ikarus 601 bezeichnet, was heute kaum noch bis ins Detail zu recherchieren ist. Hinreichend bildlich dokumentiert aber ist, dass im Rahmen der Modellpflege auch später immer wieder einmal derartige Muster gebaut worden sind. Das obere Bild zeigt einen älteren, das untere einen später gefertigten Wagen jeweils mit einem eigens dafür modifizierten AMG-Anhänger, beide mit Schlagtüren und Gepäckbrücke ausgestattet.

Bei der Staatlichen Busgesellschaft MAVAUT sind einige dieser seltenen Anhängerzüge im Linienverkehr aufgenommen worden, mehrheitlich mit metallumrandeten Seitenfenstern mit Schiebe-Oberlichteinsätzen sowohl im Zugfahrzeug, als auch im nachlaufenden Anhänger. Den Bussen war gemeinsam, dass sie nicht über vordere Zielschilderkästen über der Frontverglasung verfügten und dadurch äußerlich den bereits beschriebenen M 5 bzw. B 5 nicht unähnlich gewesen sind. Die Gesamtzahl der hergestellten Muster war aber überschaubar.

Lieferserien den höchsten Bestand erreichten und erst 1974 auf ihre Dienste völlig verzichten konnten. 1953 kamen 50 Wagen nach Rumänien und zwei Jahre später verirrte sich ein einzelner Bus sogar bis in die Türkei. Der Ikarus 60 stellt die Stadtbusvariante der 60er-Reihe dar, ist 9,4 m lang, verfügt über zwei viergeteilte Drucklufttüren und eine abgesenkte hintere Plattform. Die hinteren Fenster sind dreigeteilt. Frühe Serien hatten feststehende Seitenscheiben, welche ab 1955 durch zweigeteilte seitliche Schiebefenster ersetzt worden sind. Im Innenraum waren hinter der Trennwand zum Fahrer- und Beifahrerplatz 24 Sitz- und 37 Stehplätze vorhanden. Darin eingerechnet ist auch ein Schaffnerplatz am hinteren Einstieg. Zur Ausstattung gehörte ein Sechsganggetriebe. Die Höchstgeschwindigkeit war mit 51,7 km/h angegeben. Die meisten Busse sah man mit vorderen quadratischen Nummernkästen über der Stirnfront. Vor allem nach Umbauten, bei denen mitunter auch die Drucklufttüren durch Schlagtüren ersetzt worden sind, fuhren sie häufig mit rechteckigen Zielschilderkästen. Wie viele Ikarus 60 direkt ab Werk mit rechteckigen Zielschilderkästen in die DDR geliefert worden sind, ist nicht dokumentiert. Eine Reihe anderer Merkmale sind bei Generalüberholungen mehr oder weniger stark verändert worden. In der DDR sind mehrere Busse dieses Typs von namhaften Aufbauherstellern mit neuen Karosserien versehen worden. Eine größere Zahl der im Budapester Stadtverkehr eingesetzten Ikarus 60 ist nach ihrer Aussonderung ab 1960 in den Bau von Gelenkzügen des Typs IC 600 und IC 660 einbezogen worden. In der DDR hielten sich einzelne Wagen der 60er Reihe bis in die 1980er Jahre, zuletzt meist in untergeordneten Diensten. Die im Budapester Stadtverkehr zum Einsatz gebrachten Oberleitungsbusse dieses Typs (ursprünglich Nummern 200 bis 356) mit einer Leistung von 86 kW verblieben bis 1975 im Liniendienst. Auch von ihnen ist ein beträchtlicher Teil zu Gelenkzügen (ITC 600) umgebaut worden.

Oben links ein Blick in die Endmontage von Ikarus 60. Rechts daneben der erste Ikarus 60 der Dresdner Verkehrsbetriebe, 1954 geliefert und mit der Nummer 36, später 95 bis 1967 eingesetzt, hier noch mit einer neutralen Werkslackierung.

Busse aus der Serie der Dresdner Ikarus 60 Nr. 70 bis 89 von 1955, aufgenommen kurz nach ihrer Ankunft in der Heinrich-Schütz-Straße beim Betriebshof Blasewitz.

Die Anschluss-Serie Nr. 90 bis 94 aus dem Jahre 1956 kam bereits in den Dresdner Stadtfarben zum Ersteinsatz. Man achte auf die seitlichen zweigeteilten Schiebefenster, im Bild der Wagen Nr. 94.

Fabrikneuer Ikarus 60 mit feststehenden Seitenscheiben (Baujahr bis 1955) in Budapest.

Ebenfalls in Ungarn ist dieser Ikarus 60 der Bauzeit ab 1956 mit geteilten Seitenscheiben zu sehen.

Große Serien des Ikarus 60 erhielt die estnische Hauptstadt Tallinn. Wagen Nr. 95 stammte aus der Bauzeit ab 1956 und verfügte über zweigeteilte seitliche Schiebefenster.

Hier ein weiterer der 300 in die damalige Sowjetunion gelieferten Ikarus 60 der Bauzeit ab 1956. Aufmerksamkeit verdient der Scheinwerfer im Nummernkasten.

Alltagsszene vor den Toren von Tallinn mit einem Ikarus 60 und am rechten Bildrand einem Ikarus 66.

Ikarus 60 mit einem AMG-Personenanhänger gehörten viele Jahre zum Alltagsbild auf Budapester Stadtbuslinien. Das Zugfahrzeug verfügt über zweigeteilte seitliche Schiebefenster und ist damit der Bauzeit ab 1956 zuzuordnen.

Nur die 1955 nach Dresden gelieferten Ikarus 60 verfügten anfangs über eine auffällige Zweifarbenlackierung, wie sie auch in anderen DDR-Städten – u. a. Rostock und Halle/Saale – zu sehen gewesen ist. Inwieweit diese aus einem nicht erfüllten Auftrag stammt, ist nicht zweifelsfrei belegt. Man hat damals mehr als in späteren Zeiten gerne auch bei der Farbgebung experimentiert. Der dunkelrot-beigefarbene Außenanstrich wich Zug um Zug bei Werterhaltungsarbeiten dem Dresdner Stadtanstrich.

Mit 334 Ikarus 60 gehörte China zu den größeren Abnehmern dieser Reihe. Man erkennt gegenüber den meisten anderen Serien einige Besonderheiten. So ist die rechte Frontscheibe quer geteilt und nur im oberen Teil nach vorn ausstellbar. Dafür sind die Seitenfenster im Ganzen nach unten durch Herabschieben zu öffnen, wie das seltene Fotodokument unschwer erkennen lässt.

Mit den kleinen Anhängern des Typs W 701 sind Ikarus 60 in Erfurt zum Einsatz gebracht worden. Das Zugfahrzeug stammt aus der Bauzeit vor 1956.

Der Jenaer Wagen Nr. 13 wartet hier zusammen mit anderen Bussen auf seinen nächsten Einsatz. Er hat bereits eine GR hinter sich. Am linken Bildrand ist ein früher Ikarus 66 zu sehen, rechts ein H6B. Das rechte Bild zeigt einen bereits generalreparierten Ikarus 60 des VEB Kraftverkehr Meißen, bis 1965 eingesetzt mit der Nummer 2671, wenige Jahre vor seiner Außerdienststellung.

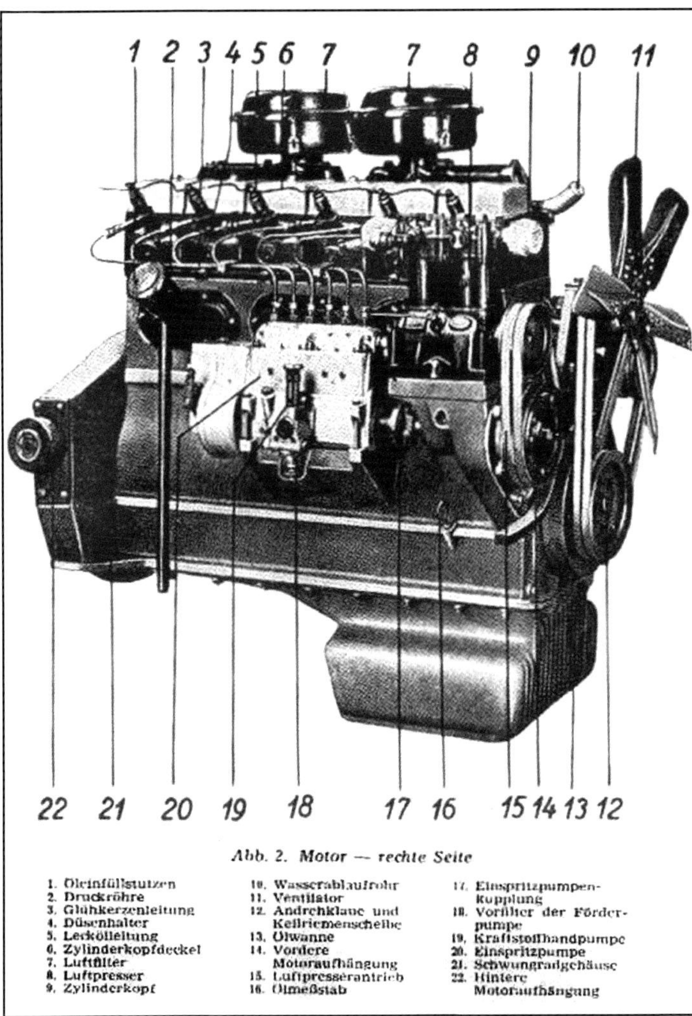

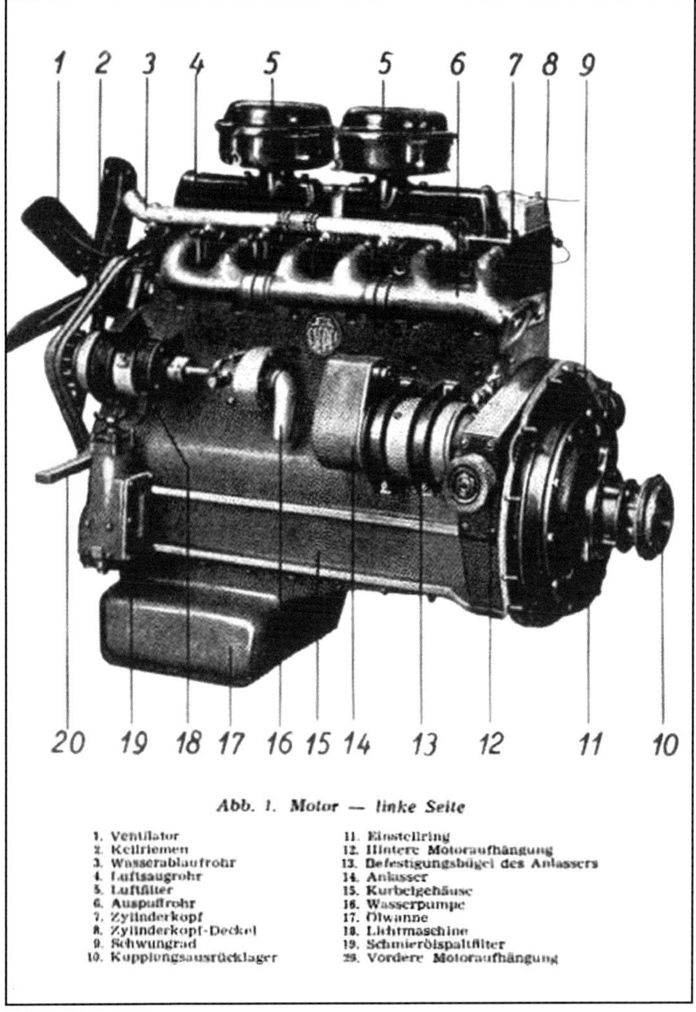

Das Antriebsaggregat Csepel D 613 leistete 125 PS und ist u. a. auch in frühen Ikarus 55 und 66 sowie zum Teil Ikarus 620 verwendet worden. Charakteristisch waren die beiden Luftfilter.

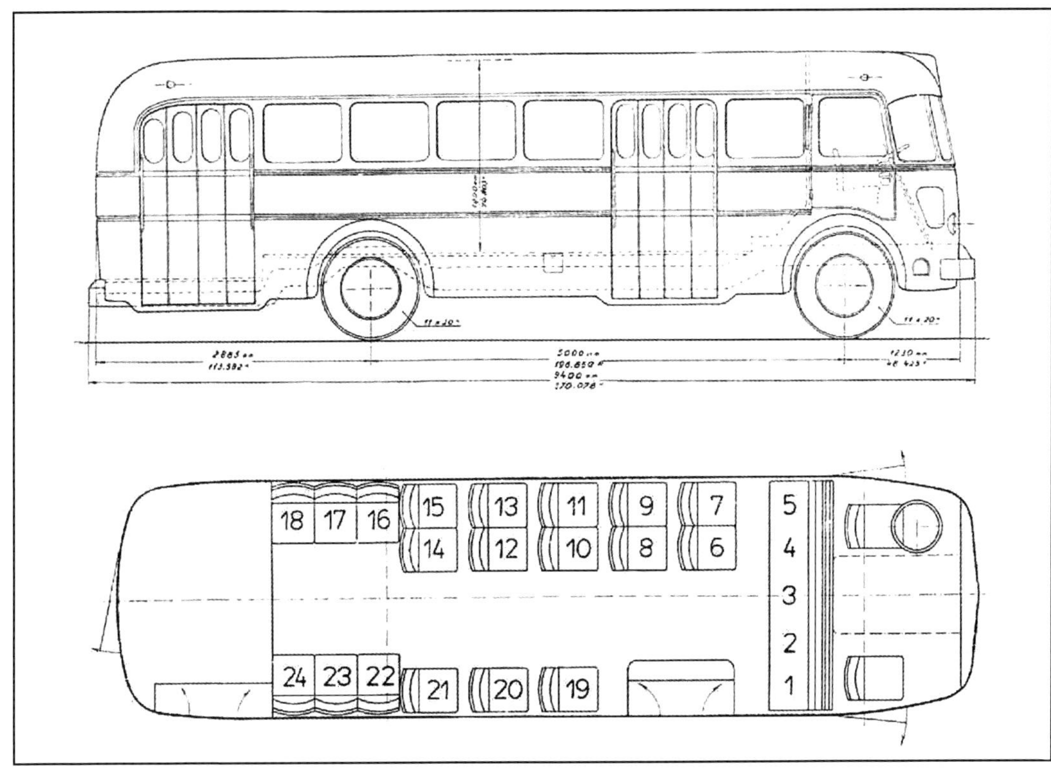

Maßskizze des Ikarus 60

Im Oktober 1967 zeigt sich der Dresdner Wagen Nr. 85 nach mehreren Werterhaltungsmaßnahmen in recht ansehnlichem äußeren Zustand.

Der Dessauer Ikarus 60 mit der Nummer 35 erhielt im Rahmen einer GR Schlagtüren eingebaut. Wahrscheinlich ist auch der rechteckige Schilderkasten erst nachträglich zum Einbau gekommen.

Die Heckpartie dieses Ikarus 60 erinnert nach dem Umbau angesichts der zweigeteilten Verglasung ein wenig an den TR 5.

Auch dieser im Juli 1968 in Waldheim abgelichtete Ikarus 60 erhielt seine Schlagtüren erst im Rahmen einer GR.

Malerische Winterszene in der estnischen Hauptstadt Tallinn mit dem Wagen Nr. 53, einem Ikarus 60 der Bauzeit nach 1955 mit zweigeteilten seitlichen Schiebefenstern.

Typisches Heck der Dresdner Ikarus 60 nach Werterhaltungsarbeiten mit sparsamerer Beleistung und hinter Glas gesetztem Nummernschild. Die Aufnahme vom Oktober 1967 zeigt den Wagen Nr. 83 der Serie von 1955.

Der Dresdner Ikarus 60 Nr. 74 von 1955 nach einer GR. So zeigten sich zuletzt fast alle Ikarus 60 in der sächsischen Metropole, u. a. mit hinter Glas gesetztem Nummernschild im Heck und deutlich sparsamerer Beleistung der Außenflächen.

Der Chemnitzer Wagen Nr. 21 trat seinen Dienst beim Kraftverkehr als Ikarus 60 an. Nach einem Unfall erhielt er diesen schönen Hiller-Aufbau und diente fortan beim Städtischen Nahverkehr bis 1969 im Gelegenheitsverkehr.

Für den Einsatz auf den Budapester O-Buslinien entstand der Ikarus 60 T, von dem insgesamt 157 Wagen gefertigt worden sind. Hier der Wagen Nr. 322 auf der Linie 72.

Eine frühe Aufnahme des Prototyps mit der Nummer T 200 im Kurs der Linie 70.

Heckansicht des Wagens Nr. T 200 mit zweigeteilter Verglasung, wie wir sie bereits vom TR 5 kennen.

Wagen Nr. 356 als Kurs der Linie 72 im schweren Wintereinsatz.

Auf der stärker frequentierten Linie 75 fuhr man meist mit einem AMG-Anhänger. Die Aufnahme zeigt ein solches Gespann mit Wagen Nr. 344 als Zugfahrzeug. Später übernahmen aus Altmaterial selbst gebaute Gelenkzüge diese Leistungen und behielten diese zum Teil noch bis 1976.

Zum Abschluss schließlich der Wagen Nr. 357 im Einsatz auf der Linie 74.

Der Ikarus 601

Diese Reihe stellt die Überlandvariante zum Ikarus 60 dar. Die zwischen 1953 und 1957 gefertigten Omnibusse dieser Modifikation erreichten eine Gesamtstückzahl von 850 und verfügten nur über eine viergeteilte Drucklufttür hinter dem vorderen Radlauf. Allein 616 Fahrzeuge sind zwischen 1953 und 1955 in die DDR geliefert worden, erreichten aber an keinem Standort größere Stückzahlen. 189 Busse verblieben in Ungarn, 21 gingen nach China und 15 nach Albanien. Die meisten von ihnen hatten feststehende Seitenscheiben und es gehörte eine Dachgepäckbrücke mit rückwärtiger Aufstiegsleiter zum Standard. Eine Besonderheit war eine Art Notausstieg im Heck dieser Busse. Dieser ist bei Umbauten aber häufig entfernt worden. Der Fahrgastraum verfügte über 40 Sitz- und 8 Stehplätze, die Höchstgeschwindigkeit betrug 74,4 km/h. Die technische Ausstattung entsprach jener der Omnibusse vom Typ Ikarus 60. In der DDR waren die letzten Exemplare noch bis zum Ende der 1970er Jahre aktiv, zum Teil allerdings nach Umbauten und Generalüberholungen oft in recht deutlich verändertem äußeren Erscheinungsbild. Die Leipziger Verkehrsbetriebe versahen beispielsweise ihre Ikarus 601 bereits Ende der 1950er Jahre – nach nur wenigen Einsatzjahren – mit neuen Aufbauten. Ganz sicher haben auch viele andere Ikarus 601 ein ähnliches Schicksal erlitten. Die Ikarus 601 galten zwar als robuste Fahrzeuge, verfügten aber nur über einen relativ geringen Fahrkomfort, was ihnen den Spitznamen Arbeiterbusse einbrachte. Wie in Ungarn ist auch in der DDR der Ikarus 601 häufig mit Personenanhängern zum Einsatz gebracht worden. Dies waren hier meist die hiesigen W 700 und W 701, vereinzelt aber auch noch Fahrzeuge aus den letzten Kriegsjahren.

Straßenseite eines fabrikneuen Ikarus 601. Vor der Fahrertür erkennt man die Lüfterklappe und hinter dem Fahrer- und Beifahrersitz die Trennwand zum Fahrgastraum.

Die viergeteilte Falttür befand sich beim Ikarus 601 hinter dem vorderen Radlauf. Der Abstand zu ihm ergab sich durch eine rückwärts an der Trennwand angeordnete Sitzbank. Der Dachgepäckträger gehörte bei diesem Bustyp zur Serienausstattung.

Wagen Nr. 31 der Dresdner Verkehrsbetriebe von 1954, aufgenommen 1956 noch in der grüngrau/beigefarbenen Werkslackierung.

Auch beim sächsischen Kraftverkehr fuhren viele Ikarus 601. Der Dresdner Wagen Nr. 2609 trägt auf der Werkslackierung das VEB-Emblem. Hinter ihm am rechten Bildrand erkennt man einen Bus mit Beschriftung VVB Kraftverkehr Land Sachsen.

Beim VEB Kraftverkehr Halle/Saale schieden die letzten Ikarus 601 erst 1975 aus dem aktiven Dienst aus. Die Aufnahme von 1968 zeigt den Wagen Nr. 2382, eingerahmt von Ikarus 66 und einem Ikarus 630.

Die Heckfront des Ikarus 601 prägte eine seitliche Aufstiegsleiter zur Gepäckbrücke. Bei vielen Bussen dieses Typs ist eine rückwärtige Tür vorhanden gewesen, welche erst im Rahmen von Werterhaltungsmaßnahmen häufig verschlossen worden ist. Im Bild der Dresdner Wagen Nr. 30 in Werkslackierung.

Der Dresdner Wagen Nr. 28 fuhr bereits 1957 ohne Gepäckträger und in den Stadtfarben.

Ikarus 601 mit einem W 701, eingesetzt vom VEB Kraftverkehr Bautzen im Raum Görlitz.

Viele Ikarus 601 fuhren wie dieses bereits aufgefrischte Fahrzeug aus dem damaligen Bezirk Halle in ihren letzten Einsatzjahren bei privaten Unternehmern.

Nach der GR hatten viele Ikarus 601 ein langgezogenes ovales Heckfenster anstelle dessen werkseitiger Dreiteilung wie diese Aufnahme vom Sommer 1976 am Grenzübergang Zgorzelec/Görlitz deutlich erkennen lässt. Ganz links im Bild ein Jelcz-Omnibus.

Bereits 1958 erhielten die 1954 gebauten Ikarus 601 Nr. 40 bis 47 neue Aufbauten, wobei sich vereinzelt die Reihenfolge der Nummern änderte. Wagen 41 – hier 1963 am Dresdener Theaterplatz – schied 1970 als letzter von ihnen aus dem Dienst aus. Rechts erkennt man einen H6B der Berliner Verkehrsbetriebe.

Wagen Nr. 2614 des VEB Kraftverkehr Dresden mit einem Kriegsanhänger aus Werdauer Produktion, aufgenommen 1960 in Bühlau. Die linke Frontscheibe ist hier ausgestellt zu sehen.

Typische Alltagsaufnahme aus den frühen 1960er Jahren. Zu erkennen sind auf diesem Bild in der sächsischen Stadt Aue auch mehrere Busse der 60er Reihe darunter im Vordergrund ein Ikarus 601 mit abgenommener Grillmaske. Am rechten Bildrand ein H6B und ein Skoda RTO 706.

In Dresden hatten die Ikarus 601 nach Auffrischungen ein ovales oder rechteckiges Heckfenster, fuhren nun ohne Gepäckbrücke und waren nur noch sparsam beleistet. Zuletzt trugen sie die Nummern 96 bis 99. Auch beim Fahrschulwagen Nr. 597 handelt es sich um einen Ikarus 601.

Der Ikarus 602

Er stellte gewissermaßen den Abschluss der 60er Reihe dar und ist von 1956 bis 1959 in 927 Exemplaren hergestellt worden. Auch hier handelt es sich um eine Variante für den Überland- und Regionalbusverkehr. 501 Busse kamen in die DDR, 100 in den Jahren 1957 und 1958 nach Polen, 24 nach China und im Jahre 1957 insgesamt 10 nach Ägypten. Die übrigen Fahrzeuge verblieben in Ungarn, darunter auch zehn im letzten Baujahr gefertigte Röntgenzüge mit den dazu gehörenden Stromaggregaten. Im Gegensatz zum Ikarus 601 verfügt die Reihe 602 über zwei seitliche Schlagtüren jeweils hinter den Radläufen. Die Seitenfenster – auch in den Türverglasungen hinter der Fahrerkabine – hatten Schiebeoberlichteinsätze. Zur Werksausstattung gehörte natürlich wieder eine Gepäckbrücke mit rückwärtiger Aufstiegsleiter. Im Heck befand sich ein rechteckiges Fenster mit abgerundeten Ecken. Im Originalzustand waren stets längliche ovale Rücklichter und ein mittleres hinteres Nummernschild mit einer blanken Metallumrandung in Kuhmaulform vorhanden. Der Innenraum verfügte über 38 Sitz- und 10 Stehplätze. Auch der Ikarus 602 ist wie der eben beschriebene Typ 601 mit einer Höchstgeschwindigkeit von 74,4 km/h angegeben gewesen. Neun Fahrzeuge dienten im Karl-Marx-Städter Stadtliniennetz bis längstens 1969. Vom Ikarus 602 konnte man in der DDR darüber hinaus noch bis zum Ende der 1970er Jahre einzelne Vertreter im Regionalbusverkehr beobachten, in früheren Jahren nicht selten mit einem Personenanhänger. Viele weitere hielten sich mit neuen Karosserien namhafter Aufbauhersteller sogar noch einige Jahre länger. Übrigens verfügten alle Busse der 60er Reihe über hinten angeschlagene Fahrer- und Beifahrertüren.

So zeigte sich der Ikarus 602 im Werkszustand, wie er 1956 bis 1959 nahezu unverändert hergestellt worden ist. Die vordere Einstiegstür ist relativ weit hinten angeordnet. Auch in den Türverglasungen beider Einstiege fand man Schiebe-Oberlichter. Die kleinen Öffnungen vor den vorderen Türen fehlten bei diesem Typ.

Im Heck fanden sich zwei längliche ovale Mehrkammer-Rücklichter, wie sie auch beim Ikarus 31 und 311 zum Einbau gelangt sind. Die Aufstiegsleiter zur Gepäckbrücke ist rechts angeordnet, das mittige und weit oben montierte Nummernschild verfügt über einen u-förmigen Blendschutz. Der Rückfahrscheinwerfer hat seinen Platz unter dem rechten Rücklicht. Die Beleistung wirkt üppig, aber dennoch sehr übersichtlich. Das Heckfenster war stets oval.

Der Fahrgastraum des Ikarus 602 wirkte für damalige Verhältnisse überraschend komfortabel und unterschied sich darin recht deutlich von den Typen Ikarus 60 und 601.

Mit den Nummern 36 bis 44 fuhren beim Karl-Marx-Städter Nahverkehr ab 1958 neun Ikarus 602 bis längstens 1969. Die Fahrerkabine eines dieser Busse war anschließend noch auf einem LKW montiert. Hier eine der wenigen Aufnahmen vom Heck aus in Originalzustand Anfang der 1960er Jahre aufgenommen. Sie zeigt den Wagen Nr. 43 im Betriebshof Kappel.

Bei der ungarischen Regionalbusgesellschaft MAVAUT kamen auch Ikarus 602 mit einer Einstiegstür zum Einsatz.

1963 zeigte sich der Karl-Marx-Städter Ikarus 602 Nr. 38 bereits in einem GR-Zustand mit sparsamerer Beleistung, veränderten Fahrtrichtungsanzeigern und nun fehlender Gepäckbrücke.

Diese Aufnahme aus den frühen 1960er Jahren lässt die Karl-Marx-Städter Wagen Nr. 40 und 41 ebenfalls bereits im GR-Zustand erkennen. Beide haben nun runde Rücklichter.

Hier noch einmal der Karl-Marx-Städter Wagen Nr. 43, aufgenommen im GR-Zustand zu Beginn der 1960er Jahre.

Die Karl-Marx-Städter Wagen Nr. 38 und 41 lassen nach der GR unterschiedlich angeordnete Rücklichter erkennen. Auch bei den Bussen der 60er Reihe rissen immer wieder einmal die Dächer an bestimmten Stellen, deutlich erkennbar auf dem rechten Bild.

Der Karl-Marx-Städter Wagen Nr. 37, aufgenommen 1969, wenige Wochen vor seiner Außerdienststellung. Das linke Stirnfenster ist hier ausgestellt zu erkennen.

Ihren Lebensabend verbrachten viele Ikarus 602 bei privaten Busunternehmern und blieben so häufig bis Ende der 1970er Jahre und darüber hinaus aktiv. Das Oelsnitzer Busunternehmen Wilfried Otto ließ sich zum Beispiel 1966 bis 1971 bei der Firma Hiller in Ehrenhain auf einem selbst angelieferten Ikarus 60er Fahrgestell eines ehemaligen Annaberger Wagens einen neuen Aufbau errichten (rechts).

Der Aufbau des Ikarus 602, Nr. 26118 des VEB Kraftverkehr Dresden diente viele Jahre als stationärer Lagerraum und zeigte sich dennoch gegen Ende der 1960er Jahre in weitgehendem Originalzustand.

Auf der Basis von Ikarus 602 fertigte man eine kleine Zahl von Sonderfahrzeugen vor allem für medizinische Zwecke. Zu diesen gehörte serienmäßig ein einachsiger Notstromanhänger. Das Bild zeigt zwei solcher Züge vor der Werksabnahme.

Gelenkzüge auf der Basis ausgesonderter Ikarus 60

Mit dem Wirtschaftswachstum wuchs auch das Fahrgastaufkommen und konnte gegen Ende der 1950er Jahre nicht mehr mit den vorhandenen Fahrzeugen bewältigt werden. Da aber geeignete größere Busse noch nicht serienreif waren, griffen die Budapester Betreiber des Bus- und Straßenbahn- / O-Busbetriebes FAÜ und FVV zur Selbsthilfe, in dem sie unter Verwendung von ausgesonderten Ikarus 60, 60 T und TR 5 in eigenen Werkstätten Gelenkzüge entwickelten. Spenderbusse waren im Budapester Stadtverkehr ja reichlich verfügbar und sind Zug um Zug durch Ikarus 620 und die heckmotorigen Ikarus 66 ersetzt worden. So entstanden zwischen 1960 und 1962 147 Gelenkzüge mit Ikarus 60 oder Ikarus 60 T als Vorderwagen und TR 5 als Nachläufer (IC 600 bzw. ITC 600), wobei die Lenkung der hinteren Achsen durch am Drehkranz befestigte Metallstäbe erfolgte. In den 15 m langen Bussen waren mit Schaffner 29 Sitzplätze vorhanden, die Breite der hinteren Tür betrug 1,2 m, jene der übrigen 1,1 m. Bis 1967 folgten weitere 170 Gelenkzüge mit Ikarus 60 als Nachläufer, welche etwas länger gewesen sind (IC 660 bzw. ITC 660). Ein 16,5 m langer Versuchswagen mit einem zweiachsigen Nachläufer aus einem verunglückten Ikarus 60 T (nun als Wagen T 400 bezeichnet) aus dem Jahre 1961 blieb ein Einzelstück. Es gab so ein Fahrzeug allerdings auch mit wahrscheinlich fabrikneuen Komponenten des Nachfolgers Ikarus 620 und mit Dieselmotor, wie noch an späterer Stelle zu berichten sein wird. Die Verfügbarkeit leistungsfähigerer Hinterachsen mit Außenplanetengetrieben in den Zugfahrzeugen, hergestellt ab 1960 durch die Firma Raba, die Bereitstellung stärkerer Lenkachsen sowie von Reifen mit einer Tragfähigkeit von 3.500 kg durch das Reifenwerk Cordatic ermöglichte den Einsatz von Gelenkzügen mit nur einachsigem Nachläufer auch dann, wenn Ikarus 60 als Spenderfahrzeuge verwendet worden sind, wodurch die Nachläufer länger und natürlich auch schwerer wurden. Die Außenplanetenachsen sind ab 1960 auch in den Ikarus 55, 66, 620 und 630 zum Einsatz gekommen. Entwickelt worden ist dieses Prinzip im Jahre 1953 durch die deutsche Firma Magirus Deutz und fand in den Folgejahren bei fast allen Nutzfahrzeugherstellern Verwendung. Durch ihren Einsatz werden das Ausgleichsgetriebe und die Antriebswellen geschont. Ein Nachteil dieser Achsen war ein recht hoher Geräuschpegel bei größeren Geschwindigkeiten, das charakteristische Heulen. Die Gesamtzahl der zu Gelenkzügen umgebauten Oberleitungswagen erreichte einschließlich dem Sonderling 54 Züge, die ihren Dienst auf Budapester Linien bis Ende 1975 verrichteten. Im Gegensatz zu den Dieselbussen sah man sie übrigens mit unterschiedlich gestalteter Vorderfront im Vergleich zu ihren Spenderfahrzeugen. Die Wagen T 401 bis T 453 (Typ ITC 600 T) waren abweichend vom Sonderling wie die ersten Dieselbusse nur 15 m lang. Von letzteren fuhren in Pecs 2 Wagen, in Szeged 1 Wagen und bei der MAVAUT 7 Wagen. Alle anderen sah man noch viele Jahre auf Budapester Kraftomnibuslinien des Stadtverkehrs. Eine kleine Zahl dieser Omnibusse fuhr zeitweilig mit durch Turbolader auf bis zu 180 PS leistungsgesteigerten Motoren. Über die genaue Bezeichnung der umgebauten Gelenkzüge gibt es in der Literatur unterschiedliche Angaben.

Die linke Aufnahme zeigt einen frühen IC 600 mit quadratischem Nummernkasten kurz vor der Abnahme, rechts der Wagen GA 14-05 der MAVAUT mit rechteckiger Zielanzeige über der Frontscheibe. Beide Wagen verfügen über Radzierabdeckungen, haben aber verschiedene vordere Fahrtrichtungsanzeiger und Stoßstangen. Als Nachläufer dienten ausgesonderte TR 5.

Wiedersehen des Testwagens von der vorhergehenden Seite als Wagen Nr. 12-00 des Budapester Stadtbusbetriebes FAÜ.

IC 600 im Einsatz bei der MAVAUT. Vor dem Grill befindet sich eine Frostschutzabdeckung, das linke Frontfenster ist ausgestellt und nun ist auf Radzierabdeckungen verzichtet worden.

Mit den IC 600 fanden bei der Ikarus 60er Reihe erstmals Außenplanetengetriebe in den hinteren Zwillingsrädern Einzug. Die Aufnahme lässt den FAÜ-Wagen Nr. 83-69 erkennen.
Die Heckfenster der IC 600 waren wie jene der Spenderbusse TR 5 zweigeteilt.

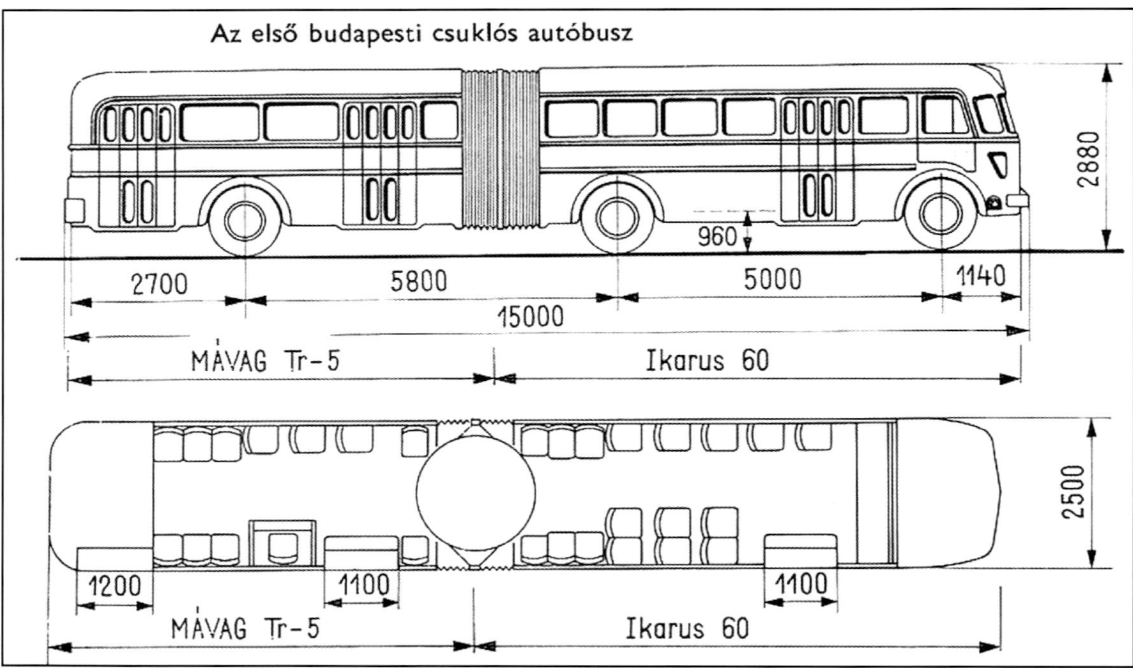

Skizze eines IC 600, gebaut aus einem Ikarus 60 und einem TR 5.

IC 660-Gelenkzüge verwendeten für den Vor- und Nachläufer ausgesonderte Ikarus 60. Zwischen den hinteren Türen waren nun drei anstelle zwei Seitenfenster zu sehen. Die Aufnahme zeigt den Wagen Nr. 85-45 der FAÜ.

Straßenseite des FAÜ-Wagens Nr. 85-05. Auch hier handelt es sich um einen IC 660 mit dem dreigeteilten Heckfenster des Ikarus 60. Nummernschildgestaltung und Rücklichter erinnern bereits an spätere Baujahre der Reihe Ikarus 620/630.

Rechts oben sehen wir den FAÜ-Wagen Nr. 8451 kurz vor der Auslieferung, links daneben den erst nach 1965 gebauten FAÜ-Wagen Nr. 86-32 mit runden Fahrtrichtungsanzeigern und darunter auf Abwegen im winterlichen Einsatz an der Abschleppkette den etwas älteren FAÜ-Wagen Nr. 85-56, allesamt IC 660.

Wenige Jahre vor seiner Aussonderung ist der Wagen Nr. 417 der FVV, ein ITC 600, im Oktober 1973 bildlich dokumentiert worden.

Auch die FVV-Wagen Nr. 418, 438 und 445 gehörten dem Typ ITC 600 an und fuhren mit einem ausgesonderten TR 5 als Nachläufer. Auch diese beiden Aufnahmen entstanden im Oktober 1973.

FVV-Wagen Nr. 414, fotografiert im Oktober 1973.

Eine recht ausgefallene Lackierung zeigt hier der FVV-Wagen Nr. 408. Zudem verfügt er über Radzierabdeckungen und Weißwandreifen.

Bilddokumente von den Wagen Nr. 421 und 435, gefertigt im Oktober 1973, als die Außerdienststellung bereits näher rückte.

Der Gelenkzug T 400 der FVV mit zweiachsigem Nachläufer blieb der einzige ITC 660 und entstand aus einem Ikarus 60 und einem Ikarus 60 T. Stärkere Achsen und Übertragungswellen machten die zweite hier sichtbare Achse im Nachläufer bei den weiteren Umbauten überflüssig. Überdies legte man sich auf den kürzeren aus nicht mehr benötigten TR 5 hergestellten Nachläufer fest.

Mit unterschiedlichen Außenanstrichen sind hier die ITC 600, Wagen Nr. 408 und 412 der FVV als Kurse der Linie 70 zu sehen.

Omnibusanhänger zu den Ikarus der 60er Reihe

Die Fertigung von 59 zu den Ikarus 60 passenden Anhängern mit einer Länge von 6,8 m für den Einsatz auf Budapester Stadtbuslinien in den Jahren 1960 bis 1963 war der letzte Auftrag der in Szekesfehervar bei Budapest gelegenen Firma AMG vor ihrer Verschmelzung mit Ikarus. Man sah die Anhänger meist mit roter Lackierung hinter Ikarus 60 T bzw. dem blau-silbernen Anstrich der FAÜ hinter Ikarus 60. Zumindest ein solcher Anhänger ist hinter einem Ikarus 50 (früher Ikarus 601 mit Schlagtür und seitlichen Schiebeoberlichtern) im Dienst bei der MAVAUT bildlich dokumentiert und hatte selbst ebenfalls seitliche Schiebeoberlichter. Mit großer Wahrscheinlichkeit ist zumindest dieser Anhänger vor 1960 gefertigt worden. Das Herstellerwerk diente ab 1970 zur Auslaufproduktionsstätte für die Ikarus 55, 66 und 311, weil die Kapazitäten in den Fertigungshallen des Stammwerkes mit der Montage der 200er Reihe komplett ausgelastet waren.

Für den Einsatz vor allem hinter Ikarus 60 auf Linien mit hohem Verkehrsaufkommen beschaffte die FAÜ AMG-Anhänger.
Die Aufnahme zeigt zwei von ihnen vor der Abnahme, links im Bild Nr. 23-56.

Auch hinter den Oberleitungsbussen der FVV kamen baugleiche AMG-Anhänger zum Einsatz, solange noch keine bzw. eine nicht ausreichende Zahl Gelenkzüge zur Verfügung standen.

Eine kleine Zahl von AMG-Anhängern ist explizit für den Regionalbusverkehr gefertigt und entsprechend ausgestattet worden. Schiebeoberlichter in den Seitenfenstern, Gepäckbrücke und Beleistung entsprechen dem Ikarus 602. Allerdings sind zumindest beim abgebildeten Fahrzeug viergeteilte Falttüren eingebaut worden. Gut zu erkennen ist wieder das AMG-Logo an der Vorderfront.

Mindestens siebzehn fertiggestellte AMG-Anhänger warten hier auf die Übernahme durch die FVV. Man erkennt auch Rohkarossen von kleinen AMG-Bussen, die wir in unserem Buch nicht beschrieben haben.

Ikarus 620 bis 632 – Die dritte Nachkriegsgeneration großer Rahmenbusse

Vorausfahrzeuge

Da gegen Ende der 1950er Jahre eine Sättigung des Bedarfs an robusten Omnibussen für den Alltagsbetrieb in den Ländern des Ostblocks und der Entwicklungsländer noch immer nicht erreicht werden konnte – die jährlichen Produktionszahlen der 60er Reihe sprachen für sich – entschlossen sich die Entwicklungsingenieure bei Ikarus, entgegen dem internationalen Trend, die großen Rahmenbusse in eine dritte Runde gehen zu lassen und beschäftigten sich mit einem neuen Aufbau, welcher die vor allem vom amerikanischen Autobau beeinflusste Formensprache aufnahm. Unter der Werksbezeichnung Ikarus 60 B entstanden bereits 1957 erste Fertigungsmuster, ein Jahr später weitere, diesmal bereits mit der späteren Bezeichnung Ikarus 620 für den Stadtwagen und Ikarus 630 für den Überlandwagen. Die Aufbauten ließen die späteren Serienfahrzeuge bereits erahnen. Die Busse hatten eine Gesamtlänge von 9,348 m. Im Jahre 1959 entstanden mit den Bezeichnungen Ikarus 603 und Ikarus 604 zwei 9,805 m lange Busse mit üppigem Chromzierat an der Vorderfront und einer hervorgehobenen Linienführung der Fahrerkabine, welche die gewölbte Frontverglasung besser zur Geltung kommen ließ. Hierzu hatte man das Csepel-Fahrgestell um etwa einen halben Meter verlängert. In ihnen waren 22 + 3 Sitzplätze bzw. 42 + 2 Sitz- und 38 Stehplätze vorgesehen. Die im selben Jahr anlaufende Serienproduktion griff aber auf den Entwurf der kürzeren Busse 1958 unter Einbeziehung der veränderten Linienführung – welche wenige Jahre zuvor bereits beim Ikarus 55 zur Ausführung kam – der Ikarus 603 und 604 zurück, die dann als Ikarus 620/630 an den Start gingen.

Das Fertigungsmuster Ikarus 60 B aus dem Jahre 1957 lässt bereits wesentliche Details der neuen Rahmenfrontlenkerreihe erkennen, auch wenn die Linienführung noch relativ unvollkommen wirkt. Einer Erwähnung bedürfen einmal die markanten Radabdeckungen, wie sie in analoger Form auch bei anderen Ikarus-Bussen in jener Zeit Verwendung gefunden haben.

Der 1958 gefertigte Vorauswagen des Stadtwagens entsprach in vielen Details noch dem Ikarus 60 B, trug aber an der Grillmaske bereits die Bezeichnung Ikarus 620.

Auch den 1958 gefertigten Vorauswagen des Landbusses zierte am Grill der Schriftzug der späteren Bezeichnung Ikarus 630. Auch hier stechen wieder die markanten Radabdeckungen ins Auge.

Mit der Bezeichnung Ikarus 604 ist 1959 das Muster eines Stadtwagens gefertigt worden, bei dem man das Csepel-Fahrgestell um einen halben Meter verlängert hatte. Der nicht in Serie gebaute Bus mit viel Chromzierat näherte sich stilistisch bereits in wichtigen äußeren Details der Serienausführung des Ikarus 620. Insbesondere die Form der Stoßstange, die Gestaltung der Scheinwerfer und die Hervorhebung der Fahrerkabine in der Linienführung verdienen in diesem Zusammenhang Beachtung.

Als Ikarus 603 ist 1959 der Landbus des verlängerten Ikarus 60 B vorgestellt worden. Obwohl auch er nicht in Serie ging, nimmt er bereits wesentliche Merkmale des Ikarus 630 voraus. Hier sehen wir ihn mit nur einer Einstiegstür hinter dem vorderen Radlauf.

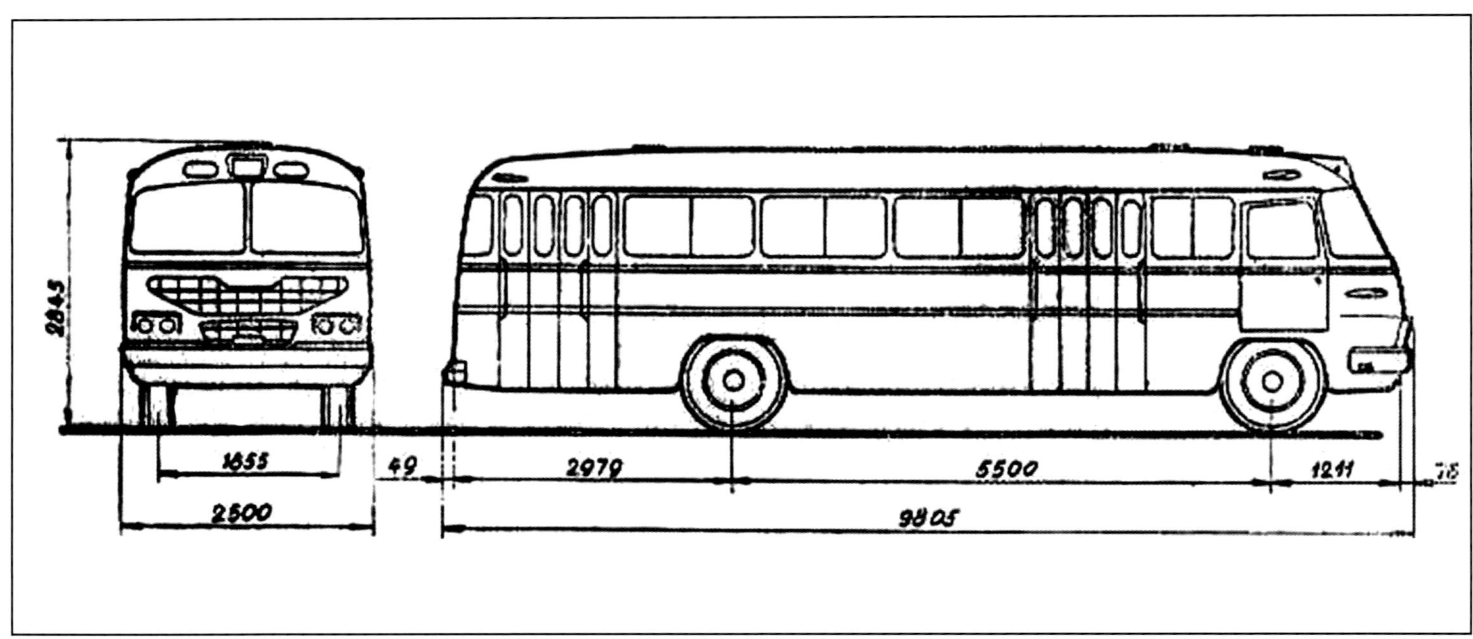

Maßskizze des nicht in Serie gefertigten Stadtwagens Ikarus 604 aus dem Jahre 1959

Serienfahrzeuge – Ikarus 620

Noch im Jahre 1959 setzte die Serienproduktion des Ikarus 620 ein. Die 9,348 m langen Fahrzeuge verfügten je nach Ausstattung über 15 bzw. bis 23 Sitz- und 45 bzw. 30 Stehplätze. Angetrieben wurden sie vom Sechszylinder-Dieselmotor Csepel D 614.10, der eine Leistung von 145 PS erreichte. Damit erreichten die Busse eine Höchstgeschwindigkeit von 58 bzw. 78 km/h. Lediglich für in die Sowjetunion gelieferte Fahrzeuge ist noch längere Zeit der mit 125 PS deutlich schwächere Dieselmotor Csepel D 613.10 vom Vorgänger verwendet worden. Die Stadtbusse hatten hinter den Radläufen jeweils 1,17 m breite, viergeteilte und mit Druckluft betätigte Falttüren, die hintere Plattform war abgesenkt. Von den im ersten Jahr gefertigten 344 Omnibussen verblieben 152 in Ungarn. In die Sowjetunion kamen 92 Fahrzeuge, Polen erhielt 60, die DDR 31 Busse aus dieser Fertigungsserie. Sogar in Jugoslawien fuhren 8 dieser Omnibusse und ein Wagen erreichte den Irak. Ein Teil dieser Serie verfügte über zweigeteilte seitliche Schiebefenster, wie sie später noch vor allem in den Tropenausführungen verwendet wurden. Die Mehrzahl aber sah man mit Schiebeoberlichtern in den metallumrandeten Seitenfenstern, welche 1960 bis Anfang 1961 prägend für die meisten Ikarus-Busse auch anderer Typen geworden sind. Ein wichtiges äußeres Merkmal für das Jahr 1959 waren zudem auch die schwächeren Hinterachsen ohne Außenplanetengetriebe, weil die neuen bei Raba entwickelten Hinterachsen erst ein Jahr später für die Serienfertigung zur Verfügung standen. Mehr als bei den älteren Fahrzeugen ist nun eine ausgeprägte Fertigung nach individuellen Kundenwünschen sowie eine regelmäßige Modellpflege während der bis nach 1971 andauernden Serienfertigung praktiziert worden. Auf einige dieser Einzelheiten möchten wir hinweisen, zum Teil aber nur bei der Kommentierung der Bilddokumente. Doch schauen wir abschließend noch einmal auf die Produktion ab 1960. Wie bereits ausgeführt, sind 1960 bis zum Beginn des Folgejahres mehrheitlich in Metallrahmen eingefasste Seitenfenster mit Schiebeoberlichtern zum Einbau gekommen, denen ab 1961 solche mit einer außen umlaufenden Gummiwulst und Klappoberlichtern aus Gussaluminium folgten. Lediglich die für die Tropen und ein Teil der für Polen hergestellten Serienfahrzeuge sind weiterhin mit zweigeteilten seitlichen Schiebefenstern ausgerüstet worden. Einige wenige serienspezifische Merkmale möchten wir an dieser Stelle hervorheben, wie sie gleichermaßen beim Ikarus 630 zu finden waren. Bis einschließlich 1964 verlief die mittlere, im Heckbereich umlaufende Zierleiste stets unter Einbindung des rückwärtigen Nummernschildes samt u-förmiger Umrandung. 1965 und 1966 dann oberhalb desselben. Ab 1967 verwendete man anstelle der bisher quer stehenden rechteckigen Mehrkammerleuchten jeweils zwei senkrecht übereinander stehende runde Rücklichter. Zeitgleich ersetzten runde Leuchten an der Vorderfront die bisher verwendeten vorderen in blanken Fischen eingefassten Fahrtrichtungsanzeiger. Hier aber gab es auch Übergangsformen. Auch verschwanden ab 1967 die markanten Schürzen unterhalb der vorderen Stoßstange. Insgesamt 8.777 Serienfahrzeuge verließen von 1960 bis zur Produktionseinstellung 1971 die Fließbänder. Größter Abnehmer mit 4.835 Wagen war die Sowjetunion, gefolgt von Polen mit 1.515 und Ungarn mit 1.298 Fahrzeugen. Weitere Länder waren u. a. Bulgarien (1966 bis 1970 insgesamt 632 Wagen) und die CSSR (1963 bis 1967 in zwei Lieferungen zusammen 318 Busse). Auch in die DDR rollten 1963 und 1964 noch einmal 14 bzw. 30 Ikarus 620. Aber es gab auch noch einige weitere Käufer mit zum Teil kleinen Mengen: China (73), Irak (41), Albanien (20) und die Türkei mit je einem Bus in den Jahren 1961 und 1962. Das gesamte Fertigungsvolumen des Stadtbusses Ikarus 620 war fast doppelt so hoch wie jenes der nachfolgend zu beschreibenden Überlandvariante Ikarus 630. In der DDR beschränkte sich ihr Einsatz aber auf wenige Regionen mit zum Teil nur einzelnen Bussen. Sie spielten somit im Alltagsbild kaum eine Rolle. Lediglich im Freiberger, Hallenser, Cottbuser, Rostocker, Mühlhäuser und Eisenacher Stadtverkehr sind nachweislich wenige – zum Teil nur einzelne – Fahrzeuge unterwegs gewesen. Die Ikarus 620 hatten mehrheitlich einen rechteckigen vorderen Linienschilderkasten am vorderen Dachrand über der Frontscheibe. Viele der in Ungarn eingesetzten Busse, aber auch ein Teil der nach Polen und in die Sowjetunion gelieferte Serien verfügten nur über einen quadratischen Nummernkasten über der Frontscheibe. Ein Zielschilderkasten über der Heckscheibe hingegen war nur in wenigen Lieferungen vorhanden. Auch Serien mit einer Dachgalerie für die Ablage von Gepäck blieben beim Ikarus 620 die absolute Ausnahme.

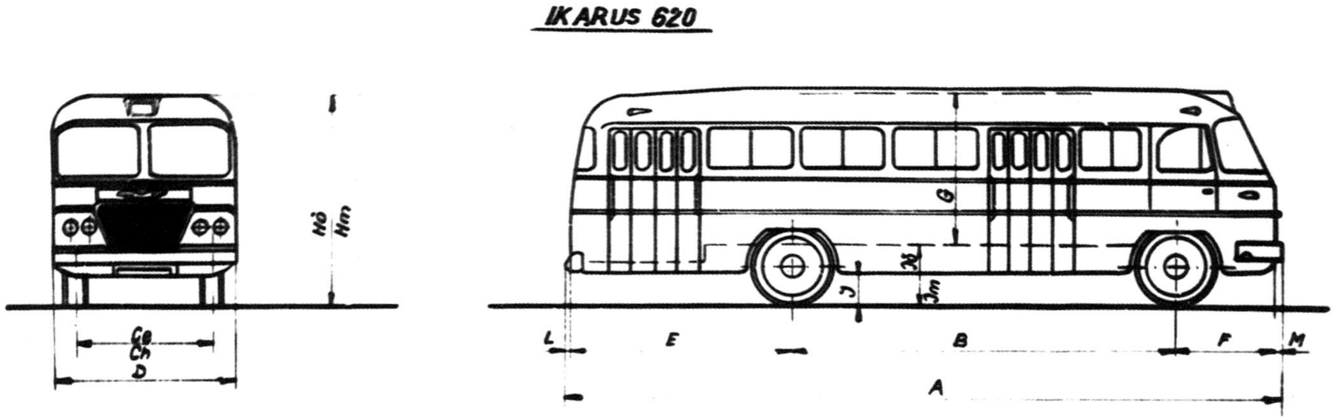

IKARUS 620

Jel	mm	Jel	mm	Megjegyzés.
A	9305	Sv	2230	
B	5000	V	895	
Ce	1855	Üo	700	
Ch	1818	Us	450	
D	2500	X1	1175	
E	2979	X2	1175	
F	1211			
G	1990			
Hö	2905			
Hm	2845			
J	330			
Jö	915			
Jm	855			
L	49			
M	96			
Sö	2230			

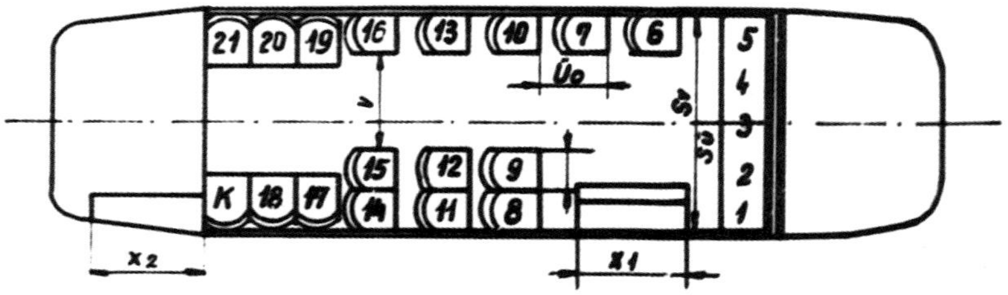

Szerk.: 1960 I 19 Mórocz L.
Más: I 26 Zarándné.

Maßskizze des ab 1959 in Serie gebauten Stadtwagens vom Typ Ikarus 620

Der Wagen GA 16-67 der ungarischen Regionalbusgesellschaft MAVAUT ist ein ganz früher Ikarus 620 von 1959, erkennbar u. a. an den in Metallrahmen gefassten zweigeteilten seitlichen Schiebefenstern.

Ikarus 620 von 1960 mit seitlichen Schiebeoberlichtfenstern. Außenplanetengetriebe in den Rädern der Hinterachse gehörten ab Mitte 1960 zum Standard, die zusätzlichen Puffer auf der Stoßstange gab es nur optional je nach Bestellung.

Bereits aufgefrischter Ikarus 620 von 1960, aufgenommen 1967 in Cottbus. Diese Serie verfügte über rechteckige Zielkästen, aber noch nicht über ein Außenplanetengetriebe in den Hinterrädern. Am rechten Bildrand ein Ikarus 60.

Innenraum des Ikarus 620, hier ein Wagen von 1960, aufgenommen von vorn und von hinten. Auf dem rechten Bild erkennt man recht gut den Schaffnersitz vor der hinteren Tür, das linke Bild zeigt ihn am rechten Bildrand.

Endmontage von Ikarus 620.
Die abgerundeten Dachluken deuten auf eine nach 1961 gefertigte Serie hin.

Lackierte Rohkarosserien von Ikarus 630, die später einmal Falttüren bekommen werden, hier erkennbar an den Türschächten und der bereits aufgesetzten Gepäckbrücke.

Lackierte Rohkarosserie eines Ikarus 620.

Endmontage von Ikarus 55 und 620. In der vorderen Reihe erkennt man Busse für die FAÜ. Die hellen Fenstergummis lassen unzweifelhaft auf die Baujahre 1962/63 schließen.

Wie der bereits gezeigte Cottbuser Wagen gehört der Rostocker Wagen Nr. 251 zu den 31 im Jahre 1959 in die DDR gelieferten Ikarus 620, am linken Bildrand ein früher Ikarus 66.

Zu einer 1961 nach Polen gelieferten Serie gehört die Heckansicht dieses Ikarus 620.

1964 erhielt die DDR noch einmal 30 Ikarus 620, nachdem ein Jahr zuvor bereits eine Anschluss-Serie von 14 Fahrzeugen zur Auslieferung kam. Die Bilder zeigen die linke und rechte Seite eines Vertreters aus dieser Lieferung.

Oben die Vorder- und Heckansicht der 1964 in die DDR gelieferten Ikarus 620.

Rechts der Führerstand eines solchen Fahrzeuges mit noch rechteckigen Instrumenten und einem Vierspeichenlenkrad.

Mit den Nummern 8600 bis 8608 waren in Sachsen lediglich 9 Ikarus 620 der späteren Serien im Einsatz. In Karl-Marx-Stadt sah man sie vor allem auf der Linie T 205 nach Kleinolbersdorf. Die Aufnahme vom August 1968 in der Karl-Marx-Städter Straße der Nationen zeigt einen von ihnen. Davor der hier recht verbraucht wirkende Zschopauer Ikarus 66 Nr. 10-9121, ein Fahrzeug aus dem Jahre 1963.

Der Eisenacher Wagen Nr. 21 gehörte zu den 1964 in die DDR gelieferten Ikarus 620, hier eine Aufnahme von 1968.
Links daneben ein Ikarus 66 der Bauzeit 1966/67.

Ikarus 620 auf Linien der ungarischen Hauptstadt, zu sehen sind der Wagen Nr. 57-66 (1962/63) und 93-49 (1965/66) der FAÜ.

Budapester Alltagsszene, flankiert links von einem Ikarus 620, rechts von einem dreitürigen Ikarus 66.

Front- und Heckansicht einer Serie von 1964 in die Sowjetunion gelieferten Ikarus 620.

Einstiegseite und Armaturentafel eines Vertreters einer 1965 in die Sowjetunion gelieferten Serie von Ikarus 620.

Front- und Heckansicht dieser 1965 in die Sowjetunion gelieferten Ikarus 620. Interessant sind die eingearbeiteten Nebelscheinwerfer unterhalb der vorderen Stoßstange sowie die auf die Stoßstangen aufgesetzten Puffer.

Front- und Heckansicht eines der 1966 an den Budapester Kraftverkehr gelieferten Ikarus 630 mit Falttüren. Das Fahrzeug mit Mittelleiter am Heck zum Dachgepäckträger verfügt nicht über eine abgesenkte Plattform, auch wenn die Bilder als Ikarus 620 im Archiv eingeordnet sind.

Endmontage von Ikarus 620 im Jahr 1965 oder 1966, erkennbar an der oberhalb des Nummernschildes verlaufenden Zierleiste und den rechteckigen Mehrkammerleuchten.

Auf den drei Bildern ist ein für die MAVAUT hergestellter Ikarus 620 im letzten Bauzustand ab 1967 zu sehen. Auf die Frontschürze unterhalb der vorderen Stoßstange wurde verzichtet, runde Fahrtrichtungsanzeiger und Rücklichter vervollständigen das Gesamtbild.

1967 für die FAÜ gefertigter Ikarus 620 mit am Kühlergrill befestigter Frostschutzmaske.

Vorderansicht eines 1968 hergestellten Ikarus 620 kurz vor der Übernahme durch den Auftraggeber. Man achte auch auf die beiden Ikarus 66 gleichen Baujahres am rechten Bildrand.

Armaturentafel mit nun runden Instrumenten und Innenansicht (nach hinten) eines 1968 für die Sowjetunion gebauten Ikarus 620, eines der letzten, die von dieser Reihe gefertigt worden sind.

Hier noch einmal dieser Ikarus 620 für die Sowjetunion, aufgenommen von der Einstiegseite, kurz vor der Abnahme.

Budapester Haltestellenszene mit dem Ikarus 620 Nr. 57-70 der FAÜ, dessen Heck jenen der Serien ab 1967 entspricht, was aber auch durch nachträgliche Auffrischungen entstanden sein könnte.

Der Ikarus 620 Nr. 95-22 der FAÜ gehört zu den vielen Bussen seines Typs, die ab 1966 einen Teil der älteren Wagen in der ungarischen Hauptstadt Budapest ablösten. Hier beim Freischaufeln im Winter.

Die Begegnung zweier Ikarus 620 auf hoch verschneiter, winterlicher Straße war schon eine Herausforderung. Links wieder der Wagen Nr. 95-22 der FAÜ.

Ikarus 620 der FAÜ vor ihrem nächsten Einsatz. Das linke Fahrzeug gehört zur Bauzeit 1965/66, erkennbar an runden Fahrtrichtungsanzeigern und Frontschürze unterhalb der Stoßstange, rechts ein Bus ohne Frontschürze, wie sie ab 1967 hergestellt worden sind. Ikarus 620 prägten das Alltagsbild auf Budapester Buslinien und der MAVAUT bis weit in die 1970er Jahre.

Restarbeiten an neu gebauten Ikarus 620 für die FAÜ gewissermaßen unter freiem Himmel.

1965 gefertigter Ikarus 620 für die FAÜ vor der Übergabe. Viele Jahre prägten Fahrzeuge dieses Typs das Alltagsbild auf den Budapester Stadtbuslinien.

Auch hier sehen wir einen Ikarus 620 aus der Fertigung von 1965.

Für die Sowjetunion im Jahre 1965 gebaute Ikarus 620 vor ihrer Übergabe. Die mittlere Zierleiste verläuft nun oberhalb des Nummernschildes.

Hier handelte es sich um einen für den Einsatz in tropischen Ländern ausgestatteten Ikarus 620.

Transporte wie dieser quer durch Osteuropa gehörten jahrelang zum Alltagsbild. Der jeweils im Vordergrund sichtbare Bus und einige weitere auf den Waggons sind Ikarus 620. Neben solchen sehen wir auch Ikarus 55 (ohne Dachrandverglasung). Die Aufnahme entstand gegen Ende 1964.

Innenansichten des Ikarus 620 Nr. 95-16 der FAÜ von vorn und hinten aufgenommen.

Am Ufer der Donau sehen wir hier einen um 1964 gebauten Ikarus 620.

Ikarus 630

Parallel zum Ikarus 620 lief 1959 auch die Serienproduktion der Überlandvariante mit der Bezeichnung Ikarus 630 an. Angetrieben wurden diese Fahrzeuge wieder vom sechszylindrischen Dieselmotor Csepel D 614.10 mit 145 PS. Im Gegensatz zum Ikarus 620 verfügte er nicht über eine hintere Plattform, äußerlich erkennbar an den deutlich weiter herumgezogenen Eckverglasungen des Hecks. Im Innenraum waren je nach Ausstattung 33 bzw. 46 Sitz- und 27 bzw. 0 Stehplätze hinter der wie bei den 60er Ikarus-Bussen durch eine Trennwand abgeteilten Fahrerkabine vorhanden. Ebenfalls serienmäßig gab es bei den meisten Fahrzeugen eine Dachgalerie für Gepäck, wobei die Leiter vom Heck in Fahrtrichtung je nach Kundenwunsch rechts oder in der Mitte montiert war.
Im ersten Fertigungsjahr sind noch die älteren Hinterachsen verwendet worden. Auch andere äußere Merkmale entsprachen weitgehend jenen der zeitgleich hergestellten Ikarus 620. Anstelle der beiden breiten Türen fand man bei der Mehrzahl der gebauten Busse zwei schmalere Schlagtüren, bei manchen Ausführungen auch nur eine.
Einige Serien verfügten über schmalere viergeteilte Drucklufttüren, aber nicht über die hintere Plattform.
Es hat auch Serien mit nur einer viergeteilten 1,17 m breiten Drucklufttür hinter dem vorderen Radlauf gegeben.
Zwei Ikarus 630 mit Steyr-Maschine und Rechtslenkung, hergestellt 1966 unter der Bezeichnung Ikarus 632 für Nigeria, blieben ebenso Einzelgänger wie zwei auf einem Berliet-Fahrgestell aufgebaute Ikarus 630 für einen französischen Auftraggeber im letzten Fertigungsjahr. Auf die Sonderauf- und umbauten soll an späterer Stelle etwas näher eingegangen werden. Der Ikarus 630 gehörte zu den Bussen, von dem die meisten verschiedenen Varianten produziert worden sind. Hier mögen die Bilddokumente für sich sprechen. Erwähnt seien an dieser Stelle lediglich die unterschiedlichen vorderen Schilder- bzw. Nummernkästen. Es gab auch Serien, bei denen diese gänzlich fehlten.

Von den 133 im Jahre 1959 gebauten Ikarus 630 verblieben 106 in Ungarn, 27 erhielt die DDR. Zwischen 1960 und 1971 belief sich die Gesamtstückzahl auf 5.479 Fahrzeuge. Größter Abnehmer war die DDR mit 2.005 Bussen, unter denen sich wenigstens 14 Fernseh-Übertragungswagen befanden, auf die im nächsten Kapitel ein wenig eingegangen werden soll. Diese verfügten alle über zwei Schlagtüren. In Ungarn fuhren 1.850 Wagen, in die damalige CSSR kamen 1.246 Fahrzeuge und eine Ersatzkarosserie. Weitere Käufer größerer Serien waren Kuba (1962-63: 200), Polen (1961-63 und 1967: 101) und die Sowjetunion (1961: 50). Daneben gab es aber auch eine Reihe von Ländern, in denen nur wenige dieser Omnibusse zum Einsatz kamen: Ägypten (8), Irak (5), Guinea, Senegal, Jugoslawien, Algerien, Tunesien, Ghana, Mali und Kuweit (jeweils 1). In der DDR verblieben die Ikarus 630 mehrheitlich bis Mitte der 1970er Jahre im Einsatz – zum Teil sogar auf Stadtbuslinien – und waren häufig mit Personenanhängern der Typen W 700 oder W 701 unterwegs. In Westsachsen, Mitteldeutschland und im Zittauer Raum sind größere Bestände in den regionalen Busunternehmen vorhanden gewesen. Oft lösten sie dort ihre Vorgänger ab. Letzte vor allem von privaten Unternehmern bzw. Unternehmen der Landwirtschaft zum Einsatz gebrachte Ikarus 630 schieden erst in der Wendezeit Ende der 1980er Jahre aus dem aktiven Dienst aus. Seit der ersten Hälfte der 1960er Jahre sind in der DDR Ikarus 630 in regelmäßigen Abständen industriell aufgearbeitet worden. Dies geschah wie übrigens auch bei den Bussen der 60er Reihe in verschiedenen eigens dafür ausgestatteten Werkstätten der bezirksgeleiteten Kraftverkehrskombinate bzw. der SDAG Wismut. Dabei näherten sich verschiedene Serien äußerlich an, manche Details sind vereinfacht worden, bei vielen Bussen verzichtete man auf die Trennwände hinter der Fahrerkabine und auch auf die Dachgalerie samt heckseitiger Leiter. Zuletzt entfielen bei einer größeren Anzahl von Fahrzeugen auch die meisten der seitlichen Schiebe- bzw. Klappoberlichter. Durch diese oft mehrfach vorgenommenen Auffrischungen erreichten einige Ikarus 630 mit zum Teil deutlich über 20 Jahren eine recht lange aktive Einsatzzeit. Dies ist zudem dem Umstand geschuldet, dass aus verschiedenen Gründen lange Zeit Ersatzinvestitionen nicht im erforderlichen Umfang erfolgen konnten. Das Fahrgastaufkommen wuchs viele Jahre schneller. Eine kleine Zahl von Ikarus 630 verdiente sich ihr Gnadenbrot als Dienstfahrzeuge mit verschiedener Funktion und Ausstattung.

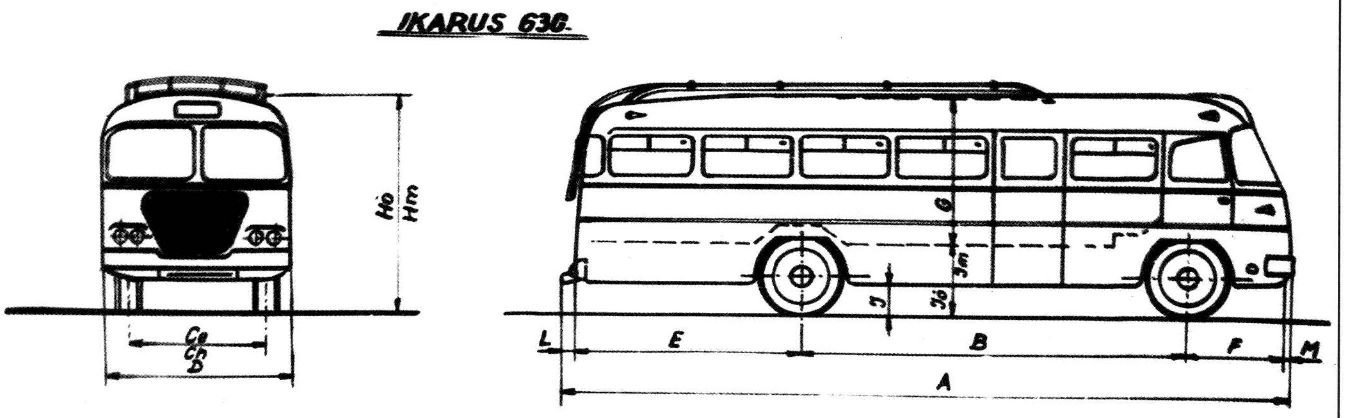

IKARUS 630.
Hö
Hm
Ce
Ch
D
G
Jm
J
Jö
L
E
B
F
M
A

Jel	mm	Jel	mm	Megjegyzés.
A	9305	Sv	2330	
B	5000	V	450	
Ce	1855	Üo	710	
Ch	1818	Üs	450	
D	2500	x1	850	
E	2079	Üt1		
F	1211	Üt2		
G	1990	Üt3		
Hö	2905			
Hm	2845			
J	330			
Jö	915			
Jm	855			
L	49			
M	96			
Sü	2330			

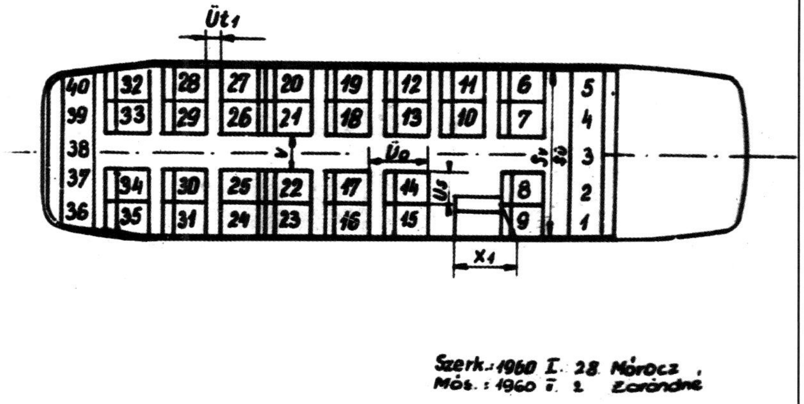

Üt1
Üo
x1
Szerk.: 1960 I. 28. Mórocz
Mós.: 1960 I. 2. Zarándné

630.22

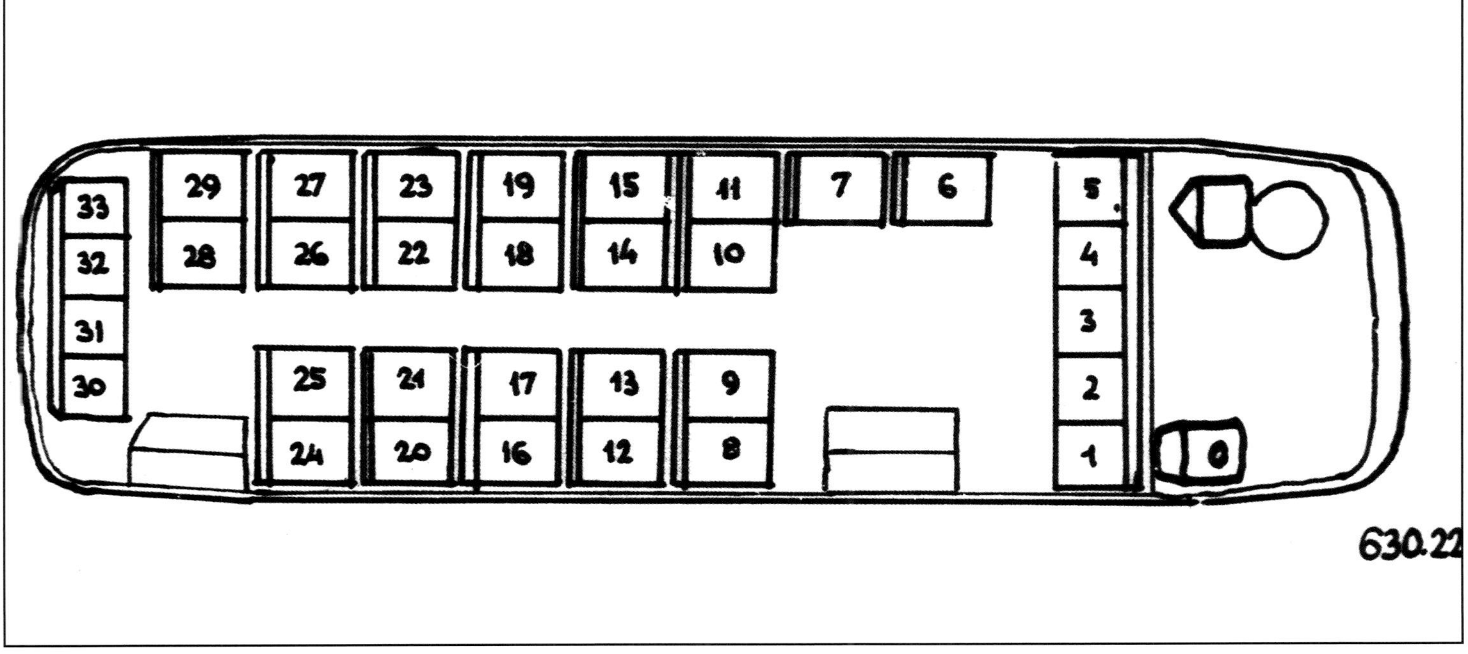

Skizzen eines eintürigen Ikarus 630, unten Fahrgastraum eines Vertreters mit zwei Türen.

Wagen Nr. 80-31 der FAÜ, ein Ikarus 630 mit zwei Schlagtüren und Gepäckbrücke aus dem Jahre 1960 oder 1961.

Ikarus 630 mit zwei schmalen, viergeteilten Einstiegstüren und recht breiter Zielanzeige einer Lieferung von 1960 für Polen. Die Frontscheiben sind beide nach vorn ausgestellt.

Noch einmal ein solches, 1960 für Polen hergestelltes Fahrzeug. Rückwärtige Zielanzeigen blieben in der Serienfertigung selten. Auf die Rückbank ist hier verzichtet worden.

Zwei Ikarus 630 von 1960 mit zwei Schlagtüren kurz vor ihrer Übergabe an den Auftraggeber.

In Augustusburg stationierter Wagen Nr. 2836 von 1960, aufgenommen 1962 in Pockau.

Bereits generalreparierter Ikarus 630 von 1961, bildlich dokumentiert im Juli 1968 in Mittweida.

Der Olbernhauer Wagen Nr. 33-8601 von 1961 ist im Dezember 1972 in recht verbrauchtem GR-Zustand in Marienberg bildlich dokumentiert worden.

Der VEB Kraftverkehr Zittau setzte recht viele Ikarus 630 auf seinen Linien ein. Hier zeigen sich im Juli 1967 gleich drei von ihnen aus der Fertigungszeit 1960 bis Mitte 1961, alle bereits ohne Gepäckbrücke, der mittlere sogar mit runden Rücklichtern in der rechteckigen Kammer.

Stolz präsentierte man hier den 100. im Jahr 1967 im Autoreparaturwerk Halle generalreparierten Ikarus 630, hergestellt 1960/61.

Blick in die Endmontage von Ikarus 630 ohne Gepäckbrücke etwa 1962/63, erkennbar an den breiteren Dachluken.

Wartungs- oder Rüstarbeiten mussten häufig im Freien stattfinden, hier ein Ikarus 630 der Fertigungszeit ab 1962.

Noch einmal der Wagen Nr. 40-8600 des VEB Kraftverkehr Mittweida, 1961 geliefert und hier im GR-Zustand fotografiert am 22.02.1969.

1962 sind für die ungarische Busgesellschaft Mavaut Ikarus 630 mit einer viergeteilten Falttür, Gepäckbrücke und mittlerer Abstiegsleiter produziert worden. Hervorhebenswert sind die recht kleinen vorderen Fahrtrichtungsanzeiger, die auch eine große Verbreitung fanden.

Im Jahre 1962 erhielt die CSSR 51 Ikarus 630. Hier ein Vertreter dieser Serie mit nur einer Schlagtür, Schiebeoberlichtern Dachgepäckträger und Rahmen für die Zielanzeige links unter den Frontscheiben anstelle über diesen.

Blick in den Innenraum eines dieser Busse für die CSSR.

Beim VEB Kraftverkehr Luckau fuhr dieser Ikarus 630 der Fertigungszeit 1962/63 mit der Nummer 60-8610 und ist hier im Januar 1967 in Cottbus zu sehen.

Für die MAVAUT steht dieser Ikarus 630 mit zwei schmalen, viergeteilten Falttüren im Jahre 1966 zur Ablieferung bereit.

Im Zeitraum 1962 bis 1966 sind in nicht allzu großer Zahl Ikarus 630 mit einer breiten, viergeteilten Falttür und Zielanzeige rechts unterhalb der Frontscheibe zur Auslieferung gebracht worden. Wir wissen, dass ein nicht unerheblicher Teil von ihnen den Weg in die CSSR gefunden hat.

1962 erhielt die DDR eine Serie von Ikarus 630 ohne Dachgepäckbrücke, hier die Front- und Heckansicht eines dieser Fahrzeuge, gesäumt jeweils von fast vollendeten Ikarus 311.

Ikarus 630, aufgenommen im Januar 1967 in Cottbus, vorn ein Wagen der Bauzeit ab 1962, dahinter ein bereits generalrepariertes Fahrzeug aus dem Fertigungszeitraum 1960/61. Ganz hinten rechts erkennt man einen H6B.

Zwischen Blankenburg und Treseburg im Harz fuhren Ende der 1960er Jahre Ikarus 630. Später quälten sich auf dieser Linie bisweilen hoffnungslos überfüllte Ikarus 66 über die Bergstrecken dieser Buslinie.

In zwei Serien erhielten die Leipziger Verkehrsbetriebe acht Ikarus 630 in den Jahren 1962 und 1964 und setzte sie bis 1974 auf ihren Linien ein. Wagen 8 von 1964 fuhr bis 1965 mit der Nummer 95 und schied 1972 aus dem Bestand aus.

Viele solcher Züge rollten durch Osteuropa an die Bestimmungsorte. Hier sind es Ikarus 630 des Baujahres 1964.

Beim VEB Kraftverkehr Görlitz fuhren Ikarus 630 der Jahre 1960 bis 1964 in relativ kleiner Zahl bis 1975. Ihre Nachfolge traten Ikarus 255 und 280 an.

Diese Aufnahme vom Juni 1972 zeigt den längst durch Auffrischungsarbeiten äußerlich veränderten Wagen Nr. 60-8607 des VEB Kraftverkehr Annaberg mit nur noch zwei Scheinwerfern unter der serienmäßigen Abdeckung.

Im Tausch gegen einen gleichaltrigen Ikarus 66-Stadtwagen kam 1963 dieser 1962 gebaute Ikarus 630 vom VEB Kraftverkehr Meißen zur Görlitzer Straßenbahn und fuhr kurzzeitig mit der Nr. 8, ab 1964 dann bis zu seinem Verkauf 1974 mit der Nr. 7. Hier sehen wir ihn nach einer GR bei der SDAG Wismut.

Im Februar 1968 entstand dieses Bild mit einem Ikarus 630 aus dem damaligen Bezirk Halle in Magdeburg. Das 1961 gebaute Fahrzeug hatte hier auch bereits eine GR hinter sich.

Heckansicht eines Ikarus 630 der Fertigungszeit 1962 bis 1964 mit mittlerer Abstiegsleiter vor der Abnahme des Fahrzeuges. Rechts und links erkennt man frühe Ikarus 180 bzw. 557.

So sah der Betriebsalltag mit Ikarus 630 und W 701 bis 1975 beim VEB Kraftverkehr Görlitz aus. Auch dieser Bus hat bereits eine Generalreparatur hinter sich.

Ikarus 630 mit quadratischem Nummernkasten über den Frontscheiben waren relativ selten, hier der Wagen Nr. 80-23 des BKV, der zudem über eine breite vierteilige Falttür verfügt.

Front- und Heckansicht eines 1965 gebauten Ikarus 630. Mehr als 250 von ihnen kamen in die DDR (ohne die TV-Übertragungswagen).

Als diese malerische Winteraufnahme im Oktober 1960 in Dresden entstand, befand sich der Zittauer Ikarus 630 – hier mit einer Frostschutzmaske vor dem Kühlergrill – erst wenige Monate im Liniendienst. Hinter ihm erkennt man einen Skoda 706 RTO und einen H6B, rechts einenTrabant P 50, liebevoll oft auch als Kugelporsche bezeichnet.

1976 steht dieser bereits generalreparierte Ikarus 630 mit einem W 701 in Magdeburg zur Abfahrt nach Egeln bereit.

Einen späten GR-Zustand zeigt der Wagen Nr. 31-8612 des VEB Kraftverkehr Aue-Schwarzenberg im Jahre 1975.

Um 1972 ist hier gerade der Olbernhauer Ikarus 630 Nr. 60-8607 in die Haltestelle von Pobershau eingefahren.

In Markersdorf bei Görlitz abgestellter Ikarus 630, dokumentiert im Mai 1980.

Der 1964 gebaute Ikarus 630 Nr. 6 der Görlitzer Straßenbahn verbrachte seine letzten Jahre bei der ZBO Grundstein in Kiesdorf. Sein Heck entstand bei einer GR durch die SDAG Wismut.

Auch das Unternehmen Volan setzte Ikarus 630 mit zwei schmalen, viergeteilten Falttüren auf seinen Linien in Ungarn ein. Hier sehen wir einen ganz späten Vertreter der Fertigung 1967/68. Am rechten Bildrand ein Ikarus 55 ohne Dachrandverglasung.

Als Flughafenzubringer nutzte die Dresdner Straßenbahn auch drei 1964 beschaffte Ikarus 630, hier die Nr. 67 kurz nach der Indienststellung.

Auch auf den Linien im Umland von Frankfurt/Oder waren Ikarus 630 viele Jahre Bestandteil des Alltagsbildes.

Mit neuem Aufbau verbrachte der Wagen Nr. 7 der Görlitzer Straßenbahn, der auch einmal in Meißen fuhr, seinen Lebensabend bei der KAP Herwigsdorf und zeigt sich hier im Sommer 1980 in Strahwalde bei Löbau.

Geöffnete Fahrertür eines Ikarus 630 von 1967 für die MAVAUT und geöffnete Beifahrertür eines ein Jahr später für Polen gefertigten Ikarus 620.

Hier die Front- und Heckansicht des für die Volksrepublik Polen im Jahre 1968 gefertigten Ikarus 620. Der Auftrag umfasste 100 Fahrzeuge.

1967 hergestellter Ikarus 630 aus dem Jahre 1967 mit breiter, viergeteilter Falttür und Dachgepäckträger, aber ohne vordere Zielbeschilderung.

Nach Bulgarien rollte dieser späte Ikarus 630 von 1968 mit zwei schmalen Falttüren. Ganz sicher ist er irrtümlich in die Statistik der Ikarus 620 gerutscht, denn diese weist keine nach Bulgarien gelieferten Ikarus 630 aus.

Noch bis weit in die späten 1970er Jahre nutzte der VEB Kraftverkehr Halle/Saale im Berufsverkehr zu den Schichtwechselzeiten auch Ikarus 630. Hier steht ein generalrepariertes Fahrzeug dieses Typs im Jahre 1975 beim Bahnhof zur Abfahrt bereit, flankiert links von zwei Robur LO 3000 und rechts von einem Ikarus 180, der hier als Jugendwagen fährt.

Fast könnte man meinen, den Bus von der vorhergehenden Seite vor sich zu haben, aber es ist ein anderer, 1975 noch eingesetzter Ikarus 630 des VEB Kraftverkehr Halle/Saale.

Ein später (schürzenloser), aber dennoch bereits generalüberholter Ikarus 630 des VEB Kraftverkehrskombinates Potsdam, aufgenommen als Kindertransport im Herbst 1977 in Berlin.

Heckansicht eines 1967 an den Budpester Kraftverkehr gelieferten Ikarus 630 mit mittlerer Aufstiegsleiter zum Dachgepäckträger.

Ikarus 630 mit nur einer Schlagtür hinter dem vorderen Radlauf einer Serie aus dem Jahre 1968. Vor dem Grill befindet sich wieder ein Frostschutz.

Hier ein Ikarus 630 der Bauzeit 1967/68 mit breiter mittlerer vierflügeliger Falttür, Dachgepäckträger sowie Zielschildbefestigungsrahmen unterhalb des rechten Stirnfensters wie er in großer Zahl in die CSSR geliefert worden ist.

Armaturentafel, wie sie bei Ikarus 620 und 630 bis 1966 zum Einbau gelangt sind. Die Instrumente ruhen in rechteckigen Fenstern.

Seit 1967 sind Armaturentafeln mit runden Instrumenten bei Ikarus 620 und 630 zum Einbau gebracht worden. Hier mit einem Zweispeichenlenkrad.

Noch ein Blick in die Fertigungshallen. Hier werden Ikarus 630 mit mittlerer Aufstiegsleiter zur Gepäckbrücke im Zeitraum 1965/66 montiert, erkennbar an der Zierleiste oberhalb des Nummernschildes und den rechteckigen Mehrkammer-Rücklichtern.

Ikarus 630 mit zwei schmalen, viergeteilten Einstiegstüren, gebaut 1967 und von der ungarischen Busgesellschaft Mavaut eingesetzt.

Hier ein spät überholter Ikarus 630. Es handelt sich um den Wagen Nr. 60-8608 des VEB Kraftverkehr Annaberg, aufgenommen im Juni 1972. Auf die meisten Klappoberlichter hat man verzichtet und auch die Gestaltung der Vorderfront wurde geändert.

Die Hecks der spät generalreparierten Ikarus 630 ähnelten sich. Links der Wagen Nr. 10-8677 des Kraftverkehr Freiberg, rechts der hier als Abschleppwagen genutzte Cottbuser Wagen Nr. 906. Er verfügt noch über die obere Nummernschildumrandung. Die Bilder entstanden 1976 bzw. 1980.

Beim Busbahnhof in Cottbus ist 1980 dieser Ikarus 630 als Verkaufsraum genutzt worden.

Der Bautzener Ikarus 630 Nr. 7525 145 musste sich sein Gnadenbrot als Aufenthaltsraum auf den Feldern bei Malschwitz verdienen, bildlich dokumentiert im Juli 1976.

Kurz vor Fertigungsende sind im Jahre 1971 noch einmal zwei Aufbauten von Ikarus 630 für einen französischen Auftraggeber auf Berliet-Fahrgestelle aufgesetzt worden. Man verwendete zweigeteilte seitliche Schiebefenster. Die Bilder zeigen die Einstiegseite von vorn und das Heck.

Hier noch einmal die Vorderfront des Ikarus 630, der im wahrsten Sinne des Wortes ein Berliet gewesen ist.

Zum Abschluss noch einmal die Heckansicht eines der 1968 gebauten Ikarus 630. Sie stellt die letzte Entwicklungsstufe dieser Reihe dar.

Malerisches Fotoshooting unweit der ungarischen Hauptstadt Budapest mit einem frühen Ikarus 630 der Bauzeit 1960/61 mit nur einer Schlagtür.

Zwei Schlagtüren hat dieser ebenfalls 1960 oder 1961 gebaute Ikarus 630.

Hier ein einfarbiger Ikarus 630 mit zwei Schlagtüren und seitlichen Mustern. Auch hier handelt es sich ohne Zweifel um ein Fahrzeug aus der Fertigungszeit 1960/61.

Bei der Zitadelle oberhalb der Donau in der ungarischen Hauptstadt Budapest ist dieser Ikarus 630 ohne Gepäckbrücke in Positur aufgestellt. Die hohen und recht schmalen Dachluken deuten unzweifelhaft auf den Fertigungszeitraum 1960 bis 1961. Auch ein relativ geringer Teil der in die DDR gelieferten Ikarus 630 verfügte nicht über eine Gepäckbrücke.

Die SDAG Wismut setzte eine Anzahl Ikarus 630 für ihren innerbetrieblichen Personenverkehr ein. Im Sommer sah man sie schon mal ohne Kühlerabdeckung.

Viele Ikarus 630 wie dieses recht alte Fahrzeug aus dem damaligen Bezirk Magdeburg verdienten sich ihr Gnadenbrot bei landwirtschaftlichen oder privaten Unternehmen und standen so vereinzelt noch in den 1980er Jahren im aktiven Einsatz.

Endmontage von Ikarus 630 mit zwei schmalen vierteiligen Falttüren und aufgesetzter Gepäckbrücke.

Dieser Ikarus 630 mit zwei schmalen Falttüren, vorderem und hinterem Schilderkasten auf dem Dach und sage und schreibe fünf Dachluken gehörte zu einem 22 Busse umfassenden polnischen Auftrag aus dem Jahre 1961.

Dieser Ikarus 630 der ungarischen Busgesellschaft MAVAUT, ebenfalls mit zwei schmalen Falttüren, gehört zu den in den letzten Jahren gefertigten Serien, erkennbar an der fehlenden Frontschürze unterhalb der Stoßstange.

Hier ist ein gleiches Fahrzeug des Busunternehmens Volan als Schulbus vorgefahren.

Ikarus 630 der Bauzeit ab 1967 mit schmalen Falttüren und AMG-Anhänger, eingesetzt in Szeged.

Hier ist noch einmal ein abnahmebereiter Ikarus 630 mit zwei schmalen Falttüren und Frostschutzabdeckung auf dem Kühlergrill bildlich dokumentiert. Es handelt sich um ein Fahrzeug der Bauzeit 1962 bis 1964.

Zwei Ikarus 630 ohne vorderem Schilderkasten, mit nur einer breiten vierteiligen mittleren Falttür und Schilderbefestigungsraumen unterhalb des rechten vorderen Fensters, hergestellt 1965 (dokumentiert vor der Abnahme im Werk) bzw. 1967 (Aufnahme oberhalb der Donau). Solche Busse sind vor allem in die CSSR geliefert worden.

Sonderauf- und umbauten der Reihe Ikarus 620/630

Sonderaufbauten

Auf der Basis von Ikarus 620 und 630 sind mobile Postämter geschaffen worden, welche über eine entsprechende Einrichtung verfügten. Diese kamen nach bisherigen Erkenntnissen nur in Ungarn zum Einsatz. Im Jahre 1965 ist aber auch eine kleine Zahl von Rundfunk- und Fernseh-Übertragungswagen gefertigt worden. Die Angaben über deren Zahl sind widersprüchlich. Sie schwanken zwischen 6 und 14. Um diesen Widerspruch aufzulösen, bietet sich ein kurzer Blick in deren Entstehungsgeschichte an. Das Rundfunk- und fernsehtechnische Zentralamt der Deutschen Post entwickelte und fertigte den Fernsehübertragungszug FZ 18 als ersten seiner Art in der DDR. Es waren dies die Übertragungszüge Ü 8 sowie Ü 10 bis 13. Als Basis dienten Ikarus 630 mit mehr oder weniger starken Modifikationen. Zu jedem Zug gehörte ein Technik- und ein Regie-Wagen. Beim Ü 8 kam noch ein Notstrom- und Geräteanhänger hinzu, bei den anderen vier Zügen gab es an seiner Stelle einen weiteren Begleitbus. Der eigentliche Aufbau erfolgte in enger Abstimmung zwischen dem Hersteller und dem Auftraggeber. Für die konkrete Gestaltung des Innenraumes zeichnete das RZA verantwortlich. Bildlich dokumentiert ist, dass es sich dabei um wenigstens zwei äußerlich grundlegend verschieden aufgebaute Fahrzeuge handelte, wobei die vier Begleitbusse in ihrer Ausstattung wiederum von den Regiewagen abwichen. Ganz sicher bezieht sich die Zahl 6 auf jene Fahrzeuge, welche im Heck über zwei große Türen verfügten. Dies waren die Busse mit der technischen Ausstattung und wahrscheinlich einer der Begleitbusse, wie sie ab Ü 10 zum Einsatz kamen. Ein Teil der Busse – im Einzelnen die Technik- und Regiewagen – bekam zusätzlich Kühlbleche auf das Dach montiert. Allen Ikarus 630 dieser Modifikation gemeinsam waren große Kabeltrommelgestelle anstelle der Rückbank. Die Fernsehübertragungszüge FZ 18 prägten bis in die 1980er Jahre das Bild bei Großveranstaltungen.

Auch äußerlich in Details verschiedene Arzt- bzw. Röntgenwagen sind vom Ikarus 620 und 630 mit einem jeweils dazu gehörenden Notstromanhänger produziert worden. Im Gegensatz zum Ikarus 602 liegen uns hier bislang keine genauen Zahlen vor. Wir können nur sagen, dass deren Aufbau vor 1967 erfolgt ist.

1962 und 1963 entstanden wenigstens zwei offene Ausflugsbusse für Stadtrundfahrten in Budapest auf der Basis von Ikarus 630. Diese Fahrzeuge sind zwischendurch aufgefrischt worden und standen bis 1975 im regulären Einsatz. Man kann davon ausgehen, dass ihre Fertigung aus neuen Teilen erfolgte, weshalb wir sie an dieser Stelle erwähnen.

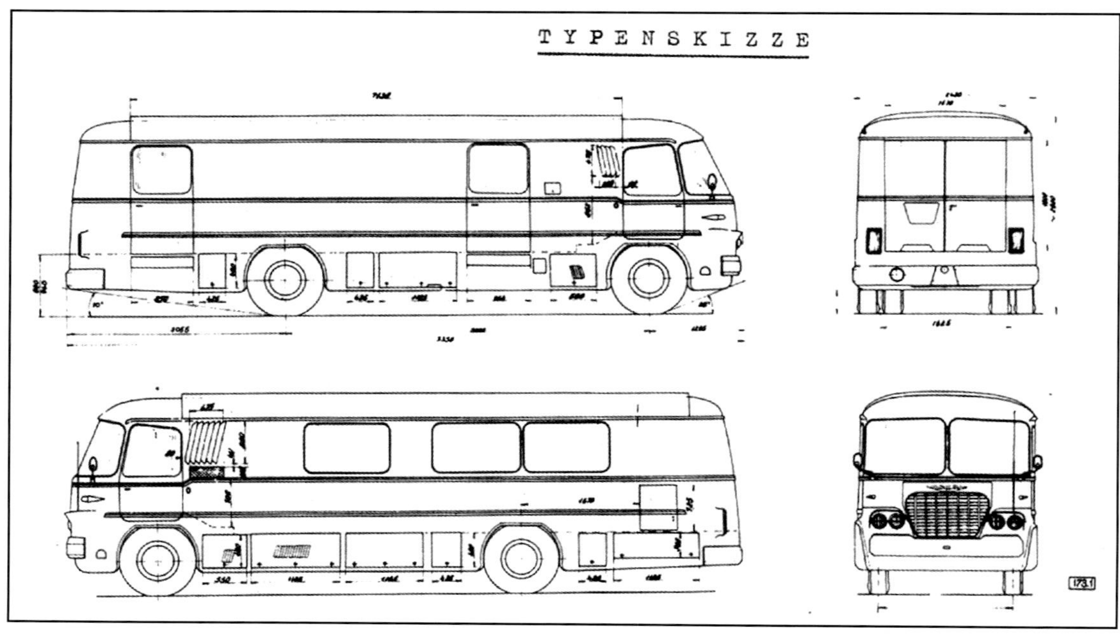

Regiewagen eines Rundfunk- und Fernsehübertragungszuges

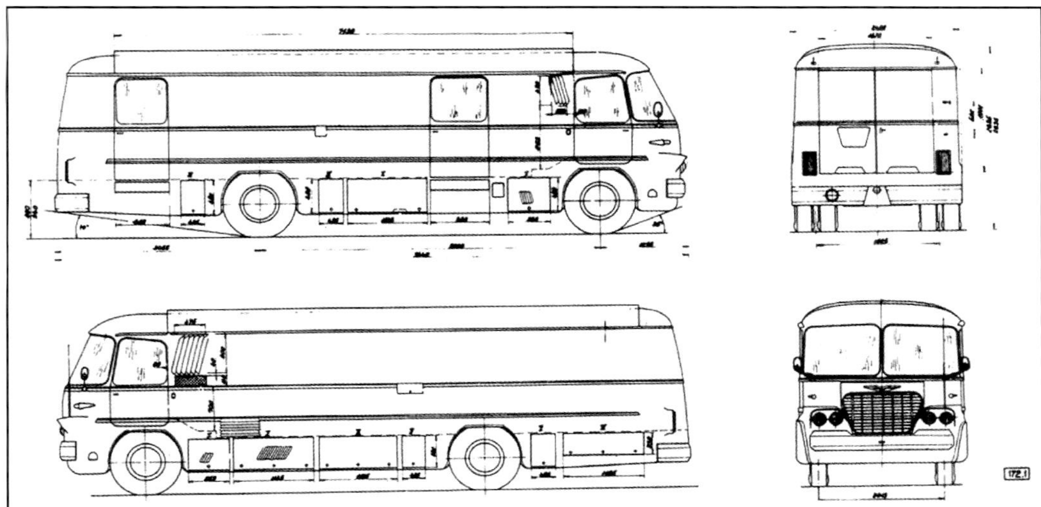

Skizzen vom Technikwagen des Rundfunk- und Fernsehübertragungszuges

Rechte Seite eines Technikwagens. Man erkennt deutlich das Kühlblech auf dem Dach.

Die Regie- und Technikwagen besaßen im Heck zwei große unverglaste Türen als Zugang zu den Kabeltrommelgestellen. Die rechteckigen Mehrkammerleuchten fanden hochkant angeordnet ihren Platz an den Außenrändern des Hecks.

Blick auf das Heck eines Begleitfahrzeuges; Hier erfolgte der Zugang zum Trommelgestell über die hintere Seitentür.

Vorderfront eines Rundfunk- und Fernsehübertragungswagens mit abgenommener Grillmaske. Auf einen Schilderkasten hatte man verzichtet.

Rechte und linke Seite sowie Cockpit eines Begleitfahrzeuges des Rundfunk- und Fernsehübertragungszuges für die DDR.

Blick in den Innenraum eines Begleitfahrzeuges des Rundfunk- und Fernsehübertragungszuges für die DDR.

Rundfunk- und Fernsehübertragungszug im Einsatz während einer Veranstaltung. Drei Busse oder zwei Busse und ein Anhänger gehörten zu jedem Zug.

Mehrere Ikarus 630 sind als Sonderfahrzeuge für medizinische Aufgaben hergestellt und durch einen einachsigen Notstromanhänger ergänzt worden. Diese verfügten über vordere Schilderkästen über der Windschutzverglasung.

Vorderansicht des Ausflugwagens Nr. 80-35 der FAÜ, aufgenommen von der linken Seite.

Heckansicht desselben Fahrzeuges von der Einstiegseite aus gesehen. Auf die vordere Tür hatte man verzichtet. Der Bus befindet sich hier vor der malerischen Kulisse der Donau.

Eine größere Zahl von Ikarus 630 erhielt eine Ausrüstung als mobiles Postamt und diente bei der Magyar Posta. Das Bilddokument zeigt ein recht frühes derart ausgestattetes Fahrzeug. (Baujahr 1960/61).

Begleitfahrzeug der 1965 für die DDR gefertigten Rundfunk- und Fernsehübertragungswagen.

Dieser Ikarus 630 von 1965 – hier mit ausgeklappter Aufstiegsleiter – entspricht bis auf den Dachgepäckträger äußerlich dem Begleitfahrzeug für die in die DDR Rundfunk- und Übertragungszüge, deutlich erkennbar insbesondere daran, dass das längere seitliche Fenster nicht vor, sondern hinter der vorderen Einstiegstür angeordnet ist. Deshalb haben wir diese Aufnahme an diese Stelle gesetzt. Weitere Details oder Vergleichsfotos sind uns bislang leider nicht bekannt.

Ikarus 630 mit einem Sonderaufbau für medizinische Zwecke; Auch hier ist die Zahl der hergestellten Fahrzeuge, zu denen ein mobiles Notstromaggregat gehörte, nicht bekannt. Die konkrete Aufbauweise und Ausstattung variierte aber von Fahrzeug zu Fahrzeug je nach vorgesehenem Einsatzzweck.

Umbauten aus Serienfahrzeugen

Wie beim Vorgängertyp Ikarus 60 sind auch aus einer größeren Anzahl Ikarus 620 und 630 Gelenkzüge aufgebaut worden. Den Anfang machte 1961 ein aus Neuteilen der laufenden Serie des Ikarus 620 in der Werkstatt der FAÜ aufgebauter 16,4 m langer IC 622 mit zweiachsigem Nachläufer. Anfangs mit der Nummer 60-00 versehen und getestet, fuhr er letztendlich mit der Nummer 83-00 auf Budapester Stadtbuslinien. Die Verfügbarkeit stärkerer hinterer Lenkachsen, der Raba-Hinterachsen mit Außenplanetengetrieben und höher belastbarer Reifen ließ ihn einen Einzelgänger bleiben. Ab 1962 begann die Fertigung der 15,365 m langen IC 620 bzw. IC 630 mit drei gleich breiten Türen und nur einem einachsigen Nachläufer. Hierbei sind mehrheitlich aus dem Budapester Stadtverkehr ausgesonderte Ikarus 620 oder 630 als Basis herangezogen worden. Die Busse sind aber auch von der Mavaut und anderen ungarischen Unternehmen zum Einsatz gebracht worden, bis zwischen 1973 und 1980 Ikarus 280 an ihre Stelle traten. Die genaue Anzahl der umgebauten Omnibusse dieser Reihe konnte bisher nicht in Erfahrung gebracht werden. Bildlich dokumentiert aber ist auch die Verwendung von Spenderbussen aus verschiedenen Serien für den Vorderwagen und den Nachläufer. Dies kann aber auch nachträglich im Rahmen der Wiederherstellung von Unfallfahrzeugen geschehen sein.

IC 622 als Wagen Nr. 83-00 der FAÜ. Dieses Fahrzeug blieb ein Einzelgänger. Alle weiteren aus Ikarus 620 bzw. 630-Baugruppen gefertigten Gelenkzüge besaßen nur eine Achse im Nachläufer und bekamen die Bezeichnung IC 620 bzw. IC 630 oder auch Ikarus 620 CS bzw. 630 CS.

Hier ist dasselbe Fahrzeug während der Probefahrten mit angeschriebener Nummer 60-00 bildlich dokumentiert.

Probefahrt mit dem ebenfalls 1961 gefertigten IC 620, FAÜ-Nummer Nr. 59-00, hier aufgenommen von der Einstiegseite aus. Diese Busse nannte man auch Ikarus 620 CS.

Hier noch einmal die Straßenseite desselben Fahrzeuges. Im Gegensatz zu den Ikarus 55 und 66 des Baujahres 1961 verfügten die zeitgleich hergestellten Ikarus 620 und 630 noch fast durchgängig über Seitenfenster mit Metallrahmen und Schiebeoberlichteinsätzen.

Der IC 620, Nr. 18-67 der Staatlichen Busgesellschaft MAVAUT, erwartet hier das Abfahrtsignal. Dahinter erkennt man einen Ikarus 630 mit mittlerer viergeteilter Falttür.

Dieser IC 620, ebenfalls bei der MAVAUT im Dienst stehend, ist hier mit zwei Bushälften aus verschiedenen Fertigungsserien zu sehen. Vor dem Kühlergrill ist eine Frostschutzmaske aus Leder befestigt. Am rechten Bildrand ist ein weiterer Ikarus 620 oder IC 620 zu erkennen.

Auch beim Unternehmen Volan fuhren solche Gelenkzüge. Der abgebildete Wagen GA 61-71 entstand aus Komponenten des Ikarus 630 der Fertigungszeit 1962 bis 1964 und trägt somit die Bezeichnung IC 630 bzw. Ikarus 630 CS.

2. Die kleinen Frontlenker

TR 3.5

Der nur 7,73 m lange Stadtbus mit einem Achsabstand von 4,5 m erregte bei seinem Auftauchen insofern internationale Aufmerksamkeit, als er zu den ersten in weitgehend selbsttragender Bauweise konstruierten Omnibussen überhaupt zählte. Ende 1947 war das erste Fahrzeug fertiggestellt. Bis 1950 sind nur 78 Wagen dieses Typs ausgeliefert worden. Sie verblieben fast alle in Ungarn und dienten – zuletzt an der Seite von Ikarus 30 – vor allem im Budapester Stadtverkehr auf weniger frequentierten Linien. Lediglich ein 1950 produzierter Nachzügler hat den Weg nach Ägypten gefunden. Angetrieben wurde das Fahrzeug von einem vierzylindrischen Ottomotor des Typs Raba Spezial, welcher 65 PS leistete und fest mit einem Sechsganggetriebe verbunden war. Die Höchstgeschwindigkeit betrug 70 km/h. Im Innenraum fanden 40 Personen auf 17 Sitz- und 23 Stehplätzen Platz. Die meisten Busse verfügten über zweigeteilte Falttüren, die sich nach innen öffneten und mit Druckluft betätigt wurden. Es hat aber auch einige Wagen mit Schlagtüren gegeben. Verwendet wurde der TR 3.5 vereinzelt auch als Medimobil. Der im Alltagsbild nur wenig präsente Omnibus steht am Beginn der so genannten Dreißiger-Reihe, die ihrerseits zwar ebenfalls aufgrund ihrer relativ geringen Kapazität überall ein Nischendasein fristete, aber mit zusammen etwa 10.000 Einheiten in mehreren Ländern darunter auch der DDR den Verkehrsalltag über viele Jahre recht nachhaltig mitprägte.

Aufnahme eines ganz frühen TR 3.5 mit vorn noch spitz zulaufendem Kühlergrill

So standen die TR 3.5 einige Jahre auf Budapester Stadtbuslinien im Einsatz. Die Aufnahmen zeigen den Wagen Nr. 173 (links) und 153 (rechts). Das Grill ist hier gegenüber den ersten Bussen ein wenig geglättet worden.

Einige Jahre standen TR 3.5 noch gemeinsam mit Ikarus 30 im täglichen Einsatz auf den Stadtbuslinien der ungarischen Hauptstadt Budapest, wie diese Aufnahme eindrucksvoll belegt.

Ikarus 30

Unmittelbar nach dem Ende der Fertigung des TR 3.5 begann im Jahre 1951 die Serienfertigung des 8,4 m langen Ikarus 30, dessen Achsabstand 4,6 m betrug. Dieser ist von einem Csepel-Vierzylinder-Dieselmotor des Typs D 413 mit einer Leistung von 85 PS angetrieben worden, der den Bus auf eine Geschwindigkeit von bis zu 74,5 km/h brachte. Es handelte sich dabei um eine Lizenz der österreichischen Firma Steyr. Es gab zwei- und eintürige Varianten, wobei meist zweigeteilte mit Druckluft betätigte Falttüren, seltener Schlagtüren zum Einbau kamen. Nach heutigem Kenntnisstand in Auswertung sämtlicher Quellen und bekannter Bilddokumente sind die auf Bildern oft dokumentierten Schlagtüren fast immer erst nachträglich im Rahmen von Werterhaltungsmaßnahmen zum Einbau gelangt. Frühe Serien verfügten noch über Winker als vordere Fahrtrichtungsanzeiger, welche aber häufig bereits nach wenigen Einsatzjahren ersetzt worden sind. Im Innenraum der Stadtvariante waren 22 Sitz- und 18 Stehplätze vorhanden. Diese verfügte nicht selten über einen mittigen vorderen Nummernkasten oberhalb der Stirnfenster. Im Angebot befanden sich aber auch Varianten mit bis zu 30 Sitzplätzen. Zu diesen zählte auch ein offener Ausflugsbus für Stadtrundfahrten. Hier ist der Budapester Wagen Nr. 3084 bildlich dokumentiert. Es gab auch eine eintürige Schulbusversion mit deutlich mehr Sitzplätzen, wobei die vereinzelt in der Literatur genannte Zahl von 67 angesichts der geringen Größe des Busses sehr hoch erscheint. Auch beim Ikarus 30 handelt es sich um einen Bus mit teilselbsttragendem Aufbau. Viele Fahrzeuge sind mit einer Dachgalerie und heckseitiger Aufstiegsleiter geliefert worden. Es gab Serien mit durchgehend zweigeteilten seitlichen Schiebefenstern und solche, bei denen einige der stets metallumrandeten Seitenfenster über Schiebeoberlichter verfügten. Ein am Heck angebrachtes Ersatzrad war eher die Ausnahme und könnte auch nachträglich montiert sein. Der Ikarus 30 verfügte über eine Dachrandverglasung, welche bei der Mehrzahl der gefertigten Fahrzeuge auch die vordere Stirnfront, nie aber das Heck und die Dachränder über dem Fahrer- und Beifahrersitz einbezog. Bildlich dokumentiert sind unterschiedliche Grillvarianten. Wir konnten bislang aber noch keinen Bezug auf bestimmte Serien vornehmen. Noch im ersten Fertigungsjahr verließen 256 Wagen die Montagehallen, von denen 158 in Ungarn verblieben sind. Weitere Abnehmer waren die damalige CSSR (80), Rumänien (15), China, Finnland und Polen (jeweils 1). Die Gesamtzahl der bis 1957 hergestellten Ikarus 30 betrug 3.175, unter denen sich 5 Servicefahrzeuge und 44 Ikarus 25 befanden. Bei letzterem handelte es um ein mit einem Dieselmotor D 413 ausgerüstetes Frontlenkerchassies, auf dem in den Abnehmerländern eigene Karosserien aufgesetzt werden konnten. Bei einer Gesamtlänge von 6,623 m und einem Achsabstand (Radstand) von 4,2 m konnten Aufbauten mit 20 bis 25 Sitzplätzen montiert werden. Insgesamt verblieben 1.145 Ikarus 30 in Ungarn, 640 Busse kamen nach China, 500 in die damalige CSSR, 149 nach Polen und 662 in die DDR. In Rumänien fuhren 17 dieser Busse und 46 in der Türkei. Man sah aber auch einzelne Fahrzeuge in der Sowjetunion, Finnland, Polen, dem Libanon, Ägypten, Brasilien, Syrien, Portugal und Griechenland. In der DDR waren meist nicht allzu große Stückzahlen auf sehr viele, auch kleinere Betriebsstellen verteilt. Auch bei den Luftstreitkräften der NVA befanden sich Ikarus 30 als Zubringer im Einsatz. Knapp 100 der in die DDR gelieferten Ikarus 30 erhielten 1965/66 neue Aufbauten, welche jenen der Nachfolgebaureihe Ikarus 31 entsprachen. Sie behielten meist aber dennoch ihre bisherigen Inventarnummern. Mitte der 1970er Jahre waren nur noch wenige Ikarus 30 in ihrer ursprünglichen Gestalt aktiv, nun vor allem im Einsatz von Unternehmen der Industrie und Landwirtschaft. Zeitgleich verschwanden auch in den anderen Ländern die letzten dieser urigen Busse aus dem Alltagsbild. Wenige Wagen mussten sich ihr Gnadenbrot als Dienstfahrzeuge verdienen. In Ungarn sah man Ikarus 30 nach ihrem Ausscheiden vereinzelt auch als Anhänger. Der Neuaufbau in einer der hiesigen Aufbaufirmen hingegen beschränkte sich überall, wo Ikarus 30 im Dienst standen, auf relativ wenige Fahrzeuge.

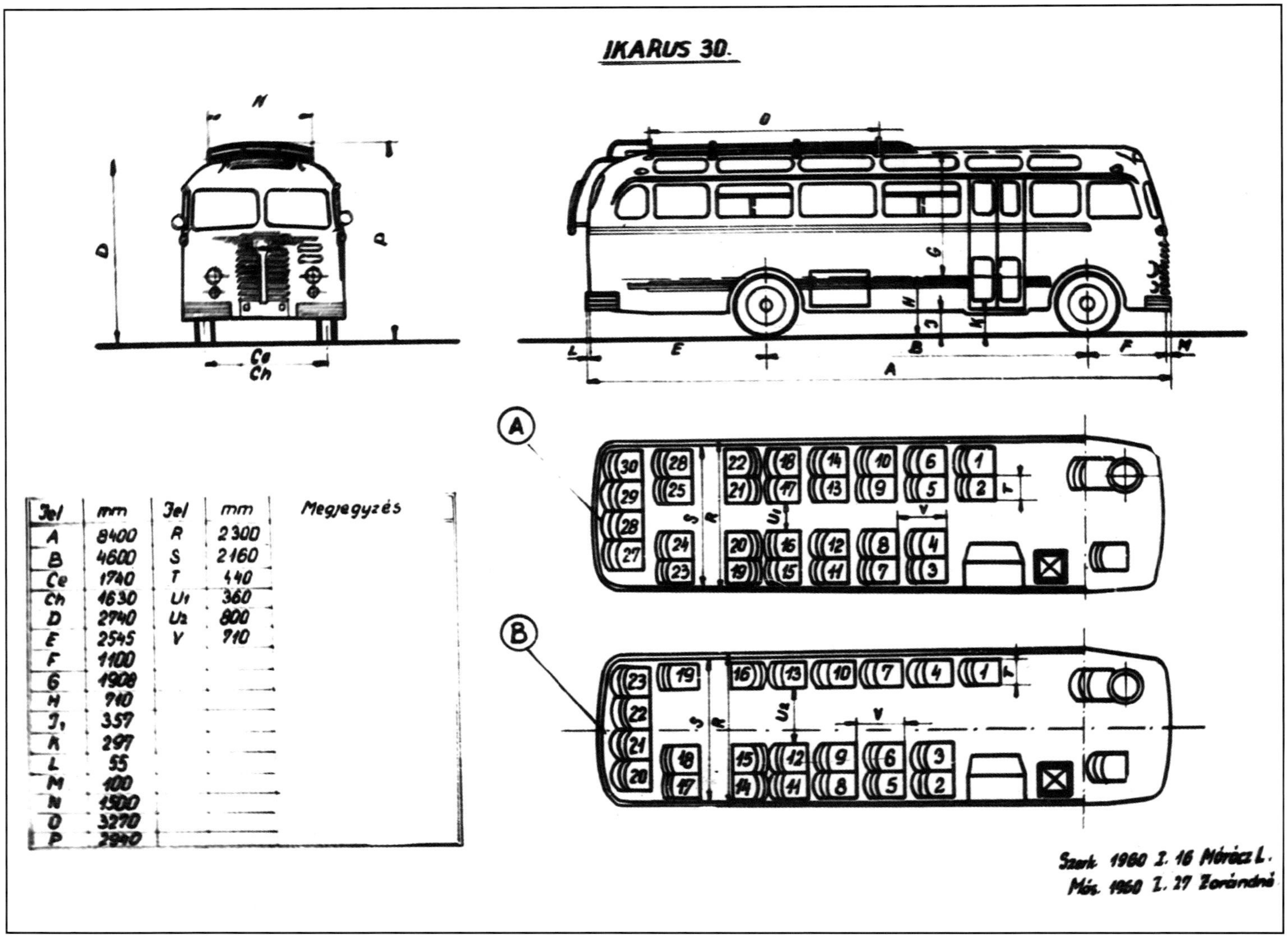

IKARUS 30.

Jel	mm	Jel	mm	Megjegyzés
A	8400	R	2300	
B	4600	S	2160	
Ce	1740	T	440	
Ch	1630	U1	360	
D	2740	U2	800	
E	2545	V	710	
F	1100			
G	1908			
H	710			
J1	357			
K	297			
L	55			
M	100			
N	1500			
O	3270			
P	2940			

Szerk. 1960 I. 16 Mórócz L.
Más. 1960 I. 27 Zorándné

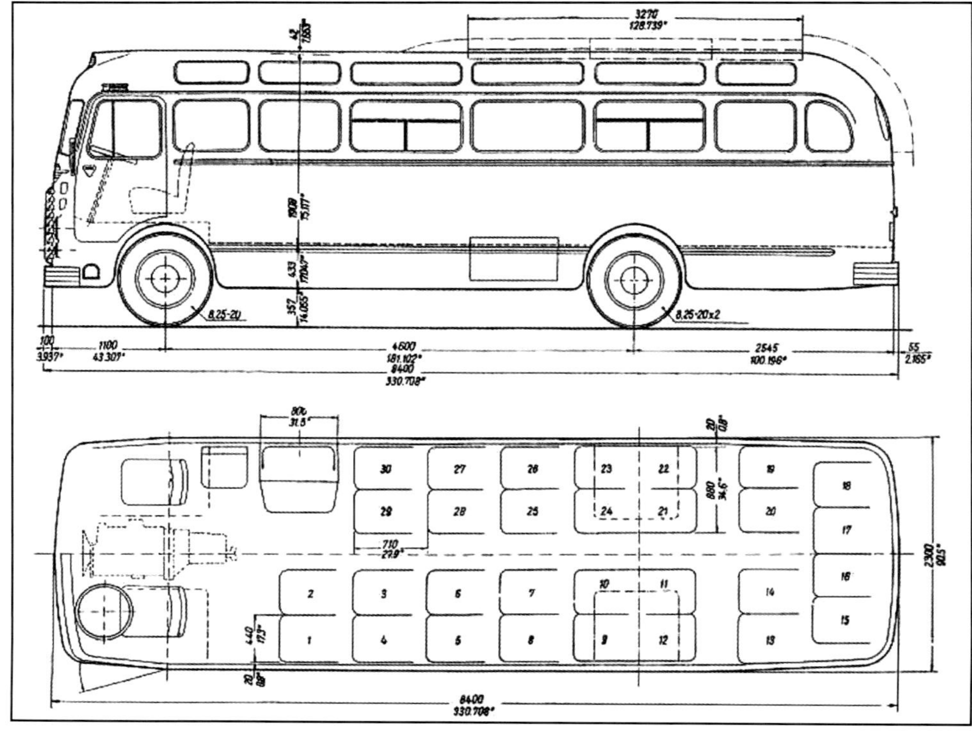

Skizzen des Ikarus 30 mit nur einer Einstiegstür. Dargestellt sind zwei verschiedene Bestuhlungsvarianten.

So sah man den Ikarus 30 fast überall: zwei zweiteilige Einstiegstüren und über der Frontverglasung ein zweigeteilter Schilderkasten mit darüber angeordneten Luftschlitzen. Im Hintergrund eines der einst im Ostblock zahlreichen Stalin-Denkmäler.

Ikarus 30 mit Nummernkasten über den Stirnscheiben, hier im Einsatz auf der Budapester Stadtbuslinie 54.

In dieser Farbgestaltung konnte man den Ikarus 30 oft antreffen. Das abgebildete Fahrzeug verfügt über eine Gepäckbrücke auf dem Dach.

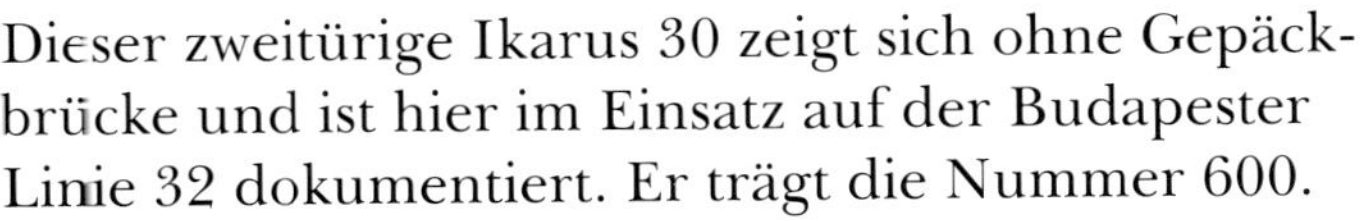

Dieser zweitürige Ikarus 30 zeigt sich ohne Gepäckbrücke und ist hier im Einsatz auf der Budapester Linie 32 dokumentiert. Er trägt die Nummer 600.

Diese Frontansichten von frühen Ikarus 30 als Stadtwagen erinnern ein wenig an den TR 3.5. Der linke Bus fährt noch mit Winkern, beim rechten, mit Fähnchen geschmückten, erkennt man an den äußeren Ecken unterhalb der Stirnfenster montierte Leuchten an deren Stelle.

Typische Alltagsszene in der ungarischen Hauptstadt. Vom linken Bildrand fährt ein Ikarus 30 aus einer Seitenstraße in die Hauptstraße ein. Im Hintergrund ist eine Straßenbahn zu sehen.

Im thüringischen Bad Salzungen standen ganz frühe Vertreter des Urvaters der 30er Reihe im Einsatz. Die Aufnahme zeigt ein Fahrzeug mit vorderen Winkern und zweigeteilten seitlichen Schiebefenstern.

Dieser ungarische Stadtwagen trägt bereits an den Ecken montierte Leuchten. Recht originell erscheinen die Fähnchenhalter links und rechts neben dem Nummernkasten.

Bei diesem Ikarus 30 der Firma MAVAUT hat man die Leuchten der vorderen Fahrtrichtungsanzeiger einfach an der Halterung der abgenommenen Winker montiert.

Hier sehen wir einen weiteren von der Firma MAVAUT im Linienverkehr eingesetzten Ikarus 30 mit aufgesetzter Gepäckbrücke.

Als Schulbus zeigt sich dieser Ikarus 30 der MAVAUT mit nur einer Einstiegstür, allerdings ohne Gepäckbrücke, in Szeged.

Die 1952 gebauten Dresdner Ikarus 30 Nr. 65 bis 69 sind 1956 vom Berliner Kraftverkehr mit verschiedenen Außenanstrichen übernommen worden und blieben zum Teil bis 1968 im Linieneinsatz. Zu sehen ist Nr. 67 1956 in Werkslackierung und zwei Jahre später im Dresdner Stadtanstrich, nun ohne Dachgepäckträger.

Hier nun der Dresdner Wagen Nr. 65, bildlich dokumentiert 1958; Auch er besitzt bereits den stadtüblichen Außenanstrich. Vor dem Kühlergrill ist eine Frostschutzabdeckung befestigt.

Auch in China gehörte der Ikarus 30 eine Zeitlang zum Alltagsbild. Die Busse entsprachen weitgehend anderen Serien, im Bild eines der recht weit verbreiteten Fahrzeuge mit zwei Einstiegstüren. Beachtung verdienen auch die Winker als vordere Fahrtrichtungsanzeiger.

Beim ungarischen Militär standen Ikarus 30 mit einer zweigeteilten Mitteltür im Einsatz. Auf eine vordere Zielschildanzeige ist verzichtet worden. Auch andere Armeen des Ostblocks nutzten den Ikarus 30, so zum Beispiel die NVA in der DDR als Zubringer bei den Luftstreitkräften.

Bei der Gestaltung des Hecks gab es von Baulos zu Baulos minimale Unterschiede. Eine mittlere Heckleiter zur Gepäckbrücke anstelle der rechts angeordneten war recht oft anzutreffen, ein aufgesetztes Ersatzrad aber eher die Ausnahme. Im rechten Bild erkennt man einen derartigen Vertreter, welcher überdies hier mit einer Schlagtür ausgestattet ist.

Begegnung eines Ikarus 30 und eines TR 5 im Budapester Stadtverkehr. Der Ikarus 30 hat hier eine der selten bildlich dokumentierten Grillmasken mit grober Rippung und verfügt noch über Winker als vordere Fahrtrichtungsanzeiger.

Ikarus 30 ohne Zielbeschilderung, aber mit voll beladener Gepäckbrücke.

Der Zschopauer Ikarus 30 Nr. 2533, aufgenommen 1962 unterhalb der Burg Scharfenstein ohne angeschriebene Nummer. Kurze Zeit später fuhr der Bus mit der Nummer 10/8026.

Dasselbe Fahrzeug, aufgenommen 1960 auf dem Markt in Zschopau, hier mit abgenommener Kühlermaske. Bereits hier ist er mit Schlagtüren zu sehen.

Der Ikarus 30 Nr. 2584 des VEB Kraftverkehr Bautzen, aufgenommen 1958 auf der Görlitzer Linie Niesky - Reichenbach - Görlitz. Hier fehlt wieder die Beschilderung auf dem Dach.

Ein Ikarus 30 mit den charakteristischen vorderen Zielschildfenstern über der Frontverglasung und Gepäckbrücke.

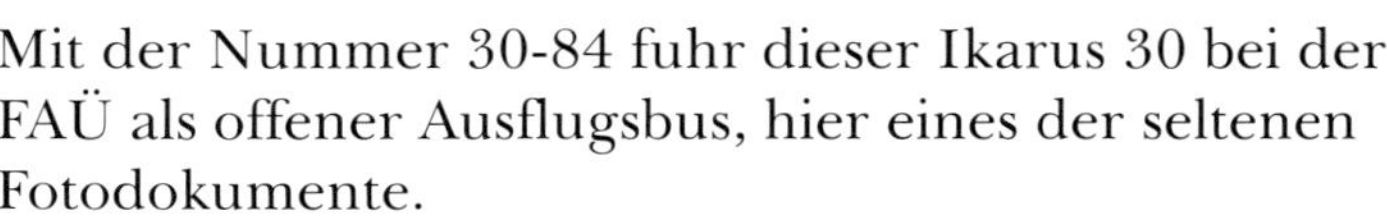

Mit der Nummer 30-84 fuhr dieser Ikarus 30 bei der FAÜ als offener Ausflugsbus, hier eines der seltenen Fotodokumente.

1968 zeigte sich der Eppendorfer Ikarus 30 Nr. 10-8029 kurz vor seiner Außerdienststellung in vom langen Einsatz deutlich gezeichnetem äußeren Zustand.

Als Nr. 2676 trat dieser Ikarus 30 bei der VVB Land Sachsen seinen Dienst an. Er zeigt sich 1968 dem Fotografen als Werkstattwagen im Betriebshof Tharandter Straße des Kraftverkehrskombinates Dresden.

In den siebziger Jahren in der DDR eingesetzte Ikarus 30 fuhren meist mit Schlagtüren von ausgesonderten Ikarus 31. Links ein solches Fahrzeug, aufgenommen mit dem recht seltenen grob gerippten Grill 1977 im Süden von Halle/Saale, rechts die Heckansicht eines im selben Jahr in Bautzen fahrenden Ikarus 30, ebenfalls mit nachträglich eingebauten Schlagtüren.

Im Außengelände des Betriebshofes Waldheim gegen Mitte der 1950er Jahre. Die Szenerie wird bestimmt von fünf Ikarus 30 und rechts flankiert von einem Ikarus 601, allesamt noch in der Werkslackierung und die Ikarus 30 mit Winkern als Fahrtrichtungsanzeiger.

Auch in Lugau gehörten Ikarus 30 viele Jahre zum gewohnten Alltagsbild, natürlich auch im dortigen Betriebshof, in dessen Außenabstellanlage wir hier gleich sechs von ihnen erkennen können. Beachtung verdienen auch der alte Ikarus 66 im Hintergrund, die Busse der Ikarus 60er Reihe sowie ein Anhänger W 700 und gleich zwei der seltenen H3B am rechten Bildrand.

Zweifarbiger Militärbus der ungarischen Armee. Auch ein Teil der von der KVP bzw. NVA in der DDR eingesetzten Ikarus 30 fuhr zweifarbig.

Nach der Aussonderung aus dem Dresdner Stadtlinienverkehr verdiente sich der Ikarus 30 Nr. 68 ab 1963 sein Gnadenbrot im Streckendienst mit der Nummer 585 und zeigt sich auch hier noch mit zweigeteilten Falttüren.

Absolut selten dokumentiert sind Ikarus 30, die ihren Lebensabend als Anhänger verbrachten. Die Aufnahme lässt den Wagen Nr. 30-58 erkennen.

Ikarus 31

Die Nachfolge der recht erfolgreichen Reihe 30 trat der Ikarus 31 an. Das vorgesetzte Grill mit zwei untereinander angeordneten Scheinwerferpaaren verlieh der Stirnpartie im Zusammenhang mit dem über die Frontscheibe hinaus gezogenen Dach ein recht markantes Aussehen. Bereits im ersten Fertigungsjahr 1956 verließen 54 Busse dieses Typs die Bänder. Sie sind nach China (31) und Ägypten (40) geliefert worden. Die Sowjetunion testete 2 Fahrzeuge, in Ungarn verblieb ein Bus, der auch in der DDR als Vorführwagen untersucht und getestet worden ist. Bis 1965 sind einschließlich einer größeren Anzahl von Ersatzaufbauten 3.429 dieser Busse aufgebaut worden. Es handelte sich wiederum um einen mit 8,54 m Gesamtlänge und einem Radstand von 4,6 m mittelgroßen Omnibus, der wie sein Vorgänger vom Dieselmotor Csepel D 413 mit 85 PS angetrieben worden ist.
Hier gab es verschiedene Modifikationen mit einer oder zwei zweigeteilten Falttüren oder an ihrer Stelle Schlagtüren sowie mit oder ohne Dachrandverglasung. Stadtwagen verfügten über eine verglaste Trennwand hinter dem Fahrer- und Beifahrersitz und eine separate Beifahrertür, welche wie die Fahrertür hinten angeschlagen war. Die meisten Ikarus 31 besaßen eine Dachgalerie mit Aufstiegsleiter vom Heck. Lediglich bei den allerersten Fahrzeugen erfolgte der Aufstieg von der Bordsteinseite aus. Viele Ikarus 31 besaßen am vorderen und am hinteren Dachrand einen rechteckigen Zielschilderkasten. Im Stadtverkehr der ungarischen Hauptstadt sind auch vordere Nummernkästen an ihrer Stelle bildlich dokumentiert. Doppelte umlaufende Zierleisten unterhalb der Fenster prägten das Aussehen der Omnibusse dieses Typs bis einschließlich 1960. Bildlich belegt ist ein Fahrzeug mit dem vorderen Dachabschluss seines Vorgängers. Dies aber kann auch ein nachträglicher Umbau sein, denn es entspricht in wesentlichen Details nicht den Fahrzeugen früher Baujahre. Bis 1959 verfügten fast alle Serienfahrzeuge über zweigeteilte seitliche Schiebefenster. Mit Ausnahme der für den Tropeneinsatz gefertigten Fahrzeuge waren 1960 Schiebeoberlichter in Metallrahmen eingefassten Seitenfenstern Standard, welchen ein Jahr später Klappoberlichter in mit einer Gummiwulst eingesetzten Seitenfenstern folgten. Erstmals ist vom Ikarus 31 auch eine Reiseversion mit entsprechender Bestuhlung angeboten worden. Bei 25 Sitzplätzen fanden in der Standardausführung 39 Personen einen Stehplatz, in der Reiseversion waren diese nicht ausgewiesen.
Späte Serien sind auch mit einem am Heck befestigten Ersatzrad gefertigt worden. Dabei rückte das sonst mittig angebrachte und in eine u-förmige Umrandung gefasste hintere Nummernschild auf die linke Seite oberhalb der Rücklichter. Der Ikarus 31 ist wieder in relativ viele Länder geliefert worden. Beispielhaft seien genannt Jugoslawien (271), Bulgarien (261), Sowjetunion (203), China (195), Guinea (109), Ägypten (36) und Irak (25). Im gesamten Zeitraum der Serienfertigung rollten 1.494 Busse in die DDR und 832 verblieben in Ungarn. Bei den in die DDR gelieferten Bussen sind keine Stadtwagen bildlich belegt. Auch vom Ikarus 31 gab es Sonderaufbauten für die Post und medizinische Zwecke. Dokumentiert ist auch mindestens ein offener Ausflugsbus für Stadtrundfahrten im Dienst bei der MAVAUT. Im Originalzustand waren stets langgezogene senkrecht angeordnete Mehrkammerleuchten in ovaler oder rechteckiger Form am Heck montiert.
In der DDR konnten sich Ikarus 31 – die hier übrigens stets über zwei Schlagtüren verfügten – sehr lange im Einsatz halten, weil erst Mitte der 1980er Jahre mit dem Ikarus 211 ein vergleichbares Fahrzeug für kleinere Reisegruppen zur Verfügung stand. Im Stadtverkehr spielte der Ikarus 31 in der DDR kaum eine Rolle. Lediglich in Chemnitz, dem damaligen Karl-Marx-Stadt, sind mit zehn Wagen relativ viele Ikarus 31 ab 1960 auf weniger frequentierten Linien und im Berufsverkehr zum Einsatz gekommen. In ihrer langen Einsatzzeit erfolgten auch bei fast allen Bussen mehrmals Generalreparaturen. Die runden untereinander angeordneten Rücklichter im Zusammenhang mit einem seitlich angeordneten Nummernschild gehörten zum so genannten GR-Heck dieser Busse, wobei es Ausführungen mit umlaufender hinterer Stoßstange und auch solche mit nur Stoßstangenecken gab. Auf Klappfenstereinsätze und die Dachgalerie ist bei der Auffrischung der Busse nicht selten verzichtet worden. Hingegen erfolgte immer wieder einmal der nachträgliche Einbau einer Reisebestuhlung. Wie bereits an anderer Stelle ausgeführt, traten knapp 100 Ikarus 31 ihren Dienst in der DDR als Ikarus 30 an und sind 1965/66 mit neuen Karosserien ausgestattet worden. Wenige Busse erhielten in Karosseriewerkstätten komplett neue, modernere Aufbauten. Einige wenige Ikarus 31 verbrachten, wie ihre Vorgänger, ihre letzten Jahre als Dienstfahrzeuge in verschiedenen Verwendungen.

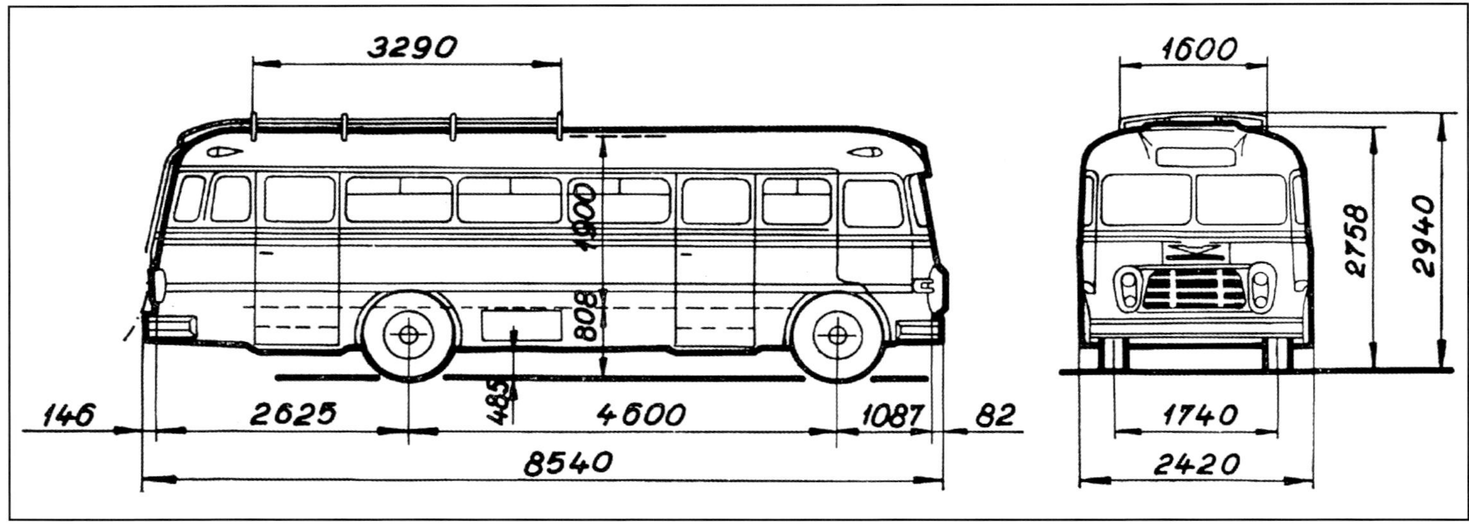

Skizze eines Ikarus 31 mit zwei Schlagtüren ohne Dachrandverglasung, jedoch mit Gepäckbrücke

Wahrscheinlich haben wir es hier mit einem recht frühen Muster des Ikarus 31 zu tun. Die recht unfertig wirkende seitliche Beleistung spräche dafür. Ob der Umbau gar aus einem Ikarus 30 erfolgt ist, lässt sich heute nicht mehr feststellen, ist aber wenig wahrscheinlich.

Im Budapester Stadtverkehr fuhren Ikarus 31 mit zwei viergeteilten Falttüren. Frühe Busse, zu denen die abgebildeten Fahrzeuge zählen, hatten eine Trennwand zum Fahrgastraum und dadurch natürlich eine Beifahrertür.

Früher Überlandwagen ohne Dachrandverglasung mit einer zweigeteilten Falttür und seitlicher Aufstiegsleiter zur Gepäckbrücke; die Stirnfenster sind an den Außenrändern oben auffällig stark ausgerundet.

Ikarus 31 und Ikarus 55 der ungarischen Busgesellschaft MAVAUT, aufgenommen 1959.

Auch dieser frühe Ikarus 31 ohne Dachrandverglasung und mit zweigeteilten Schiebefenstern verfügt noch über eine seitliche Aufstiegsleiter zur Gepäckbrücke. Das abgebildete Fahrzeug ist mit zwei Schlagtüren ausgestattet.

Ikarus 31 mit Dachrandverglasung, hergestellt 1958 oder 1959; Man erkennt eine vordere zweigeteilte Falttür.

Das Bild zeigt einen Ikarus 31 mit Dachrandverglasung, Reisegestühl sowie zwei Schlagtüren wie er auch in die DDR geliefert worden ist. Die seitlichen Schiebeoberlichter ersetzten 1960 die zweigeteilten Schiebefenster, sind aber bereits Ende 1961 durch Klappfenster abgelöst worden.

Für die Fahrt zur Olympiade 1960 stehen hier zwei Ikarus 31 mit Reisegestühl und Dachrandverglasung bereit. Sie entsprechen dem Fertigungsjahr 1959.

Das Antriebsaggregat des Ikarus 31 entsprach dem seines Vorgängers, es war ein in Steyr Lizenz hergestellter Csepel D 413.

Ein ganz früher Ikarus 31 ohne Dachrandverglasung des VEB Kraftverkehr Dresden, aufgenommen während einer Ausfahrt um 1959.

Zwei gleichermaßen vor 1960 gefertigte Ikarus 31 in Ungarn bildlich dokumentiert

Winterliches Alltagsbild in Budapest: links ein Ikarus 31, rechts ein Gelenkzug Ikarus IC 630 – auch Ikarus 630 CS genannt, beide mit Frostschutz vor dem Kühlergrill

1960 traten zehn Ikarus 31 mit den Nummern 71 bis 80 ihren Dienst auf Städtischen Linien in Chemnitz (damals: Karl-Marx-Stadt) an und blieben dort bis 1975 präsent. Zwei von ihnen waren danach als Fahrschulwagen eingesetzt. Die Bilder zeigen die Wagen 71, 73, 75 und 80 im Originalzustand.

Auch im ungarischen Regionalbusverkehr sind Ikarus 31 recht lange zum Einsatz gebracht worden. Die Aufnahme zeigt einen vor 1960 hergestellten Vertreter ohne Dachrandverglasung mit nur einer Schlagtür. Am linken Bildrand erkennt man Ikarus 630 und 66.

Innenraum eines Ikarus 31 mit Falttür, aber ohne Trennwand hinter Fahrer- und Beifahrersitz

Beim VEB Kraftverkehr Bautzen gehörten Ikarus 31 bis Ende der 1970er Jahre zum Alltagsbild. Die Aufnahme zeigt den Wagen Nr. 10-71322 im Jahre 1967.

Der Wagen Nr. 2566 des VEB Kraftverkehr Zittau ist hier mit Dachrandverglasung und Reisegestühl bildlich dokumentiert. Er hat bereits eine GR hinter sich.

Ein Ikarus 31 mit einer Schlagtür, ohne Dachrandverglasung und mit mittlerer Aufstiegsleiter vom Heck zur Gepäckbrücke ist im ungarischen Regionalbusverkehr unterwegs und befindet sich hier gerade in einer Pause.

Montage von Ikarus 31 und 630 zu Beginn der 1960er Jahre; Vieles war noch schwere Handarbeit.

Schiffsverladung eines Ikarus 31 mit zweigeteilten seitlichen Schiebefenstern und seitlicher Aufstiegsleiter zur Gepäckbrücke

Blick durch die geöffnete Beifahrertür in den Innenraum eines 1959 gebauten Ikarus 31 mit Trennwand hinter Fahrer- und Beifahrersitz; links ist eine viergeteilte Falttür zu erkennen. Der Bus gehört zu einer Lieferung für die Stadt Udvar an der kroatischen Grenze.

Ein Ikarus 31 mit Dachrandverglasung, Gepäckbrücke mit seitlicher Aufstiegsleiter und einer zweigeteilten Falttür ist neben einem Ikarus 60 vorgefahren.

Im Karl-Marx-Städter Raum sind Ikarus 31 bereits ab 1958 eingesetzt worden. Links ist der Wagen 78 von 1960 des VEB Nahverkehr Karl-Marx-Stadt im Betriebshof Kappel, rechts der Wagen Nr. 8104 ex 2636 von 1958 des VEB Kraftverkehr Zschopau während einer Ausfahrt an den Greifensteinen bildlich dokumentiert worden.

Der Cottbuser Ikarus 31 Nr. 35 ist vor 1960 gebaut worden und zeigt sich hier im Jahre 1962 weitgehend im Originalzustand während eines Ausfluges in der Sächsischen Schweiz.

Mit einem Aufbau für medizinische Zwecke sehen wir hier einen Ikarus 31. Er verfügt über eine Beifahrertür neben der Schlagtür hinter dem vorderen Radlauf.

Auch vom Ikarus 31 sind mobile Postämter gefertigt worden.

Die obere Reihe zeigt Ikarus 31 mit Reisegestühl und Halterung für ein Ersatzrad am Heck für die DDR etwa 1964. Links ein Stadtwagen ohne Trennwand hinter Fahrer- und Beifahrersitz und dadurch auch ohne Beifahrertür. Der Bus verfügt über zwei viergeteilte Falttüren.

Verladung von Ikarus 31 mit Dachrandverglasung auf einen Eisenbahnzug

Ikarus 31 ohne Dachrandverglasung des VEB Kraftverkehr Halle/Saale, aufgenommen 1975 am dortigen Bahnhof.

Auch Ikarus 31 mit Dachrandverglasung fuhren beim VEB Kraftverkehr Halle/Saale, wie dieses Bild von 1976 eindrucksvoll belegt.

Nach einer GR hatten Ikarus 31 meist ein links gestelltes Nummernschild und runde Rücklichter, hier zwei Beispiele mit hinteren Stoßstangenecken, links ein Wagen des VEB Kraftverkehr Bautzen, aufgenommen 1963, rechts ein 1976 in Magdeburg dokumentiertes Fahrzeug.

Viele Ikarus 31 und 311 hatten nach der GR wieder hinten umlaufende Stoßstangen wie der Wagen Nr. 7230 148 vormals 71 398 des VEB Kraftverkehr Dresden, Außenstelle Schwepnitz, aufgenommen im Juni 1976 in Karl-Marx-Stadt.

Ausgesprochen selten war die Verwendung der rückwärtigen Mehrkammerleuchten vom Wartburg 353 bei der GR von Ikarus 31 wie bei diesem, im Juni 1976 in Dresden dokumentierten Fahrzeug aus dem damaligen Bezirk Frankfurt/Oder.

Die beim VEB Nahverkehr Karl-Marx-Stadt eingesetzten Ikarus 31 dienten zuletzt nur noch als Einsatzwagen oder im Gelegenheitsverkehr. Die Aufnahmen zeigen die Wagen Nr. 80 und 72. Letzterer zeigt sich hier mit einer Schattenlackierung.

Gespenglerte Rohkarosserien eines Ikarus 620 und eines Ikarus 31 erwarten die weitere Bearbeitung zum Finalprodukt.

Unter der Nummer GA 28-40 ist dieser Ausflugsbus auf der Basis eines frühen Ikarus 31 von der Staatlichen Busgesellschaft MAVAUT zum Einsatz gebracht worden.

Auch vom Ikarus 31 sind Fahrwerke mit Antrieb verwendet worden, um sie mit anderen Aufbauten zu versehen. Hier ein recht markantes Beispiel eines in Portugal aufgebauten Vertreters.

Er sieht wie ein Ikarus 31 aus, es ist aber einer jener knapp 100 mit neuen Aufbauten versehenen Ikarus 30, Wagen Nr. 10-8017 des VEB Kraftverkehr Zschopau, bildlich dokumentiert in der Zschopautalstraße bei Wolkenstein kurz nach dem Umbau etwa 1965.

Der Wagen Nr. 2604 des VEB Kraftverkehr Karl-Marx-Stadt gehört zu den bereits vor 1960 in die DDR gelieferten Ikarus 31, erkennbar an den zweigeteilten seitlichen Schiebefenstern.

Dieser ebenfalls vor 1960 gebaute Ikarus 31 ohne Dachrandverglasung verfügt nur über eine Schlagtür und ist auf ungarischen Linien zum Einsatz gebracht worden.

Ikarus 31 mit zwei Schlagtüren, Dachrandverglasung und Reisegestühl während einer Ausfahrt; Die Schiebeoberlichteinsätze in den Seitenfenstern sind ein Hinweis auf die Fertigungszeit 1960 bis 1961.

Dieses Bilddokument zeigt zwei Ikarus 31 mit Dachrandverglasung der Fertigungszeit ab 1962 im Einsatz beim ungarischen Busunternehmen MAVAUT.

Auch bei der Wismut gehörten Ikarus 31 viele Jahre zum Betriebsalltag. Das abgebildete Fahrzeug hat bereits eine oder mehrere GR hinter sich.

Ein Ikarus 31 ohne Dachrandverglasung mit einer viergeteilten Falttür, hergestellt zwischen 1962 und 1964 als mobiles Postamt.

Ikarus 31 L sowie 305/306

Aus der Reihe der Ikarus 31 explizit hervorzuheben ist eine Splittergruppe von 1958/59 gefertigten Omnibussen, welche fast ausschließlich nach Ägypten geliefert worden sind. Sie waren bereits mit dem neuen Motor vom Typ Csepel D 414 ausgestattet, welcher eine Leistung von 95 PS erreichte. Von den insgesamt 47 Omnibussen verblieb lediglich ein 1959 gefertigter Nachzügler in Ungarn. Es handelt sich bei dieser Gruppe von Omnibussen um Ikarus 31 L mit gehobener Ausstattung und eine kleine Anzahl Ikarus 305 und 306 mit neu gestalteter Front- und Heckpartie. Dieses Design, welches auch Stilelemente der Reihe 620/630 in sich aufnahm, konnte sich aber nicht durchsetzen. Mit einer Gesamtlänge von 9,135 m und einem Radstand von 5 m waren diese Busse etwas größer als die Ikarus 31 und verfügten über 38 Sitzplätze. Beim Ikarus 306 handelte es sich um ein Fahrzeug mit zwei Schiebetüren, beim Ikarus 305 befanden sich an ihrer Stelle Schlagtüren. Beide Typen sind als Regional- oder Überlandbusse konzipiert gewesen. Die Beifahrertüren beider Busse besaßen einen hinteren Anschlag und wie die Ikarus 31 dieser Bauzeit verfügten auch sie über zweigeteilte seitliche Schiebefenster.

Öffentliche Vorstellung des Ikarus 31 L; Zur Ausstattung gehörte auch eine Sonnenblende über der Frontscheibe. Bei diesem Bus ist das erste Seitenfenster hinter dem Fahrersitz noch einmal geteilt.

Blick in den für damalige Verhältnisse luxuriösen Innenraum eines Ikarus 31 L.

Bei diesem Ikarus 31 L weist das erste Seitenfenster hinter dem Fahrersitz keine zusätzliche Teilung auf. Die fast vollständig nach Ägypten gelieferten Omnibusse dieses Typs hatten keine Dachrandverglasung und fuhren mit zweigeteilten seitlichen Schiebefenstern.

Ikarus 305 mit zwei Schlagtüren

Ikarus 306 mit zwei Schiebetüren

Ikarus 31 L bei der Vorstellung 1958

Ikarus 311 mit zwei viergeteilten Falttüren und einer Halterung für ein Ersatzrad am Heck

Ikarus 311

Der Ikarus 311 ist äußerlich nur schwer vom Ikarus 31 zu unterscheiden. Seine Produktion begann 1961 mit der Realisierung eines Auftrages im Volumen von 40 Bussen für Mali. Bei gleicher Länge und identischem Achsabstand wie der Ikarus 31 arbeitete in ihm der weiter entwickelte Csepel-Vierzylinder-Dieselmotor vom Typ D 414 mit 95 PS, mit dem das Fahrzeug eine Geschwindigkeit von 78 km/h erzielen konnte. Verändert zeigte sich auch gegenüber dem Ikarus 31 die Anordnung des Sechsganggetriebes, welches nun direkt am Motorblock angeflanscht war. Bei den ersten Ikarus 311 gehörten am Heck angeordnete und mit einer senkrechten Haltespange gesicherte Reserveräder ebenso wie die Dachgalerie zur Ausstattung. Es gab eine Reihe von Modifikationen mit einer oder zwei, Falt- oder Schlagtüren, Linien- oder Reisebestuhlung sowie mit oder ohne seitliche Dachrandverglasung. Schilderkästen befanden sich am vorderen und hinteren Dachrand. Für den Stadtlinieneinsatz fand man anstelle des vorderen rechteckigen häufig einen quadratischen Nummernkasten wie bereits beim Vorgänger. Bis 1972 verließen 2.926 Busse die Produktionshallen. Von Beginn an gehörten Klapp-oberlichter in mit einer Gummiwulst gefassten Seitenfenstern zum Standard. Für Lieferung in tropische Länder verwendete man weiterhin zwei geteilte Schiebefenster wie in den Serien des Ikarus 31 vor 1960. Ab Baujahr 1967 befanden sich im Heck zwei untereinander stehende Rücklichterpaare und wenn kein Reserverad vorhanden war, in der Mitte ein u-förmig umrandetes Nummernschild. Bei diesen späten Serien fand man links und rechts oberhalb des Grills in der Vorderfront runde Fahrtrichtungsanzeiger. Diese Details sind zum Teil aber auch bei Grundinstandsetzungen nachgerüstet worden. Die Mehrzahl der Ikarus 311, nämlich 1.607, verrichteten ihren Dienst in Ungarn. 1963 bis 1972 kamen 367 Busse dieses Typs nach Bulgarien, 30 fuhren in Ägypten, 13 im Irak und 12 in Kuweit, um nur einige Abnehmer namentlich zu erwähnen. In die DDR kam 1964 ein Voraus-wagen und von 1966 bis 1972 weitere 852 Ikarus 311. Ihr Einsatz entsprach weitgehend jenem des Ikarus 31. Auch diese Busse hatten zwei Schlagtüren. In der Wendezeit verschwanden die letzten, oft bereits generalüberholten Busse mit dem markanten Heck, wie es beim Ikarus 31 beschrieben worden ist, von den Linien. Nur wenige haben bis heute überlebt und das oft nur, weil sie ihren Lebensabend als Dienstfahrzeuge verbracht haben.

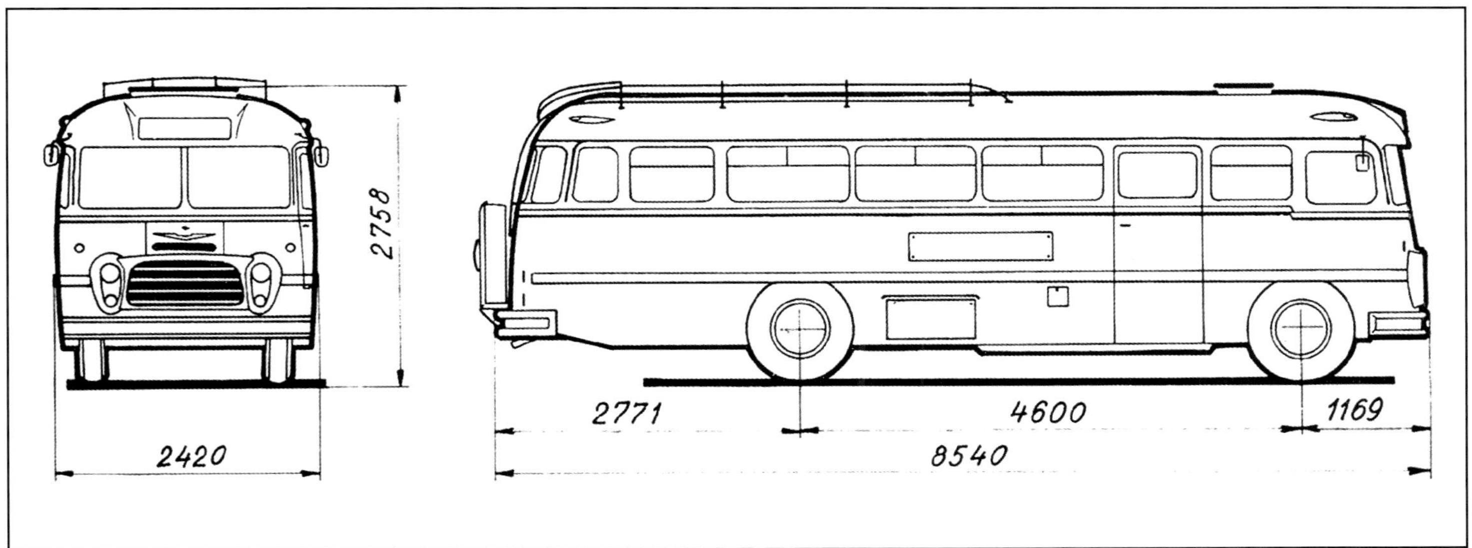

Ikarus 311 mit einer mittleren Schlagtür und Reserverad am Heck

Ganz früher Ikarus 311 ohne Dachrandverglasung mit zweigeteilten seitlichen Schiebefenstern im Dienst des ungarischen Busunternehmens MAVAUT

Montage von Ikarus 311 in der letzten Ausführung ab 1967 mit untereinander angeordneten Rücklichtern; Die Busse verfügen nicht über eine Gepäckbrücke, dafür über drei Dachluken. Auf den Stoßstangen befinden sich Puffer. Die Busse scheinen zu einem speziellen Auftrag zu gehören, denn sie haben Gitter hinter der Verglasung der Seitenfenster.

Bereits 1961 entstand diese Aufnahme mit abnahmebereiten Ikarus 311 im Werksgelände.

Blick in den Fahrgastraum eines frühen Ikarus 311, erkennbar an den zweigeteilten seitlichen Schiebefenstern.

Ikarus 311 kurz vor der Übergabe an die Auftraggeber; Noch fehlen die Kühlerverkleidungen.

Heckansicht eines späten Ikarus 311 mit mittlerer Aufstiegsleiter zur Gepäckbrücke; Auch hier sind Puffer auf der Stoßstange zu erkennen.

Ikarus 311 der MAVAUT; Bis auf ein deutlich älteres Fahrzeug mit Dachrandverglasung haben sie alle zwei viergeteilte Einstiegstüren. Am rechten Bildrand ist ein Ikarus 620 zu erkennen.

Die Aufnahmen zeigen späte Ikarus 311 des Unternehmens Volan. Das linke Bild entstand im Januar 1977, das rechte ist etwas älter. Beide Busse haben zusätzliche Puffer auf der Stoßstange und viergeteilte Falttüren.

1976 steht dieser Ikarus 311 des VEB Kraftverkehr Magdeburg am dortigen Busbahnhof zur Abfahrt bereit. Hinter ihm erkennt man einen der hier in kleiner Zahl stationierten Jelcz 043E.

Zu den erst spät in Dienst gestellten Ikarus 311 gehört der Wagen 7230 340 des VEB Kraftverkehr Görlitz, der ab 1972 und noch bis Ende der 1980er Jahre im täglichen Einsatz zu beobachten war.
Das Bild zeigt ihn im November 1983 beim dortigen Busbahnhof.

Heckansicht eines Ikarus 311 späteren Baujahres aus dem damaligen Bezirk Halle/Saale, aufgenommen im Juni 1976 in Dresden. An der hinteren Stoßstange ist eine Anhängerkupplung montiert.

Auch der Wagen Nr. 7262 114 des VEB Kraftverkehrskombinates Potsdam gehört zu den spät gebauten Ikarus 311. Die Aufnahmen entstanden im Spätsommer 1979 in Hennigsdorf und zeigen ihn bereits nach einer GR. Beim rechten Bild erkennt man links einen Jelcz 043 E.

Wagen Nr. 409 der Zwickauer Verkehrsbetriebe; Nach mehreren werterhaltenden Arbeiten erkennt man äußerlich nicht mehr, ob es ein Ikarus 31 oder Ikarus 311 ist.

Dieser Ikarus 311 mit Dachrandverglasung des VEB Kraftverkehr Dresden, dokumentiert im März 1975 in Freiberg, trat 1968 seinen aktiven Dienst an und trug seitdem mehrfach eine andere Nummer: bis 1969: 71396, dann kurzzeitig 7230 123 und schließlich 7262 083 (mit Reisegestühl). Beachtenswert ist auch der nachfolgende Ikarus 31 oder 311 mit neuem Aufbau.

Bei diesem im Juni 1976 in Dresden aufgenommenen Ikarus 311 sind bereits glatte Seitenfenster ohne Oberlichter eingebaut worden.

Der Ikarus 311 – Nr. 7262 034 des VEB Kraftverkehr Dresden – ist hier mit einem Reisegestühl dokumentiert. Der Bus hat eine Dachrandverglasung, die Seitenfenster sind bereits durch glatte Scheiben ersetzt worden.

Die Aufnahme von 1974 lässt einen Ikarus 311 mit dem typischen GR-Heck und umlaufender hinterer Stoßstange erkennen, der mit einem Reisegestühl unterwegs ist. Relativ selten war der Einbau von zwei Kennzeichenmulden, wie er bei diesem Fahrzeug erfolgt ist. Zudem ist keine Klappe für ein Ersatzrad vorhanden, dafür aber eine an der Stoßstange befestigte Anhängerkupplung.

Bei diesem GR-Ikarus 311 – 1974 in Zschopau – ist nur eine Kennzeichenmulde im Heck zu sehen. Auch ist eine aufklappbare Abdeckung für das eingeschobene Ersatzrad vorhanden. Die Seitenfenster haben noch ihre Klapp-Oberlichter.

Ikarus 311 mit Dachrandverglasung und Gepäckbrücke der Bauzeit ab 1962, eingesetzt bei der ungarischen Busgesellschaft MAVAUT.

Ikarus 311 mit Dachrandverglasung einer nach 1966 hergestellten Serie; Den weißen Pfeil konnte man an vielen dieser Busse sehen.

Bereits durch werterhaltende Arbeiten überformt ist dieser Ikarus 311 aus dem ehemaligen Bezirk Magdeburg.

Einen recht verbrauchten Eindruck macht dieser Ikarus 311 von 1972 des VEB Kraftverkehr Görlitz, aufgenommen im Jahre 1985.

Fabrikneuer Ikarus 311 einer nach 1966 gefertigten Serie mit Puffern auf der Stoßstange und ein gleiches Fahrzeug, aufgenommen im Dienst beim ungarischen Busunternehmen Volan und durch mehrjährigen Einsatz bereits äußerlich gezeichnet.

Ikarus 311 Nummer 60-8400 des Kraftverkehrskombinates Karl-Marx-Stadt, aufgenommen 1975 während einer Ausfahrt; Es handelt sich um ein Fahrzeug mit Dachrandverglasung.

Bei der Eisenacher Firma Emil Möller verdiente sich dieser recht gut gepflegte Ikarus 311 sein Gnadenbrot.

Im thüringischen Weißenborn verbrachte dieser Ikarus 311 beim Unternehmen Gebrüder Köcher seine letzten aktiven Jahre.

Im Busunternehmen Dölitsch in Kahla fuhr der abgebildete Ikarus 311. Hoch interessant beim unteren Bild ist der im Hintergrund sichtbare Ikarus 31 oder 311 mit einem neuen Aufbau der Firma Hiller.

Ikarus 321

Für den Export schufen die Ingenieure eine rechts gelenkte Version des Ikarus 311, von der 1961 bis 1964 insgesamt 255 Wagen gefertigt worden sind. Von ihnen gelangten 200 in zwei Lieferungen nach Indonesion, 27 in den Sudan. Jeweils ein Wagen fuhr in Pakistan, Äthiopien, Ghana und Tanzania. Die übrigen Wagen dienten als Vorführfahrzeuge und verblieben in Ungarn. Der Ikarus 321 genannte Bus ist bildlich belegt sowohl mit zwei Schlagtüren, als auch mit zwei viergeteilten Falttüren.

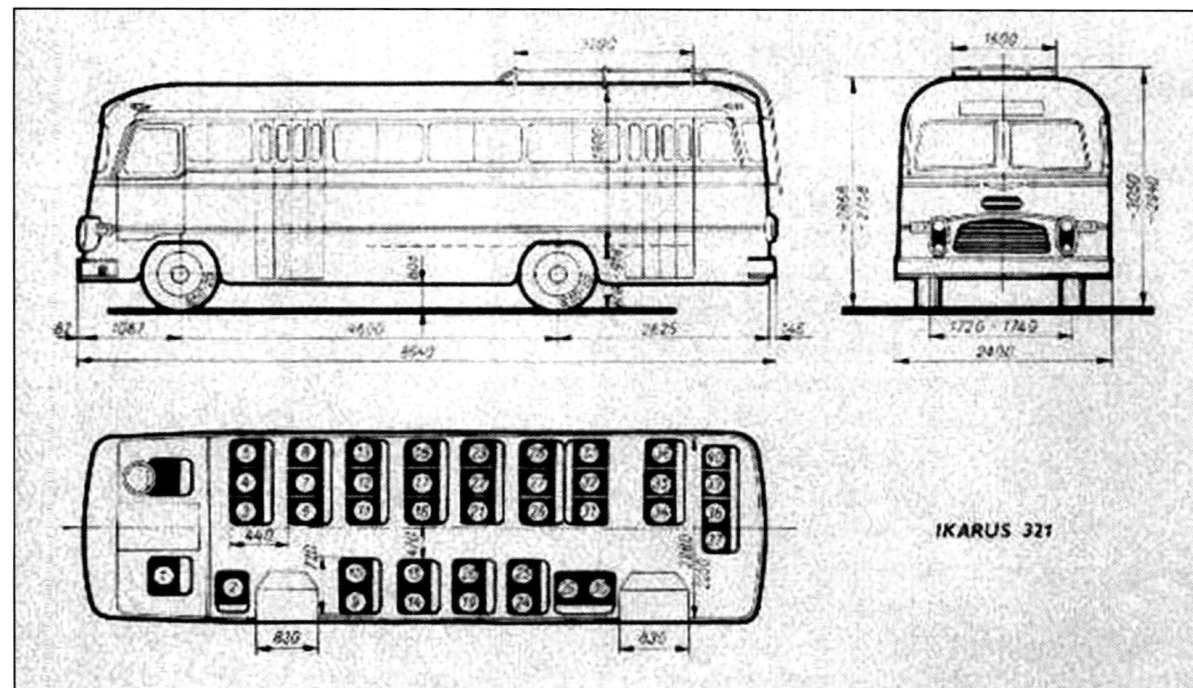

Skizze eines Ikarus 321 mit zwei viergeteilten Falttüren

Ikarus 321 mit zwei viergeteilten Falttüren kurz vor der Abnahme und Blick zum Führerstand dieses Busses

Ikarus 321 für den Sudan; Am Heck ist ein Ersatzrad montiert und auf dem Dach erkennt man sechs Dachluken. Dieser Bus ist mit viergeteilten Falttüren ausgerüstet.

Dieser Ikarus 321 verfügt nur über vier Dachluken, hat dafür aber auf dem Dach eine Gepäckbrücke. Zwei Schlagtüren ergänzen die Ausstattung.

Ein Ikarus 321, zu dessen Ausstattung ebenfalls zwei Schlagtüren und eine Gepäckbrücke gehören, hier noch im Werkszustand dokumentiert.

Vorder- und Heckansicht eines solchen Fahrzeuges nach der Übernahme durch den Auftraggeber. Die Aufstiegsleiter zur Gepäckbrücke befindet sich links vom Ersatzrad.

3. Ikarus 55

Von der Vision zu ersten Versuchsmustern (1952/1953)

Wohl nur wenige Busse erregten in ihrer gesamten Produktionszeit so sehr das öffentliche Interesse wie die heckmotorigen Ikarus 55 und 66. Die Diskussion über diese Fahrzeuge war und ist dabei stets recht kontrovers geführt worden, hat sich aber heute zu einem einzigartigen Kult verdichtet. Mit einer Produktionsmenge von insgesamt knapp 17.000 Omnibussen gehörten sie ohne Zweifel auch zu den erfolgreichen Modellen ihrer Zeit. Bewusst beginnen wir mit dem Reisebus, obwohl seine Vorgeschichte erst ein Jahr nach jener des Stadtbusses begonnen hat. Zunächst möchten wir einen Blick auf Zeichnungen des ungarischen Designers György P. Horvath (1922 - 1990) aus den Jahren 1952 bis 1953 werfen, welche nur wenige Jahre nach Kriegsende ganz erstaunliche Visionen erkennen lassen. Ganz offensichtlich war zunächst an die Schaffung eines Fernreisebusses für sehr lange Strecken gedacht, dem die Studien und auch die auf ihrer Basis geschaffenen frühen Vorläufer und Serienfahrzeuge in vollem Umfang auch entsprachen. Ob es dafür einen entsprechenden Auftrag gab – die vielen in die Sowjetunion gelieferten Busse mögen dies vermuten lassen – ist bisher nicht bekannt. Noch 1953 sind die ersten vier Muster aufgebaut worden, wobei jedes Fahrzeug äußerlich unterschiedlich gewesen ist. Dies betraf sowohl die Heckgestaltung, als auch die Konstruktion der vorderen Stoßstange. Es hat auch mindestens ein Fahrzeug gegeben, bei dem das hintere Gitter nach oben aufgeklappt werden konnte. Die vordere Stoßstange ist aus dem ein Jahr vorher geschaffenen A 58, dem späteren Ikarus 66, abgeleitet worden. Einen richtigen Praxiseinsatz erlebte keines dieser Muster. Erwähnenswert und aus den Skizzen durchaus ersichtlich ist die Tatsache, dass bereits damals, nur wenige Jahre nach dem Ende des Krieges und trotz relativ geringer Erfahrungen im Omnibusbau an eine ganze Familie von modern ausgestatteten Omnibussen für unterschiedliche Zwecke gedacht worden ist. Noch legte man besonderen Wert auf einen hohen Reisekomfort. Wer weiß, wie sich die Entwicklung vollzogen hätte, wenn man konsequent die Vorstufe des Ikarus 66, den A 58, weiter verfolgt hätte. Möglicherweise wäre dann nicht ein derart aufsehenerregendes Gefährt entstanden. Heute lässt sich darüber allenfalls spekulieren. Wie dem auch sei, wir haben es hier mit einem in der Branche sehr seltenen Phänomen zu tun, welches viele Fans heute vielleicht als Glücksfall sehen mögen.

1653 szám

Művészeti Szakszervezetek Szövetsége

FÉSZEK MŰVÉSZKLUB

Bp. VII. Kertész u. 36. T.: 420-380, 427-153.

TAGSÁGI IGAZOLVÁNY

NÉV P.Horváth György

FOGLALK. ipari formatervező

LAKIK 1502.Bpest. pf.171

Klubigazgató

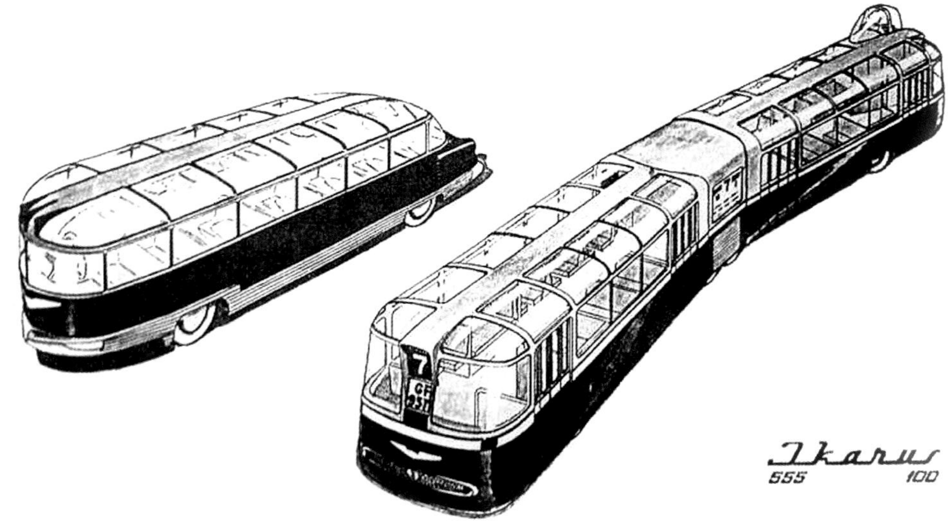

Der Schöpfer des Ikarus 55, P. Horvath György (1922 - 1990)

Entwürfe von Verkehrsmitteln für verschiedene Anforderungen aus dem Jahre 1952 mit Schwerpunkt der Schaffung eines Fernverkehrsomnibusses

Entwurfsskizzen für den Ikarus 55, 1953

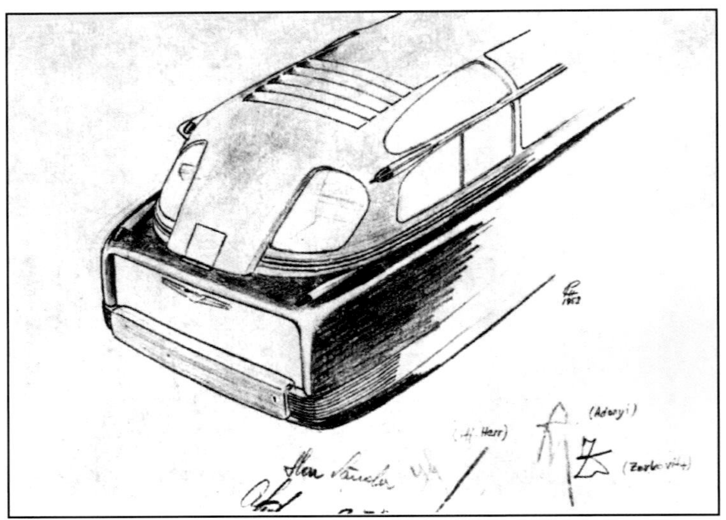

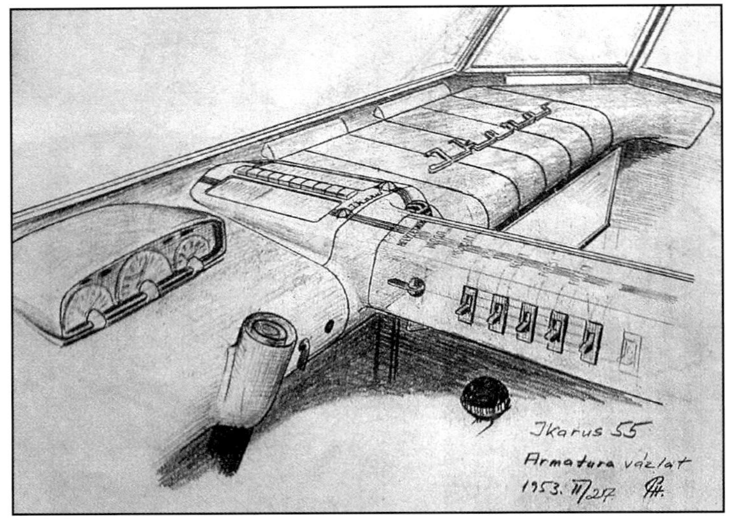

Weitere Entwurfsskizzen für den Ikarus 55, 1953

Studie für die Rückansicht des Ikarus 55 mit ausklappbaren Motorverkleidungen und dreigeteilter Heckscheibe; Auch die Lufthutze auf dem Dach konnte verstellt werden.
Ein derartiges Fahrzeug ist 1953 wirklich gebaut worden.

Gerippe der Karosserie eines Ikarus 55 mit dreigeteilter Heckscheibe

Die vier 1953 fertiggestellten Muster sind noch wenig praxistauglich gewesen, bildeten aber letztendlich die Basis für eine unglaubliche Erfolgsgeschichte.

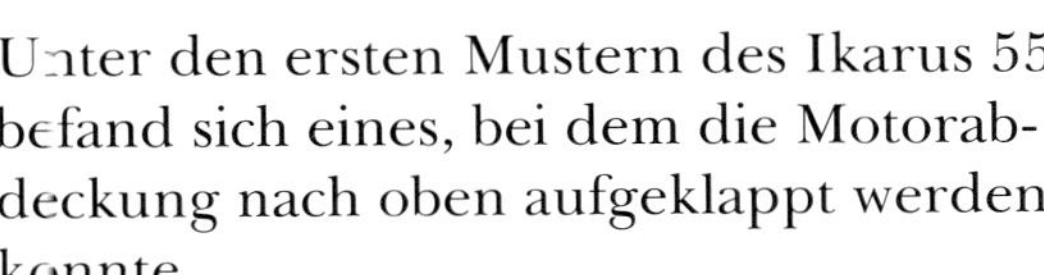

Unter den ersten Mustern des Ikarus 55 befand sich eines, bei dem die Motorabdeckung nach oben aufgeklappt werden konnte.

Erste Serienfahrzeuge (1954 bis 1957)

1954 folgten neun Vorserienfahrzeuge, von denen wenigstens zwei auch auf dem Genfer Autosalon zu sehen waren und hier für größte Aufmerksamkeit und Interesse von potentiellen Käufern sorgten. Sie unterschieden sich in wenigen Details äußerlich voneinander. Später legte man sich auf eine Fertigungslinie fest und entwickelte diese konsequent weiter. Die 11,16 m langen und selbsttragend ausgeführten Busse wurden anfangs noch vom Sechszylinder-Dieselmotor des Typs Csepel D 613 mit einer Leistung von 125 PS angetrieben, wie er bereits im Ikarus der 60er Reihe zum Einsatz gekommen ist. Sie verfügten über eine mittlere Doppelklapptür mit Griffmulde in der rechten oder linken Türhälfte sowie zweigeteilte seitliche Schiebefenster. Im Innenraum entfaltete sich für damalige Verhältnisse ein ungewöhnlicher Komfort, besonders in der mit 28 Flugzeugsitzen, Bar und Tischen mit Lampen ausgerüsteten Luxusversion. In der Linienversion waren 44 Sitzplätze vorhanden. 1955 folgten 59 Serienfahrzeuge, von denen 24 in Ungarn verblieben, 20 in die Sowjetunion und 11 nach China kamen. Ein Wagen wurde von Bulgarien und 3 von Griechenland übernommen. Zwei der ungarischen Wagen sind auf der Leipziger Frühjahrsmesse 1955 ausgestellt und erst im Jahre 1956 durch die DDR übernommen worden. Der Luxuswagen hatte noch an den Ecken geteilte Stirnfenster und zwei verstellbare Klappen an den oberen Enden der Luftansaughutze, beim Linienwagen fehlten diese und es waren gewölbte Stirnfenster zum Einbau gekommen. Beide Busse verfügten weder über eine Gepäckbrücke, noch über rechteckige Lüftungsklappen auf dem Dach. Auf der Lufthutze des rot/beigefarbenen Linienwagens hatte mittig ein Sputnik seinen Platz gefunden. Ein Jahr später verließen 266 Busse die Fertigungsbänder. Allein 181 Wagen erhielt die Sowjetunion, 77 blieben in Ungarn, in die DDR kamen 11 und die zwei Messemuster, ein Wagen ist nach Ägypten geliefert worden und 2 nach Griechenland. Die Messemuster kamen mit den Nummern 2700 (Luxusbus mit silbergrauem Außenanstrich) und 2701 (beige/roter Linienbus) zum Kraftverkehr Dresden. Der Linienbus ging 1957 aufgrund zahlreicher Kinderkrankheiten wieder zurück nach Ungarn. Das ist durchaus kein unüblicher Vorgang, sind doch so Informationen an den Hersteller bezüglich der Weiterführung der Serie ergangen. Diese Praxis ist hundertfach belegt im Kraftfahrzeug- und auch im Schienenfahrzeugbau. Die Mehrzahl der 1956 gelieferten Fahrzeuge verfügte bereits über eine Dachgalerie für Gepäck mit einer Aufstiegsleiter links – seltener rechts – neben der Einstiegstür. Diese Gepäckbrücke schloss sich im Gegensatz zu späteren Serienfahrzeugen fast nahtlos an die spätestens seit 1957 vorhandene vordere Dachluke an. Von den 1957 gefertigten 292 Bussen entsprach ein Teil noch jenen des Vorjahres, allerdings nun mit fast durchgängig mittlerer Schlagtür als Einstieg versehen. Eine genaue Abgrenzung hinsichtlich der konkreten Zahl ist leider bisher nicht möglich. Wir wissen, dass beispielsweise beim Kraftverkehr Pirna mit den Nummern 2704 bis 2708 Mitte Juli 1957 Ikarus 55 in Dienst gestellt wurden, welche noch der Bauart 1956 entsprachen. Gleiches traf für den Wagen Nr. 2400 des VEB Kraftverkehr Karl-Marx-Stadt zu. Die 1957 und ein Teil der 1956 gefertigten Fahrzeuge verfügte zudem über seitliche Schiebeoberlichter in den Seitenfenstern, wie sie bis 1960 Standard auch bei anderen Ikarus-Omnibussen gewesen sind. Prägend für die vielen in die Sowjetunion gelieferten Fahrzeuge war der dritte Scheinwerfer über der Frontscheibe, wie man ihn vom Dreilicht-Spitzensignal bei der Bahn kennt. Und er blieb es bis zum Ende der Serienfertigung. Ein typisches Merkmal früher Ikarus 55 waren zahlreiche Fische und Sputniks an den Außenrändern und auf dem Dach. Noch war der Ikarus 55 vom Grundkonzept her ein Langstreckenreisebus, auch wenn seine Motorisierung für diesen Zweck damals noch recht dürftig gewesen ist. Auf einige weitere äußere Merkmale der bis zum Frühjahr 1957 gefertigten Busse möchten wir an dieser Stelle aufmerksam machen, auch wenn die Bilder durchaus für sich sprechen mögen. Recht auffällig war eine breite umlaufende untere Zierleiste von der vorderen Stoßstange bis zum unteren Abschluss des Hecks. In ihren hinteren Außenecken waren recht kleine und schmale Rückleuchten integriert, so dass nicht selten die hinteren Fahrtrichtungsanzeiger an den oberen Außenecken des Ziergitters nachträglich dupliziert worden sind. Das Ziergitter im Heck selbst – anfangs nur als Drahtgeflecht ausgeführt, kurz darauf mit vier übereinander stehenden Zierleisten versehen – verfügte ab 1955 nur über fünf anstelle von später sechs übereinander angeordneten Zierleisten über dem Maschendraht auf der Rückseite der beiden nun stets nach außen zu öffnenden Motorklappen, weil deren unterer Abschluss im Gegensatz zu späteren Serien wegen der deutlich breiteren umlaufenden Zierleiste anders gestaltet war, um mit dieser optisch zu harmonieren. Das rückwärtige Nummernschild befand sich mittig über diesen Klappen. Die vorderen Lampenpaare hatten ihren Platz anfangs in der unteren Hälfte der Stoßstange, später mittig in dieser. Erst ab der zweiten Jahreshälfte 1957 gefertigte Ikarus 55 besaßen Scheinwerfer über der vorderen Stoßstange. Sehr markant ist eine große Luftansaughutze, welche sich über dem Heck erhob. Anfangs an ihren Enden über der damals noch drei geteilten stets schräg gestellten Heckscheibe verstellbar ausgeführt, reichte sie bei den letzten Vorauswagen und den Vorserienfahrzeugen bis zu den rückwärtigen Motorklappen bis sie ab 1955 schließlich ihre endgültige Form erhielt, angeordnet über dem nun zweigeteilten und natürlich wieder schräg ansteigenden Heckfenster. Hinter dem durch eine Trennwand von ihm abgedichteten Fahrgastraum strömte die Frischluft in einen noch fast mittig angeordneten Luftfilter mit zwei von außen deutlich erkennbaren Aufsätzen. Die mittleren drei Positionslampen über der Frontscheibe sollen ab einer Geschwindigkeit von 50 km/h aufgeleuchtet haben. Insgesamt hatten diese ersten Serien schon etwas beinahe Bedrohliches an sich und hoben sich durchaus von anderen Bussen ihrer Zeit recht deutlich ab. Aber sie zeigten im Alltagsbetrieb noch zahlreiche Kinderkrankheiten, welche die ungarischen Konstrukteure erst nach mehreren Jahren in den Griff bekamen. Ein großer Teil dieser frühen in die DDR gelieferten Busse erhielt 1964 neue Aufbauten. Beim Kraftverkehrskombinat Dresden waren insgesamt 7 dieser ersten Lieferungen an verschiedenen Standorten gelistet. Bis Mitte 1957 sind keine fabrikneuen Ikarus 55 ohne Dachrandverglasung bildlich belegt. Man kann mit einiger Sicherheit davon ausgehen, dass diese bei all diesen Serien stets vorhanden gewesen ist.

Muster eines 1953 gefertigten Ikarus 55. Im rückwärtigen Ziergitter waren vier Zierleisten übereinander angeordnet. Sogar auf der Lufthutze mit verstellbaren Enden ist hier ein Sputnik montiert gewesen. Die Stoßstange erinnert ein wenig an das erste Versuchsmuster des Ikarus 66.

Was mag wohl der Fotograf ins Bild haben wollen? Wie dem auch sei, wir haben ein einzigartiges Zeitdokument eines der ersten Versuchsmuster des Ikarus 55.

Heck eines der 1954 gefertigten Muster ohne Zierleisten im Gitter; Deutlich erkennt man die beiden verstellbaren Klappen an den oberen Enden der Luftansaughutze.

Das geöffnete Heck gewährt einen Blick in den übersichtlichen Motorraum mit dem Motor vom Typ Csepel D 613. Deutlich sind die Verbindungsleitungen zu den beiden Luftfiltern zu sehen. Über dem Motorraum befindet sich am unteren Ende der Luftansaughutze ein Befestigungspunkt für das damals mittig angeordnete Kennzeichen.

Für damalige Zeiten wirkte der Innenraum auch ganz früher Ikarus 55 ausgesprochen komfortabel. Auch hier erkennt man, dass die Luftansaughutze mittig an der rückwärtigen Verglasung bis zum Motorraum ausgeführt war. Die Seitenfenster konnten mittels Kurbeln herunter geschoben werden.

Blick in eines der Abteile im vorderen Bereich eines Linienwagens mit Tisch und darauf befindlicher, dem Zeitgeschmack entsprechender Leuchte.

Im Luxuswagen waren über den Sitzpolstern Kopfstützen vorhanden, wie diese Aufnahme eindrucksvoll vermittelt.

Ikarus 55, wie er 1954 die Fertigungsbänder verließ und im selben Jahr auch auf dem Genfer Autosalon ausgestellt worden ist; Eine Gepäckbrücke gab es noch nicht, die Einstiegstür verfügte über zwei Flügel und Scheinwerfer sowie Nebelscheinwerfer hatten ihren Platz in der unteren Hälfte der vorderen Stoßstange.

Das Staatliche ungarische Regionalbusunternehmen MAVAUT gehörte zu den ersten Abnehmern des Ikarus 55. Hier konnten die Busse unter verschiedenen Bedingungen zeigen, was in ihnen steckte.

Hier ein alternativ ausgestattetes Fahrzeug, bei dem die mittleren drei Sputniks fehlen, Scheinwerfer in der Mitte der Stoßstange und Nebelscheinwerfer an den unteren Außenrändern darunter angeordnet sind.

Noch eine weitere Modifikation; Auch bei diesem bei der MAVAUT eingesetzten Ikarus 55 fehlen die mittleren Sputniks auf dem Dach.

Auf der Fahrt zum bzw. auf der Ausstellung beim Genfer Autosalon 1954

Ab Ende 1955 gehörte eine Gepäckbrücke zum Standard. Scheinwerfer und Nebelleuchten waren nun durchgängig in der Mitte bzw. unterhalb der Stoßstange angeordnet. Noch waren die Windschutzscheibenhälften an ihren Ecken meist durch einen Steg geteilt.
Ein Jahr später gab es nur noch gewölbte Windschutzscheiben.

Die mittig zwischen den Radläufen angeordnete Doppeltür als Einstieg ist nachweislich letztmalig in Lieferungen des Jahres 1958 zum Einbau gebracht worden. Spätere Serien erhielten sie nach aktuellem Kenntnisstand im Rahmen von Werterhaltungsmaßnahmen nachträglich.

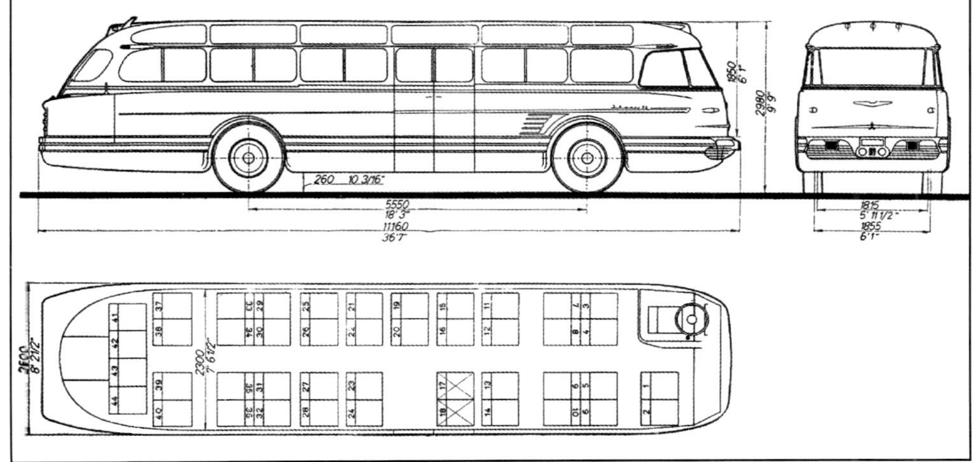

Skizze des Ikarus 55, wie er sich bis Mitte 1955 entwickelt hatte.

Einige wichtige Details sind für die Modellpflege vom Baujahr 1955 bis 1957 hervorzuheben. Bis 1955 ist die hintere Luftansaughutze bis zu den rückwärtigen Motorabdeckungen geführt gewesen und hatte an ihren oberen Enden zwei bewegliche nebeneinander liegende Klappen. Ab 1955 verfügten die Ikarus 55 zum Teil, ein Jahr später durchgängig über eine zweigeteilte Heckverglasung, über welcher sich die Lufthutze erhob. Klappen an deren Enden gab es nicht mehr. Zeitgleich ersetzte man die an den Ecken und in der Mitte geteilte Windschutzscheibe durch eine mittig zweigeteilte gewölbte Bauart. Die Gepäckbrücke erschien in der zweiten Jahreshälfte 1955, rechteckige Luken auf dem Dach zum Lüften definitiv erst im Folgejahr. Bei in die DDR eingeführten Omnibussen waren deren stets zwei vorhanden. Ab Mitte 1956 schließlich fand man anstelle der zweigeteilten seitlichen Schiebefenster in Metallrahmen gefasste Seitenfenster mit Schiebeoberlichtern. Ein Teil dieser Fahrzeuge verfügte bereits damals über das kleine ovale hintere letzte Seitenfenster. Hier konnten wir bisher allerdings keine feste Zuordnung zu bestimmten Serien herausfinden. Letztendlich sind ab 1957 durchgängig neue Sitze mit nun integrierten Kopfstützen in den Luxuswagen zum Einbau gelangt. In diesem äußeren Erscheinungsbild sind die Ikarus 55 bis zum Spätsommer 1957 gefertigt worden.

Cockpit eines Ikarus 55 mit an den Ecken geteilter und eines solchen mit gewölbter Windschutzscheibe

Fertig geschweißte Gerippe von Ikarus 55 mit später gewölbter Windschutzscheibe und zweigeteilter Heckscheibe auf den Montagebändern

Dieser Reisewagen der MAVAUT besitzt noch die an den Ecken geteilte Windschutzscheibe und die alten Luxussitze, aber bereits eine Gepäckbrücke und lässt sich damit zweifelsfrei auf die zweite Jahreshälfte 1955 hinsichtlich seiner Fertigung zuordnen. Natürlich waren auch die zweigeteilten seitlichen Schiebefenster noch Standard.

Heckansicht eines zeitgleich hergestellten Ikarus 55 mit fünf übereinander liegenden Zierleisten, ebenfalls im Dienst der Staatlichen Busgesellschaft MAVAUT; das Endrohr der Auspuffanlage ist noch unterhalb der unteren Abdeckung verlegt gewesen. Später hat man es durch sie oder links von ihr hindurch geführt.

Präsentation eines frühen Ikarus 55 für China; Insgesamt 21 Busse sind hierher geliefert worden. Dieses Fahrzeug dürfte zur Serie von 11 Bussen aus dem Jahre 1955 gehören.

Innenraum eines Luxuswagens, wie er ab 1957 mit nun integrierten Kopfstützen zur Auslieferung gekommen ist; Gut zu erkennen sind auch die rechteckigen Dachluken und die Schiebeoberlichter in den Seitenfenstern.

Die Aufnahme lässt einen 1957 in die damalige Sowjetunion gelieferten Ikarus 55 in der Luxusausführung erkennen.

Fabrikneuer Linienwagen Ikarus 55, wie er ab dem Spätsommer 1956 hergestellt worden ist; Es kam nun grundsätzlich nur noch eine mittig angeordnete einfache Schlagtür zum Einbau. Die Gepäckbrücke schloss sich direkt an die vordere Dachluke an.

Der Wagen Nr. 495 der Berliner Verkehrsbetriebe gehört zu den wenigen 1957 dorthin gelieferten Bussen dieses Typs. Es handelt sich um einen Linienwagen.

Mit dunkelgrünem Außenanstrich kam im Juli 1957 der Wagen 2705 beim VEB Kraftverkehr Pirna neu in den Bestand. Es handelte sich um einen Luxuswagen.

Ebenfalls 1957 erhielt der VEB Kraftverkehr Karl-Marx-Stadt mit der Nummer 2400 seinen ersten Ikarus 55, einen Linienwagen.

Zu den elf in der zweiten Jahreshälfte1956 in die DDR gelieferten Ikarus 55 gehörte der Linienwagen Nr. 2702 des VEB Kraftverkehr Dresden. Bei dieser Lieferung waren bereits rechteckige Dachluken und seitliche Schiebeoberlichter vorhanden.

Ausfahrt von Ikarus 55 der MAVAUT; Alle Wagen entsprechen dem Herstellungszeitraum 1956/1957 und werden hier vom ungarischen Reisebüro IBUSZ genutzt.

Hier sehen wir nun einen der Ikarus 55 desselben Fertigungszeitraumes. Der mit der Nummer 126 in Tallinn eingesetzte Luxuswagen verfügt über einen dritten Scheinwerfer – das so genannte Zyklopenauge – oberhalb der Windschutzscheibe.

Malerische Aufnahmen einer Ausfahrt eines 1957 gebauten Ikarus 55 der MAVAUT in Luxusausführung; Der Bus ist hier im Auftrag des 1902 gegründeten und nach dem Zweiten Weltkrieg bis in die 1960er Jahre in Ungarn als Monopolist auftretenden Reiseveranstalters IBUSZ unterwegs. Die Bildsequenzen stammen aus dem Jahre 1958.

Auch im thüringischen damaligen Bezirk Erfurt sind an verschiedenen Standorten frühe Ikarus 55 der Baujahre 1956/1957 zum Einsatz gebracht worden. Die recht interessanten Fotodokumente zeigen u. a. Fahrzeuge des VEB Kraftverkehr Erfurt, der Erfurter Verkehrsbetriebe und des VEB Kraftverkehr Eisenach.

Der Reifeprozess in den Jahren 1957 bis 1960

Im Frühjahr 1957 ist eine modifizierte äußere Gestalt des Ikarus 55 vorgestellt worden und gelangte auch in der zweiten Jahreshälfte zur Auslieferung. Ganz sicher näherten sich nun die Konzepte von Ikarus 55 und 66 an, was zu einer wirtschaftlicheren Fertigung geführt haben mag, da eine Reihe von Teilen austauschbar wurden. Gleichzeitig entwickelte sich der Ikarus 55 vom reinen Langstreckenbus zum universal verwendbaren Fernverkehrsomnibus für den Regionallinienverkehr und als Reisebus. Wichtigstes Merkmal waren zunächst die Scheinwerfer oberhalb der vorderen Stoßstange. Auf die mittleren drei Sputniks am vorderen Dachrand hatte man verzichtet. Ein Bilddokument allerdings lässt die Vermutung zu, dass es zu dieser Änderung bereits 1955 ein Vorausfahrzeug gegeben haben könnte. Erstmals sind nun auch Fahrzeuge ohne Dachrandverglasung bildlich belegt, und zwar in Bildern von Bussen aus einem tschechischen Auftrag aus dem Jahre 1958, der 32 Fahrzeuge umfasste. Die Serien bis Mitte 1958 blieben ansonsten weitgehend gleich. Unterhalb der vorderen Stoßstange fanden sich an den Außenecken jeweils zwei Nebelscheinwerfer, dazwischen wie bisher fünf blanke Haifischzähne. Vereinzelt sind Fahrzeuge mit Doppeltüren bildlich belegt. Ob original oder nachträglich umgerüstet, lässt sich heute kaum mehr feststellen. In der zweiten Jahreshälfte 1958 gab es zwei wichtige äußere Änderungen. Zum einen verfügten die Busse nun meist über einen vorderen rechteckigen Schilderkasten. Die umlaufende untere Zierleiste mit bis dahin zwölf feinen übereinander verlaufenden Linien auf meist rotem Grund ist dahingehend verändert worden, dass dies nun zwei breite übereinander angeordnete Leisten mit einer deutlich schmaleren in ihrer Mitte wurden. Es sind bereits in diesen Serien zusätzliche hintere Einstiegstüren im Angebot gewesen, wodurch sich aber die Zahl der Sitzplätze in der Linienversion auf 33 reduzierte. Die nun rechteckigen Rücklichter fanden ihren neuen Platz liegend an den Außenrändern unterhalb der Motorklappen im Heck. Auch ein Rückfahrscheinwerfer ist nun mittig in den unteren Heckanschluss integriert worden. Ein Jahr später hatte die Bugwanne unterhalb der vorderen Stoßstange jene Form gefunden, welche für den Ikarus 55 charakteristisch geworden ist mit zwei mittleren und zwei äußeren Nebelscheinwerfern. In die Vorderfront war oberhalb der Stoßstange ein Grill eingelassen, welches die Scheinwerfer einschloss und dem Bus ein angenehmes Gesicht verlieh. Einige Lieferungen verfügten wieder zusätzlich zur Mitteltür über eine hintere Einstiegstür. Die Teilung der hinteren seitlichen Fenster vor dem Heck hingegen in ein kleineres rechteckiges und ein Dreiecksfenster ist noch nicht durchgängig vollzogen worden. Ab 1960 kamen Zug um Zug auch stärkere Antriebsaggregate mit 145 PS zum Einbau. Die Mutation des Csepel D 613 zum aufgebohrten Csepel D 614 war mit der Verwendung neuer Luftfilter im Jahre 1962 abgeschlossen. Von den etwa 650 Bussen dieses Zeitraumes gelangten 257 Wagen in die DDR, wobei – wie an anderer Stelle bereits angemerkt – ein Teil der 1957er Lieferungen noch über die bis 1956 bekannte Ausführung verfügten. 139 Busse kamen in die Sowjetunion und 100 in die CSSR und 11 nach Bulgarien sowie 8 nach Polen und lediglich ein Bus nach Jugoslawien. 128 Wagen verblieben in Ungarn. Belegt ist beim Kraftverkehrskombinat Dresden der Zulauf der Wagen 2708 bis 2712 im Jahre 1957 (von denen ein beigefarbener des VEB Kraftverkehr Bautzen in Görlitz zum Einsatz kam) und im Sommer 1958 – nun mit Schilderkästen – der Wagen Nr. 2713 bis 2716. Die in der DDR eingesetzten Busse dieses Zeitraumes sind durch Auffrischungen nach und nach einander angenähert worden. 1964 kamen 37 Ersatzkarosserien aus Ungarn, mit denen ein Teil der bis dahin gelieferten Fahrzeuge ausgerüstet worden ist. In den späten 1970er Jahren waren die im Volksmund Ur-Raketen genannten Busse der Bauzeit vor 1961 bis auf wenige Exemplare aus dem aktiven Dienst ausgeschieden. Noch im Jahre 1960 erfolgte die Vorstellung jenes Ikarus 55, welcher bis 1965 weitgehend die Serie prägen sollte. Er verfügte über eine vordere und hintere Einstiegstür und an der hinteren (anstelle wie bisher der vorderen) Dachluke angelegte Gepäckbrücke mit seitlicher Abstiegsleiter. Bis auf die breite umlaufende untere Dreifachzierleiste und die in Metallrahmen gefassten seitlichen Fenster mit Schiebeoberlichtern entsprach dieses Fahrzeug bereits den späteren Serien. In der Folgezeit gab es je nach Kundenwunsch viele individuelle Unterschiede. So fanden sich sowohl Busse ohne Dachrandverglasung, als auch solche mit nur einer vorderen Einstiegstür. Die Dachrandverglasung selbst endete nun bereits vor der hinteren Einstiegstür. Variabel war auch die Ausstattung vom reinen Linienbus bis hin zum Luxus- oder Konferenzbus. Auch die Fenstereinsätze konnten voneinander abweichen. In die Sowjetunion gelieferte Fahrzeuge erhielten anstelle des vorderen Schilderkastens oberhalb der Frontfenster einen zusätzlichen Scheinwerfer, oft respektlos Zyklopenauge genannt. Die Grundgestalt von Ikarus 55 und 66 war nun in vielen äußeren Merkmalen weitgehend identisch.

Dieser Ikarus 55 könnte ein bereits 1955 gefertigter Vorauswagen für die ab Mitte 1957 wirksame Modellpflege gewesen sein. Dafür sprächen die drei vorderen mittleren Sputniks und die zweigeteilten seitlichen Schiebefenster. Sicher ermitteln wird man es heute wahrscheinlich nicht mehr können.

Ein Ikarus 55, der dem Entwicklungsstand von 1957 entspricht, allerdings hier noch über seitliche zweigeteilte Schiebefenster verfügt; Am rechten Bildrand ist hinter ihm ein Ikarus 620 zu erkennen. Die winterliche Situation erscheint abenteuerlich.

Diese Heckansicht eines 1957 gefertigten Ikarus 55 lässt die in der unteren Zierleiste integrierten Rücklichter gut erkennen. Zur Ausstattung gehörte nun auch ein Rückfahrscheinwerfer unterhalb der Motorklappen. Das Auspuffrohr ist unterhalb des unteren Heckanschlusses zu erkennen.

Bei vielen Ikarus 55 sind die rückwärtigen Fahrtrichtungsanzeiger nachträglich dupliziert worden, damit man sie besser erkennen konnte wie bei diesem Fahrzeug, welches in Waltersdorf abgelichtet worden ist. Das Endrohr des Auspuffes ist hier übrigens links neben der unteren Heckabdeckung durch die Seitenbleche geführt zu erkennen. Dies dürfte, wie die Entfernung des Rückfahrscheinwerfers, nachträglich erfolgt sein.

Ikarus 55 von 1957 im Einsatz bei der MAVAUT

Häufig fuhren in Ungarn Ikarus 55 mit so genannten Schlafaugen-Scheinwerfern. Manchmal fehlten nach mehrjährigem Einsatz auch die charakteristischen Haifischzähne unterhalb der Stoßstange.

Aus dem Jahre 1957 stammte der Wagen Nr. 3005 des VEB Kraftverkehr Plauen.

Auch beim VEB Kraftverkehr Leipzig sind 1957 Ikarus 55 zum Einsatz gebracht worden.

Im Herbst 1957 erhielt der VEB Kraftverkehr Bautzen zwei Ikarus 55 mit beigefarbenem Außenanstrich, von denen einer im Bild kurz vor der Inbetriebnahme im Betriebshof Emmerichstraße der damaligen Außenstelle Görlitz zu sehen ist.

Im damaligen Bezirk Halle ist dieser zweifarbige Ikarus 55 aus dem Jahre 1957 unterwegs gewesen. Am rechten Bildrand erkennt man hinter dem Reisebus einen Skoda 706 RO.

Wohl nur ein einzelnes Fahrzeug stellte dieser Ikarus 55 von 1957 der MAVAUT dar, bei dem versuchsweise zwei Falttüren eingebaut worden sind. Auch dieser Bus hat so genannte Schlafaugen-Scheinwerfer.

Interessantes Motiv mit einem Ikarus 55 der Entwicklungsstufe 1957, hier allerdings mit zweigeteilten seitlichen Schiebefenstern, wie sie bis 1955 Standard gewesen sind.

Ein weiterer Ikarus 55 von 1957 der Staatlichen Busgesellschaft MAVAUT, welcher über ein langes hinteres Seitenfenster verfügt; dieses ist seit 1956 bei vielen Fahrzeugen bereits wie in späteren Serien geteilt gewesen.

Ein Ikarus 55 des tschechischen Staatlichen Busunternehmens CSAD, hergestellt 1957 und hier mit Dachrandverglasung.

Diese beiden Bilddokumente zeigen ein 1957 in die CSSR geliefertes Fahrzeug ohne Dachrandverglasung.

Ein Eldorado für Omnibusfans ist dieser Schnappschuss von 1961 oder 1962 vom Touristen-Parkplatz in Kurort Oberwiesental unterhalb des Fichtelberges. Besondere Beachtung verdienen die beiden beigefarbenen Ikarus 55 im Vordergrund. Ganz vorn ein Fahrzeug der Bauzeit 1956/57 mit nur einer mittleren Tür und vorderen mittleren Sputniks, halb links dahinter ein 1958 gefertigtes Fahrzeug mit vorderem Schilderkasten und zusätzlicher hinterer Einstiegstür.

Der Wagen Nr. 4112 des VEB Kraftverkehr Haldensleben hat in dieser Aufnahme aus den späten 1960er Jahren seine aktive Zeit bereits hinter sich. Die mittlere Doppeltür lässt keinen Zweifel, dass es sich um einen der wenigen 1958 in die DDR gelieferten Ikarus 55 mit dieser Ausstattung handelt. Hier befindet sich die Griffmulde in der rechten Türhälfte, was ganz sicher mit der Position der Aufstiegsleiter über dem linken Türblatt zusammen hängt.

Beim ungarischen Regionalbusunternehmen MAVAUT gehörten Ikarus 55 viele Jahre zum alltäglichen Bild. Die Bilder zeigen einen Wagen der Bauzeit 1955/56 bzw. 1957/58 sowie Heckansichten von 1957 hergestellten Bussen und links von ihnen einen Ikarus 630.

Mit der Modifikation gegen Ende des Jahres 1958 sind erstmals Ikarus 55 mit Schilderkästen im vorderen Dachrand oberhalb der Windschutzscheibe gefertigt worden. Kurze Zeit später wichen die breiten umlaufenden Zierleisten einem System von drei übereinander liegenden Zierleisten. Seit dieser Zeit fanden sich die Rücklichter im unteren Abschluss des Hecks. In die DDR gelieferte Omnibusse verfügten nun meist über eine zusätzliche hintere Einstiegstür. Nach einem weiteren halben Jahr schließlich war jene Vorderfront erreicht, welche für viele Jahre das Gesicht dieser Busreihe so nachhaltig prägen sollte. Ikarus 55 und 66 hatten sich nun äußerlich weitgehend angenähert. Die nachfolgenden Bilddokumente sollen einen Eindruck über diese Entwicklungsstufe des Ikarus 55 vermitteln.

Dieser Ikarus 55 des VEB Kraftverkehr Zeitz verfügt noch über die breiten Zierleisten, aber bereits über einen vorderen Schilderkasten. Ob er werkseitig unterhalb der Stoßstange nur vier anstelle fünf Haifischzähne hatte, ist leider nicht mehr feststellbar. Das Fahrzeug könnte bereits nachträglich aufgefrischt sein.

Vorstellung eines Luxuswagens der Modellreihe 1959 mit Schilderkasten und nun neuen umlaufenden Zierleisten, wie sie zeitgleich auch beim Ikarus 66 verwendet worden sind.

Ein Blick von oben auf ein solches Fahrzeug bei der Zitadelle oberhalb der Donau; im Gegensatz zum vorherigen Bild ist hier ein Linienwagen zu sehen.

Mit der Nummer 3018 fuhr beim VEB Kraftverkehr Zwickau ein Luxuswagen aus dieser Fertigungszeit.

Auch bei der ungarischen Regionalbusgesellschaft MAVAUT sind Ikarus 55 der Bauzeit 1958/60 reichlich im Einsatz gewesen. Meistens verfügten sie über nur eine Einstiegstür hinter dem vorderen Radlauf, aber bereits über das Dreiecksfenster hinter der seitlichen Fensterreihe.

1959 gelieferte Ikarus 55 des VEB Kraftverkehr Karl-Marx-Stadt, aufgenommen zu Beginn der 1960er Jahre mit einem Gepäckanhänger auf der Insel Usedom bzw. bei der Prager Burg; Die hintere Einstiegstür wurde nun zunehmend zum Standard.

In Ungarn eingesetzte Ikarus 55 der Bauzeit 1958/59 fuhren manchmal auch ohne Schilderkasten am vorderen Dachrand, wie diese Aufnahme belegt.

Nach Werterhaltungsarbeiten zeigten sich gegen Mitte der 1960er Jahre die vor 1960 gebauten Ikarus 55 gelegentlich noch in der Öffentlichkeit. Kurze Zeit später verschwanden die meisten von ihnen aus den Bestandslisten oder erhielten neue Aufbauten.

Ein ebenfalls bereits aufgefrischter Ikarus 55 von 1958 des VEB Kraftverkehr Lauchhammer zeigt sich hier auf einer Waschrampe. Die umlaufenden Zierleisten waren nun denen von nach 1960 gefertigten Bussen angepasst worden.

Ein Linienwagen der ungarischen Fluggesellschaft Malev, hergestellt 1960; Bisher ist nicht bekannt, ob es weitere Busse aus jener Serie in dieser Verwendung gab.
Die Bilder zeigen immer denselben Bus. Übrigens ist der Gepäckträger nun näher vor der hinteren Dachluke montiert.

Diese Aufnahme eines ebenfalls 1960 gefertigten Ikarus 55 lässt noch einmal recht deutlich die veränderte Position der Gepäckbrücke erkennen. Die kleine Lufthutze in der Heckklappe ist lange bei Lieferungen in die Sowjetunion vorhanden gewesen.

Vorstellung des Luxuswagens Ikarus 55 von 1960, hier neben einem Csepel der 450er Reihe

Wir schauen auf die linken seitlichen Staufächer eines 1960 hergestellten Ikarus 55. Hervorhebenswert ist aber vor allem die seitdem verwendete neue Hinterachse mit Außenplanetengetriebe, entwickelt von der Firma Raba.

Bereit zu einer Ausfahrt steht hier ein Ikarus 55 in Luxusausführung, hergestellt 1960.

Ausfahrt von gleich drei Ikarus 55 des Baujahres 1960

Mitte 1960 erfolgte ein weiteres Facelifting des Ikarus 55. Von nun an befanden sich die Einstiegstüren am vorderen und hinteren Ende des Fahrzeuges, während die Dreifachzierleiten noch für kurze Zeit verwendet worden sind. Im Spätherbst 1960 sind einige dieser Busse auch in die DDR geliefert worden.

Längst durch eine GR überformt zeigt sich hier das Heck eines frühen Ikarus 55 mit noch breiter Zierleiste. Es handelt sich um den Wagen 30-9001 des VEB Kraftverkehr Aue-Schwarzenberg, aufgenommen nach 1962. Die Rücklichter wurden nachträglich an den unteren Rand des Heckabschlusses montiert.

Nach mehreren Umbauten konnten viele der ganz alten Ikarus 55 kaum mehr einem bestimmten Baujahr anhand äußerer Merkmale zugeordnet werden, wie diese beiden Vertreter im Cottbuser und Görlitzer Raum mit noch verglastem hinteren Dachrand, aber völlig veränderten Zierleisten.

Typische Merkmale von damals in der ehemaligen KVG-Hauptwerkstatt Dresden aufgefrischten Ikarus-Bussen zeigen der beim VEB Kraftverkehr Lauchhammer in Dienst stehende Ikarus 55 eines Baujahres vor 1961 mit hier herausgezogenen Scheinwerfern, als auch der links neben ihm sichtbare Ikarus 66 von 1960. Auch der untere Heckabschluss war bei diesen Fahrzeugen immer recht ähnlich. Die Aufnahmen entstanden 1967 in Hoyerswerda.

Serienfahrzeuge des Zeitraumes 1961 bis 1965

Mit dem Fertigungsjahr 1961 hatten sowohl Ikarus 55, als auch Ikarus 66 jenes äußere Erscheinungsbild gefunden, welches bis zum Ende der Produktionszeit mit nur wenigen stilistischen Veränderungen weitgehend konstant blieb. Aus dem reinen Langstreckenbus früher Baujahre hatte sich ein recht universell einsetzbares Fahrzeug entwickelt. Dies wussten vor allem auch die zahlreichen Einsatzstellen in der DDR zu schätzen. Wichtigstes Merkmal war die nun deutlich schmalere untere umlaufende Doppelzierleiste mit nun sechs untereinander angeordneten Zierleisten in den deutlich höheren Heck-Klappen. Das hintere Nummernschild bekam seine neue Position im Bereich der oberen beiden Zierstäbe der straßenseitigen Motorklappe. Die Heckzierstäbe selbst waren 1961 wie bei den vorherigen Serien noch auf eine Unterlage aufgelötet, hinter ihnen konnte man auch noch das bereits an anderer Stelle erwähnte Drahtgeflecht sehen. Dennoch sind zusätzlich in den Klappen an verschiedenen Stellen häufig kleine Lufthutzen zum Einbau gekommen, mehrheitlich wohl erst nachträglich. Die Kühlung des Motors war einfach noch zu schwach. Hier fand man erst 1964/65 eine bessere Lösung. Prägend für das Baujahr 1961 waren auch die wie bei den bis 1960 gefertigten etwas höheren und deutlich schmaleren rechteckigen Dachluken und die nach wie vor zwei Luftfilteraufsätze hinter der Heckscheibe. Im Laufe des Jahres 1960 erfolgte der generelle Übergang zum Motor Csepel D 614 mit 145 PS, welcher durch Modifikationen aus seinem Vorgänger entstanden war. Dieser Prozess fand seinen Abschluss mit der Verwendung eines deutlich größeren und leistungsfähigeren Luftfilters, äußerlich erkennbar an nur einem Aufsatz am linken Rand hinter der Heckscheibe anstelle der beiden fast mittig angeordneten mit deutlich geringerem Querschnitt. Alle Ikarus 55 der Bauzeit 1961 bis 1965 verfügten über eine Einstiegstür vor dem vorderen Kotflügel und je nach Ausführung auch eine zweite Einstiegstür hinter dem hinteren Kotflügel. Es gab in dieser Bauzeit Fahrzeuge mit und ohne Dachrandverglasung. In die DDR kamen ausschließlich Busse mit zwei Türen, Dachrandverglasung und Dachgepäckbrücke. Die meisten von ihnen waren zweifarbig lackiert. Einige frühe Busse des Baujahres 1961 besaßen noch Metallfensterrahmen mit Schiebeoberlichtern. Standard aber waren von nun an in Gummi gefasste Seitenfenster mit Klappoberlichtern aus Gussaluminium. Der Notausstieg befand sich im vorletzten Seitenfenster der Straßenseite. Die Dachluken waren ab 1962 nicht mehr so hoch, dafür aber deutlich breiter und verfügten über abgerundete Ecken. Bereits knapp ein Jahr zuvor ist die lange Luftschlitzreihe im hinteren Teil der Straßenseite durch eine etwas kürzere Lufthutze ersetzt worden. 1962 und 1963 verließen viele Ikarus 55 die Fertigungsbänder mit hellen Fenstergummis, welche aber verhältnismäßig schnell verwitterten. Die nun im Heck eingeschraubten Leisten des Ziergitters lösten sich oft nach wenigen Jahren und brachen in der Folge heraus. Während die Fenstergummis ab Baujahr 1964 wieder schwarz und in der gewohnten Qualität erschienen, blieben die eingeschraubten Gitterstäbe im Heck eine Schwachstelle, welche die Busse bis zum Ende ihrer Fertigungszeit begleiten sollten, weit mehr, als man dies von den Serien davor mit den aufgelöteten Gitterstäben kannte. Auch das Problem der Spannungsrisse an den vorderen und hinteren Dachrundungen begleitete Ikarus 55 und auch Ikarus 66 aller Serien bis zum Ende ihres Einsatzes. 1965 erhielten Ikarus 55 und 66 größere und vor allem leistungsfähigere Kühler. Damit einher gingen einige auch äußerlich erkennbare Änderungen. Bei den Ikarus 55 – 1965 noch fast durchgängig mit hinterer Einstiegstür – befand sich hinter dieser eine große doppelte Luftschlitzreihe, die Lufthutze unterhalb der hinteren Dreiecksfensters auf der Straßenseite entfiel und in den Motorklappen des Hecks waren von nun an Bleche anstelle des Gittergeflechts verbaut. Die nach wie vor rechteckigen Rücklichter fanden einen neuen Platz an den Außenrändern der Motorklappen. Der Notausstieg hatte bei den in die DDR gelieferten Fahrzeugen seinen Platz wie, bei älteren Serien, im vorletzten Seitenfenster der Straßenseite. Die von nun an verwendete stärkere Vorderachse konnte man an der breiteren Spur der Vorderräder äußerlich deutlich erkennen. Das Auspuffendrohr befand sich bei vielen Bussen der Baujahre bis Mitte 1962 nach wie vor unterhalb der Hecks oder vor dem Ende der linken Fahrzeugseite. Erst bei späteren Serien erfolgte durchgängig die Durchleitung durch den unteren Heckabschluss oder links von ihm durch die untere seitliche Blechverkleidung. Werfen wir noch einen kurzen Blick auf die Produktionszahlen. Insgesamt sind 1961 bis 1965 1.738 Ikarus 55 gefertigt worden. 950 von ihnen fuhren in der Sowjetunion, über 500 in der DDR, in Ungarn blieben 175 Busse. Rumänien erhielt 1962 25 und im Folgejahr 16 Ikarus 55. Lediglich je ein

Fahrzeug rollte 1962 in die CSSR bzw. 1963 nach Kuba. 37 der 1964 in die DDR gelieferten 116 Wagen waren Ersatzkarosserien zum Neuaufbau älterer Fahrzeuge. Ab 1960 sind auch nachweislich Ikarus 55 mit 34 Sitzplätzen in den bewaffneten Organen der DDR zum Einsatz gekommen. Mehrheitlich verließen sie bereits in olivgrünem Außenanstrich die Fertigungsbänder, aber es sind vereinzelt auch Busse mit zweifarbigem Zivilanstrich zum Einsatz gebracht worden. Sie galten als handelsübliche Fahrzeuge und erhielten lediglich zusätzliche Befestigungspunkte für militärische Ausrüstung. Bereits vor dem Zulauf der 1964 gefertigten Busse zählte man in den Bestandslisten 55 Fahrzeuge dieses Typs. Da die Busse neben dem innerbetrieblichen Linienverkehr zwischen den Truppenstandorten und den Wohnsiedlungen des Personals und bei Fahrten der Stäbe zu den vorgesetzten Dienststellen auch in den Musikkorps bzw. des Erich Weinert-Ensemble sowie dem Armeesportklub Vorwärts zum Einsatz kamen, ist deren Zahl insgesamt ganz sicher deutlich größer gewesen, als bisher in der Literatur spekuliert worden ist. Beschafft wurden sie bis zum Fertigungsende 1972. Konkrete Zulaufmengen sind bisher nicht ermittelbar gewesen, aber eine Gesamtzahl oberhalb von 300 ist sicher nicht zu hoch gegriffen. Sie ersetzten vielerorts die IFA H6B/L und zum Teil deren Anhänger W 701 und sind selbst ab 1973 von Ikarus 255 und später 256, in höheren Dienststellen vereinzelt auch von Ikarus 250 ersetzt worden. Bis 1965 gehörten die Sputniks an den Dachrändern und die in Metallfischen gefassten vorderen Fahrtrichtungsanzeiger zu wichtigen äußeren Merkmalen des Ikarus 55. Ein kurzer Hinweis sei gestattet zum Thema Ikarus Lux. Alle Ikarus 55 sind als Linien-, Luxus- und auch als Konferenzbusversion gefertigt worden und unterschieden sich je nach konkretem Kundenwunsch auch äußerlich und in der Ausstattung mehr oder weniger deutlich voneinander. Wenige – auch spätere – Ikarus 55 erhielten anstelle der seitlich angebrachten erhabenen 55 den Lux-Schriftzug hinter dem Ikarus-Schriftzug angebracht. Es ist aber einfach nicht korrekt, hier von einer eigenständigen Version zu sprechen, weil auch dieses Merkmal konkreten Kundenwünschen entsprach und deshalb richtiger von einer gehobenen Ausstattungsvariante der Luxusversion zu reden ist. Bereits in den frühen 1960er Jahren begann in der DDR an verschiedenen Standorten die industrielle Aufarbeitung verschlissener Ikarus 55. Dabei näherten sich die Baujahre äußerlich an und es kam zunehmend zu einer Entfeinerung bei Neubeblechungen. Zierleisten sind dabei reduziert worden oder entfielen vollständig. Die Mehrzahl der Ikarus 55 fuhren nach der GR ohne Gepäckbrücke und man ersetzte die Seitenscheiben mit Oberlichtern durch glatte Scheiben. Je nach Vorhandensein von konkreten Teilen kam es vereinzelt auch zu recht skurrilen Lösungen. Alles in allem konnten aber dadurch auch eine Reihe älterer Fahrzeuge bis in die späten 1980er Jahre im aktiven Einsatz verbleiben, von denen mehrere heute als Oldtimer noch oder wieder im Einsatz stehen. Bei der GR sind häufig Schönebecker Motoren zum Einbau gekommen. Vereinzelt aber kamen auch andere Antriebsaggregate nachträglich in die Busse. Viele Ikarus 55 verbrachten ihren Lebensabend in der Obhut privater Busunternehmer und wurden von ihnen nicht selten liebevoll gepflegt. Heute erledigen es nicht selten die Nachkommen, die den regulären Einsatz von Ikarus 55 nicht mit eigenen Augen gesehen haben, aber mit nicht geringerem Spaß und Engagement sich diesem schönen Hobby widmen.

Für die Sowjetunion 1961 gefertigter Ikarus 55 mit Reisebestuhlung und metallumrandeten Seitenfenstern mit Schiebeoberlichtern

Dieses einzigartige Bilddokument aus dem damaligen Bezirk Erfurt vermittelt eindrucksvoll den Unterschied von Ikarus 55 der frühen Baujahre bis 1957 und den ab 1961 in großer Zahl gelieferten Fahrzeugen.

Heckansicht eines 1961 gebauten Busses; Deutlich erkennbar sind die beiden Luftfiltereinsätze hinter dem Heckfenster, die aufgelöteten sechs Gitterstabreihen und das unterhalb des Hecks montierte Auspuffendrohr.

Auch die BVG-Wagen Nr. 318 und 322 gehören zu den Lieferungen der Jahre 1961 bis 1962.

In der Urlaubszeit waren Ikarus 55 von Sachsen aus auf mehreren Linien zur Ostsee im Einsatz. Hier bereitet sich ein Dresdner Wagen zu einer Fahrt nach Ahlbeck auf der Insel Usedom vor.

Beim heute nicht mehr bestehenden Gasthof Stadt Karlsbad ist im Juli 1967 Wagen Nr. 60-9000 des VEB Kraftverkehr Annaberg in Forchheim vorgefahren. Kurze Zeit später arbeitete in dem 1961/62 gefertigten Ikarus 55 versuchsweise ein Tatra-V8-Motor.

In Eisenhüttenstadt wurde im September 1967 dieser Ikarus 55 aus Dresden bildlich dokumentiert.

Heckansicht eines 1961 gefertigten Ikarus 55 mit metallumrandeten Schiebeoberlichtfenstern, aufgenommen in der ungarischen Hauptstadt Budapest.

Gleich drei 1961 gebaute Ikarus 55 der ungarischen Regionalbusgesellschaft MAVAUT stehen hier zur Abfahrt bereit. Dahinter am rechten Bildrand sind ältere Busse dieses Typs zu erkennen. Auch an der gegenüberliegenden Haltestelle befinden sich ausschließlich Ikarus 55.

Zu den 1961 gefertigten Ikarus 55 gehört auch der Linienwagen Nr. 60 der Dessauer Verkehrsbetriebe, aufgenommen im August 1964 in der Messestadt Leipzig. Die seitliche Lufthutze ist ein typisches Merkmal der Serien von 1962 bis 1964, fand sich bereits an im späten Herbst 1961 gelieferten Bussen. Die Gitterstäbe im Heck sind noch aufgelötet. Gut erkennt man im Bild auch die nun verwendeten moderneren Tischleuchten.

Ein 1964 gelieferter Luxuswagen ist der hier abgebildete Wagen Nr. 18 der Brandenburger Verkehrsbetriebe. Wir erleben ihn während einer Ausfahrt im August 1967 in Dresden.

Für das DDR Reisebüro ist dieser Erfurter Ikarus 55 im Einsatz. Das Fahrzeug stammt aus der Bauzeit 1962/63, erkennbar an den hellen Fenstergummis.

Dieser Ikarus 55 des VEB Kraftverkehr Bautzen befindet sich zwar noch äußerlich weitgehend im Lieferzustand, aber an der Vorderkante des Daches sind bereits erste Risse zu erkennen.

Ein einzigartiges Spektakel ist dieser Auftritt zweier in Ungarn eingesetzter Ikarus 55 mit Dachrandverglasung, flankiert am rechten Bildrand durch das Heck eines Ikarus 630.

In Ungarn fuhren Ikarus 55 nicht selten mit nur einer vorderen Einstiegstür und ohne Dachrandverglasung. Beide Busse aus dem Jahre 1964 sind als Linienwagen bei der MAVAUT eingesetzt gewesen. Beim blauen Bus sind wieder die markanten Tischleuchten zu erkennen.

Ein Cottbuser Ikarus 55 der Bauzeit 1961 bis 1964, bildlich dokumentiert im Jahre 1967.

Zwischen 1961 und 1966 besaßen die Armaturentafeln der Ikarus 55 und auch der Ikarus 66 rechteckige Instrumente.

Fertigung von Ikarus 55 der Bauzeit 1961 bis 1964; am linken Bildrand ein Ikarus 555

Ikarus 55 aus dem damaligen Bezirk Erfurt während einer Ausfahrt, rechts hinter ihm ein Ikarus 31

Ikarus 55 des ungarischen Busunternehmens Volan

Heckansicht von einem 1964 gebauten Ikarus 55; Das Auspuffendrohr ist durch den unteren Außenrand des Hecks hindurch geführt.

Ikarus 55 der Fertigung von 1964; Der Luxusbus hat hier drei Dachluken, während Gepäckbrücke und Dachrandverglasung fehlen. Beim Linienwagen sind zwei Dachluken, Gepäckbrücke, Dachrandverglasung sowie eine der markanten Tischleuchten zu erkennen.

Hier noch einmal der eben beschriebene Ikarus 55 mit Reisebestuhlung während einer Probefahrt

Der Wagen Nr. 72 606 des VEB Kraftverkehr Dresden – hier ein Bild von 1967 – ist 1962 gefertigt worden. Neben den hellen Fenstergummis lassen dies die beiden Luftfilteraufsätze hinter der Heckscheibe und das seitlich durch die Blechverkleidung geführte Auspuffendrohr recht deutlich erkennen.

Auch bei diesem Ikarus 55 des VEB Kraftverkehr Karl-Marx-Stadt handelt es sich im ein Fahrzeug der Bauzeit 1962/63.

Für den Ferien-Zubringerverkehr nutzte der VEB Kraftverkehr Ahlbeck auch diesen Ikarus 55 aus dem Jahre 1963. Er hat schon kleinere Änderungen über sich ergehen lassen. So sind einige Seitenfenster mit glatten Scheiben versehen worden und die ersten gelockerten Gitterstäbe im Heck hat man nachträglich verschraubt.

Noch im Werkshof sehen wir hier die originale Heckansicht eines 1963 gefertigten Reisewagens, erkennbar am größeren Luftfilter hinter der Heckscheibe und den hellen Fenstergummis, natürlich auch an der Bestuhlung.

Dieser 1964 gefertigte Luxuswagen verfügt nicht über eine Dachrandverglasung und Gepäckbrücke, dafür aber sind drei Dachluken vorhanden.

Ikarus 55 von 1964 mit nur zwei Nebelscheinwerfern sowie nur einer vorderen Einstiegstür als Schulbus bei der MAVAUT; Hinter ihm erkennt man am linken Bildrand einen Ikarus 55 mit Gepäckbrücke, ebenfalls im Einsatz bei der MAVAUT.

Auch dieser Ikarus 55 Linienwagen von 1964 fährt ohne Dachrandverglasung und mit nur einer Einstiegstür vor dem vorderen Radlauf.

Ikarus 55 – Serienfahrzeuge des Zeitraumes 1961 bis 1965

Mit der Modellpflege Ende des Jahres 1964 erhielten die Ikarus 55 und 66 ein leistungsfähigeres Motorbelüftungs- und Kühlsystem. Die Motorklappen hatten von nun an an ihren hinteren Seiten Bleche anstelle des Drahtgeflechtes. Busse mit einer Tür hinter dem hinteren Radlauf verfügten über eine Doppelreihe von senkrecht verlaufenden Luftschlitzen hinter dieser. Die Rücklichter waren bis einschließlich 1965 als rechteckige Mehrkammerleuchten an den Außenseiten der Heck-Klappen ausgeführt.

Malerische Aufnahmen von 1965 gefertigten Linien- und Reisewagen. Deutlich erkennt man die doppelte Luftschlitzreihe hinter der Hintertür. Ebenfalls gut zu sehen sind hier die mittleren Nebelscheinwerfer mit gelbem Lampenglas. So sah man sehr viele Ikarus 55 und auch 66. In beiden Ausführungen und Farben sind recht viele dieser Busse in die DDR geliefert worden.

Ausfahrt mit einem Ikarus 55 Reisewagen von 1965 aus dem damaligen Bezirk Karl-Marx-Stadt; die am Mittelsteg der Windschutzscheibe befestigte Radioantenne war viele Jahre ein prägendes Merkmal der Ikarus 55.

Aktuelle Recherchen ergaben, dass der Wagen Nr. 3 der Dresdner Verkehrsbetriebe erst 1965 geliefert worden ist. Hier zeigt sich der Reisewagen kurz nach seiner Indienststellung während einer Ausfahrt beim Kyffhäuser.

Einen 1965 gefertigter Ikarus 55 des VEB Kraftverkehr Waldheim lassen diese beiden Bilddokumente vom Juli 1968 erkennen. An den Außenseiten des Hecks sind nun rechteckige Mehrkammerleuchten hochkant angeordnet. Interessant bei der Heckaufnahme ist auch der H6B mit Anhänger W 701 – beide bereits generalrepariert – am linken Bildrand.

Ikarus 55 – Serienfahrzeuge des Zeitraumes 1961 bis 1965

Wir möchten nun einen Blick auf im Zeitraum von 1961 bis 1965 vornehmlich in die Sowjetunion gelieferte Luxus- und Konferenzbusse werfen. Konkrete Zahlen lassen sich aus den insgesamt dorthin gelieferten Bussen dieses Typs nicht abgrenzen.

PR-Veranstaltung mit einem Ikarus 55 Luxus und einem Ikarus 321. Prägend für die vorgestellte Gruppe war der dritte Scheinwerfer an der Dachvorderkante.

Weitere Aufnahmen dieses Ikarus 55 mit drei Dachluken und ohne Dachrandverglasung; Anstelle der 55 hinter dem Ikarus-Schriftzug steht hier deutlich erkennbar Lux. Eine Fahrertür ist nicht vorhanden.

Dieses Bilddokument lässt zusätzlich zum Lux-Schriftzug recht deutlich die kleine Lufthutze an der Heckklappe erkennen, wie sie bei in die Sowjetunion gelieferten Bussen häufig zu sehen war. Auch dieser Bus hat noch die bis Ende 1961 verwendeten schmalen und deutlich höheren Dachluken.

Auch bei diesem roten Ikarus 55 ist der Schriftzug Lux zu erkennen. Die Felgen sind hier unbedeckt. Auch hier ist keine Fahrertür vorhanden.

Vorderansicht eines Ikarus 55 Lux; der Dachscheinwerfer wirkt schon majestätisch. Auch hier fehlt die Fahrertür.

Hier nun ist ein Konferenzbus zu sehen, dessen Ausstattung noch deutlich über die des Luxuswagens hinausgeht. Wahrscheinlich sind solche Fahrzeuge nur in sehr kleiner Zahl gefertigt worden.

Ikarus 55 Lux und Ikarus 620 warten in großer Zahl auf ihre Übergabe an die Auftraggeber. Im eintürigen Luxusbus lebte die Idee des Langstreckenbusses fort. Die großen abgerundeten Luken deuten zweifelsfrei auf den Fertigungszeitraum 1962 bis 1965.

Über die Ikarus 55 in den bewaffneten Organen der DDR ist ja bereits berichtet worden. Wir möchten nun einige Bilddokumente vorstellen.

Ein unglaublicher Anblick bietet sich mit diesem einzigartigen Fotodokument. Es zeigt fertiggestellte Ikarus 55 für die bewaffneten Organe der DDR im Jahre 1965. Wahrscheinlich ist auch der zweifarbige in ihrer Mitte für diesen Zweck modifiziert.

Wohl ebenfalls 1965 erblickte dieser Ikarus 55 der BDVP Karl-Marx-Stadt das Licht der Welt.

Erinnerungsfotos mit einem 1965 gebauten Ikarus 55 bei der Volksmarine; Hinter der letzten Einstiegstür sind die beiden Luftschlitzreihen deutlich zu sehen.

Aus Stralsund weilte im Herbst 1977 dieser Ikarus 55 der Volksmarine in weitgehendem Originalzustand, allerdings bereits mit zivilem Außenanstrich, im Osten Berlins, der damaligen Hauptstadt der DDR, zu Besuch. Omnibusse der NVA führten damals kein vorderes Nummernschild.

Dieser bereits generalreparierte Ikarus 55 der Volksmarine ist ebenfalls bereits mit zweifarbigem Zivilanstrich dokumentiert.

Als 1982 die letzten Ikarus 55 der NVA und natürlich auch der Volksmarine verkauft wurden, hatten längst Ikarus 255 und 256 ihren Platz eingenommen. In den letzten Jahren teilten die stets zivil lackierten neuen Busse ihre Aufgaben mit Ikarus 55 sowohl in olivgrünem, als auch in zivilem Außenanstrich.

Wir kehren noch einmal zu den durch industrielle Instandsetzung aufgefrischte Ikarus 55 mit einigen recht aussagefähigen und zum Teil selbst erklärenden Fotodokumenten zurück. Die Prozesse wurden nach den damals bestehenden Bezirken strukturiert und die Werkstätten gehörten zu den jeweiligen Kraftverkehrsunternehmen, den späteren Kombinaten. Die konkrete Ausführung erfolgte je nach Auslastung in einer der Betriebsstätten, im Normalfall natürlich in der nächst gelegenen. Die Busse fuhren meist auf eigener Achse und wurden auch wieder abgeholt. Die Standzeit konnte mitunter 2 Monate betragen. Jedes der Werke bildete spezielle Merkmale heraus, an denen der Fachmann äußerlich unschwer erkennen konnte, wo die Aufarbeitung erfolgte. In späteren Jahren zwang zunehmender Materialmangel zu weiteren Vereinfachungen und nach Einstellung der industriellen Aufarbeitung der alten Busse gegen Ende der 1970er Jahre sind viele Fahrzeuge in eigenen Werkstätten auf der Reihe gehalten worden, wodurch es zu einer weiteren äußerlichen Vereinfachung vieler Merkmale kam. In diesem Zustand fanden die heute derartige Veteranen betreuenden Vereine die Mehrzahl der bis 1965 gefertigten Ikarus 55 vor.

Dieser bereits 1959 gebaute Ikarus 55, Wagen Nr. 50-9002 des VEB Kraftverkehr Lauchhammer, ist durch eine GR den ab 1961 gefertigten Bussen angenähert worden, indem man ihn mit der schmalen umlaufenden Doppelzierleiste versah. Ende der 1960er Jahre näherte sich seine aktive Zeit dem Ende.

Immer wieder sind bei Aufarbeitungen Vorderfronten mit herausgezogenen Scheinwerfern verwendet worden, wie man bei diesem Ikarus 55 aus Waldheim sehen kann. Bei den Ikarus 66 werden wir noch mehrere von ihnen kennen lernen. Hier ist das Grill versenkt, oft war es bündig aufgesetzt. Die in Dresden durchgeführte GR weist unzweifelhaft auf das Jahr 1968, weil von da an in diesem Betrieb auf Sputniks und Positionslampen verzichtet wurde und man runde, chromumrandete vordere Fahrtrichtungsanzeiger zum Einbau brachte.

Den unteren Abschluss des GR-Hecks bildete meist eine glatte, drei geteilte Wanne, deren konkrete Ausführung verschieden sein konnte. Der Hallenser Bus hat aufgelötete Gitterstäbe und man erkennt einen Luftfilter mit zwei kleinen Aufsätzen hinter der Heckscheibe, beim Dresdner sind sie eingeschraubt und es ist ein größerer Luftfilter vorhanden. Man achte auch auf die stark verlängerte Lufthutze auf dem Dach des Hallenser Busses. Beide Busse fahren nun mit glatten Seitenscheiben und ohne Sputniks. Die Aufnahmen entstanden 1977 in Berlin bzw. ein Jahr zuvor in Dresden.

Dieser Cottbuser Ikarus 55 behielt nach der GR seine Sputniks, fährt nun aber auch mit glatten Seitenscheiben und verfügt nur noch über eine einfache umlaufende untere Zierleiste. Hier wird er im Juni 1976 gerade beim Hauptbahnhof restauriert. Im Hintergrund ist ein Ikarus 66 und auf dem Bahndamm ein so genannter Modernisierungswagen zu sehen.

Bei der GR sind nicht selten auch vereinfachte Nachbauten des unteren Abschlusses des Hecks in der gebördelten Ausführung verwendet worden. Auch hier erkennt man einen Bus der Bauzeit vor 1963, bei dem natürlich auch die Rücklichter nachträglich in die Außenseiten der Motorklappen gesetzt worden sind. Das Fahrzeug aus Potsdam ist im Herbst 1977 in Berlin bildlich dokumentiert worden.

Hier nun ein Ikarus 55 aus Waldheim, welcher im Rahmen der 1967 in Dresden oder Waldheim durchgeführten GR ein aufgesetztes Grill erhielt. Die Rücklichter fanden ihren Platz in den Motorklappen und der untere Abschluss des Hecks ist ein vereinfachter Nachbau der gebördelten Ausführung, wie er bei Neufahrzeugen zu sehen ist.

Hier noch einmal das eben beschriebene Fahrzeug, aufgenommen im Juli 1968 in Waldheim; Rechts ist ein Ikarus 66 von 1965 vorgefahren.

So verbrachten viele Ikarus 55 ihre letzten aktiven Tage. Zu Beginn der 1980er Jahre verloren immer mehr von ihnen ihre Dienste an modernere Fahrzeuge. Das Fotodokument lässt einen Omnibus des VEB Kraftverkehr Halle/Saale als Jugendwagen in der Ernst-Kamieth-Straße beim Hauptbahnhof erkennen. Vom einstigen Glanz ist nichts zu spüren. Immerhin gibt es noch eine Gepäckbrücke, dafür nur noch zwei Nebelscheinwerfer.

Diesen Ikarus 55 aus Seddin hat es nicht so hart getroffen. Noch 1987 befand er sich in einem ansehnlichen Zustand, abgesehen von den nun glatten Seitenscheiben.

Zusätzliche Zierleisten auf dem gebördelten unteren Abschluss des Hecks sind meist von den Unternehmern selbst montiert worden. Dieser Bus aus der Bauzeit 1963/64 ist im Juli 1967 in Dresden aufgenommen worden.

Wohl nur zufällig haben beide abgebildete Ikarus 55 dasselbe Dekor in der Außengestaltung. Längst durch GR überformt stehen sie im Einsatz beim Omnibusunternehmen Thiele bzw. beim VEB Kraftverkehr Bautzen. Beim 1976 in Bautzen aufgenommenen Bus erkennt man noch Sputniks an den Dachrändern.

Die Ikarus 55 der letzten Fertigungsjahre (1966 bis 1972)

Mit dem Jahr 1966 hatte der Ikarus 55 seine endgültige Grundform gefunden und erfuhr bis zum Ende der Produktionszeit nur noch relativ wenige Änderungen. Die Sputniks und die in Metallfische eingesetzten vorderen Fahrtrichtungsanzeiger waren nun verschwunden, das Gesicht prägten runde Fahrtrichtungsanzeiger vorn und hinten, seltener auch kleine Positionslampen an den vorderen und hinteren Dachrändern. Die von nun an runden Rücklichter befanden sich paarweise untereinander angeordnet an den Außenrändern der Heckklappen. Die hintere Einstiegstür hatte nun ihren Platz vor dem hinteren Kotflügel, aber auch das Langstreckenprojekt der Ikarus 55 vorwiegend in Luxusversion mit nur einer – der vorderen – Einstiegstür wurde weiter berücksichtigt. Es gab Busse mit und ohne Dachrandverglasung, wobei Lieferungen in die DDR bis zum Sommer 1970 stets eine Dachrandverglasung und auch die hintere Einstiegstür hatten. Das Notausstiegsfenster auf der Straßenseite rückte nun um ein Fenster nach hinten, direkt vor das Dreieckfenster. Mit dem Facelifting 1968 verschwand das innere Nebelscheinwerferpaar, ab 1971 kamen die Busse auch in die DDR nur noch ohne Dachrandverglasung. Allein 4.724 der insgesamt 7.466 gefertigten Ikarus 55 stammten aus dieser Zeit. 2.472 von ihnen sind in die Sowjetunion geliefert worden, darunter 410 im Jahre 1971 und sagenhafte 1.001 im darauffolgenden Jahr. 1.633 Busse dieser Fertigungsperiode kamen in die DDR. In Ungarn verblieben 848 Wagen, in der CSSR fuhren 9, in Polen 2 und in Bulgarien ein Ikarus 55 aus dieser Zeit. Wie in den vorherigen Serien befand sich auch in dieser Zeitspanne ein nicht unerheblicher Anteil von Bussen mit Reisegestühl. Mehrheitlich dürfte es sich dabei aber um die oben bereits erwähnten eintürigen Wagen gehandelt haben, wobei diese Tür sich dann stets vor dem vorderen Kotflügel befand. Noch ein wichtiges Detail bedarf an dieser Stelle noch einmal der expliziten Erwähnung: alle Ikarus 55 dieser Zeit und auch bereits die 1965 gefertigten Busse – es ist bereits angesprochen worden – waren mit einer neuen stärkeren Vorderachse ausgerüstet, welche äußerlich an einer deutlich größere Spurbreite der Vorderräder recht gut erkennbar war. Im letzten Fertigungsjahr sind Ikarus 55 mit größer wirkenden Seitenfenstern und Schiebeoberlichtern zur Auslieferung gekommen. Im Zusammenhang mit dieser Modifikation kam es auch zu einer Änderung der an der Fensterunterkante verlaufenden Zierleiste. Hinter dem Fahrer- und Beifahrersitz rückte sie einige Zentimeter nach oben und schloss sich unten direkt an die Fenstergummis an. Die 348 in die DDR gelieferten Busse dieser Serie hatten keine Fahrertür und auch keine Dachgepäckbrücke. Insgesamt verließen 1972 noch einmal 1.433 Ikarus 55 die Produktionshallen. In der DDR konnten sich die zwischen 1966 und 1972 gefertigten Ikarus 55 bis zum Ende der 1980er Jahre im Einsatz behaupten und blieben im Besitz privater Busunternehmer noch mehrere Jahre danach aktiv. In dieser Zeit sind die meisten von ihnen wenigstens einmal durch eine Generalreparatur aufgefrischt worden und erlebten dabei eine mehr oder weniger starke Entfeinerung. Waren für die frühen Ikarus 55 in der DDR Langstreckeneinsätze aus dem Süden bis zu den Badeorten an der Ostsee keine Seltenheit, so fand man ungewöhnlich viele der späteren Busse dieses Typs in Einsätzen, die eigentlich vorzugsweise Stadt- und Regionalbussen vorbehalten waren. Mancherorts sind sie eigens für den innerbetrieblichen Linien- und Berufsverkehr beschafft worden. Hervorhebenswert ist an dieser Stelle exemplarisch der Einsatz mehrerer Ikarus 55 des VEB Kraftverkehr Bergen/Rügen (Einsatzstelle des VEB Kraftverkehr Stralsund) auf der mit über 50 km zeitweise längsten Buslinie der DDR Bergen - Lietzow - Sagard - Glowe - Juliusruh - Altenkirchen - Wiek - Kuhle - Dranske - Bug. Einer der dort zum Einsatz gebrachten Ikarus 55 war häufig an der Bushaltestelle in Dranske abgestellt. Schauen wir uns nun diese malerische nördlichste DDR-Buslinie A 404 kurz an. Für die gesamte Strecke von Bergen wurden eine Stunde und 15 Minuten benötigt. Zunächst verlief sie beinahe schnurgerade nordwestlich durch abwechslungsreiche Landschaften vorbei am Abzweig Ralswiek nach Lietzow am Großen Jasmunder Bodden. Von dort durchfährt der Bus die Ortschaft Sagard, um anschließend auf der Bundesstraße 96 südwärts bis zur Einmündung der Schaabe zurück zu fahren und dort westwärts abzubiegen. Hinter dem Schloss Spyker und der Ortschaft Bobbin erstreckt sich diese Nehrung von Glowe bis Juliusruh auf einer Länge von mehr als 8 km mit breitem Nordstrand und einzigartigem Blick über die Tromper Wiek hinweg zu den beiden Leuchttürmen von Kap Arkona. Nun schließen sich noch Durchfahrten durch die Orte Altenkirchen und Wiek an. Über Kuhle wird nach weiteren 5 km Dranske und 2 km dahinter der Bug ganz im Nordwesten der Insel Rügen erreicht.

Dieser Luxuswagen der ungarischen Busgesellschaft MAVAUT ist wahrscheinlich bereits 1965 gefertigt worden und verfügt nicht über eine Fahrertür. Hervorhebenswert ist die Position der nur zwei Nebelscheinwerfer.

Die MAVAUT erhielt 1966 eine größere Anzahl eintüriger Ikarus 55 mit Reisebestuhlung. Wir erleben hier einige von ihnen vor ihrer Abnahme.

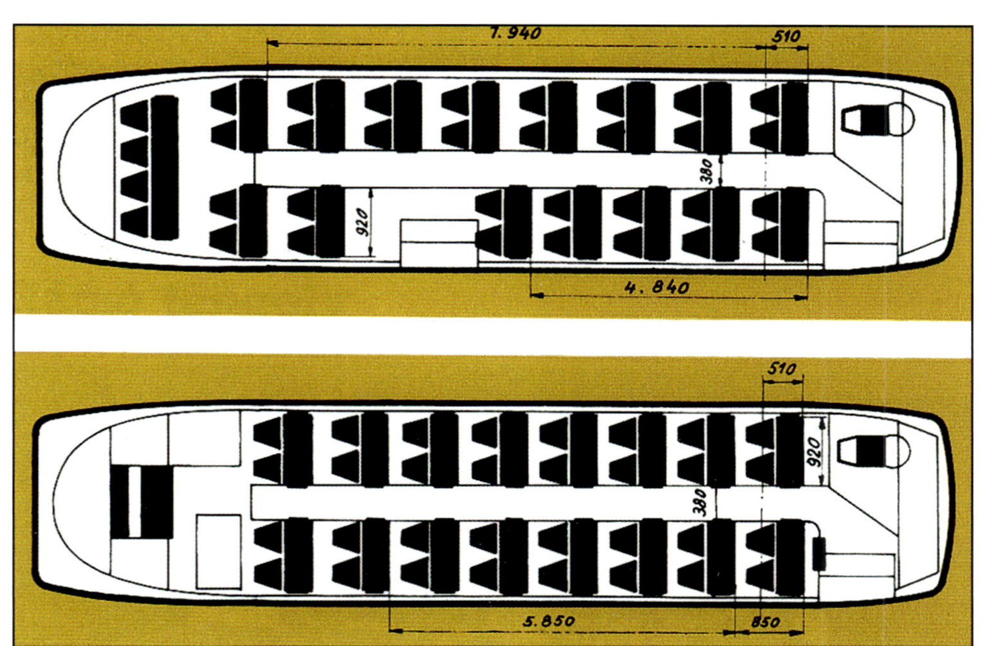

Verschiedene Versionen des Reisegestühls, wie es sich in ab 1966 gefertigten Ikarus 55 fand

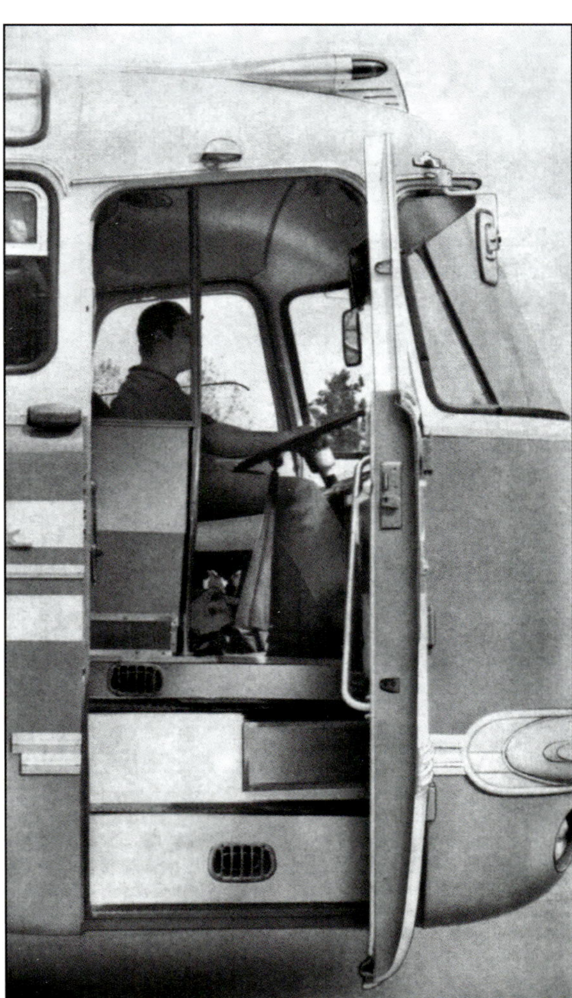

Blick durch den vorderen Einstieg zum Cockpit eines 1966 produzierten Ikarus 55 mit Dachrandverglasung. Einige Serien verfügten damals noch über Sputniks an den Dachrändern.

Hier schaut man durch die geöffnete Fahrertür zur Armaturentafel eines gleichermaßen 1966 gefertigten Ikarus 55.
Die Instrumente ruhten bis 1967 noch in rechteckigen Fenstern.
Bei diesem Bus fehlt die Dachrandverglasung und es sind wieder Sputniks vorhanden.

Vorder- und Heckansicht dieses Ikarus 55 von 1966; Am linken Rand der Heckansicht erkennt man mehrere Ikarus 620.

Noch schnell ein Blick in den Motorraum jenes Busses; Übrigens kamen ab 1966 keine Ikarus 55 mehr mit Sputniks an den Dachrändern in die DDR.

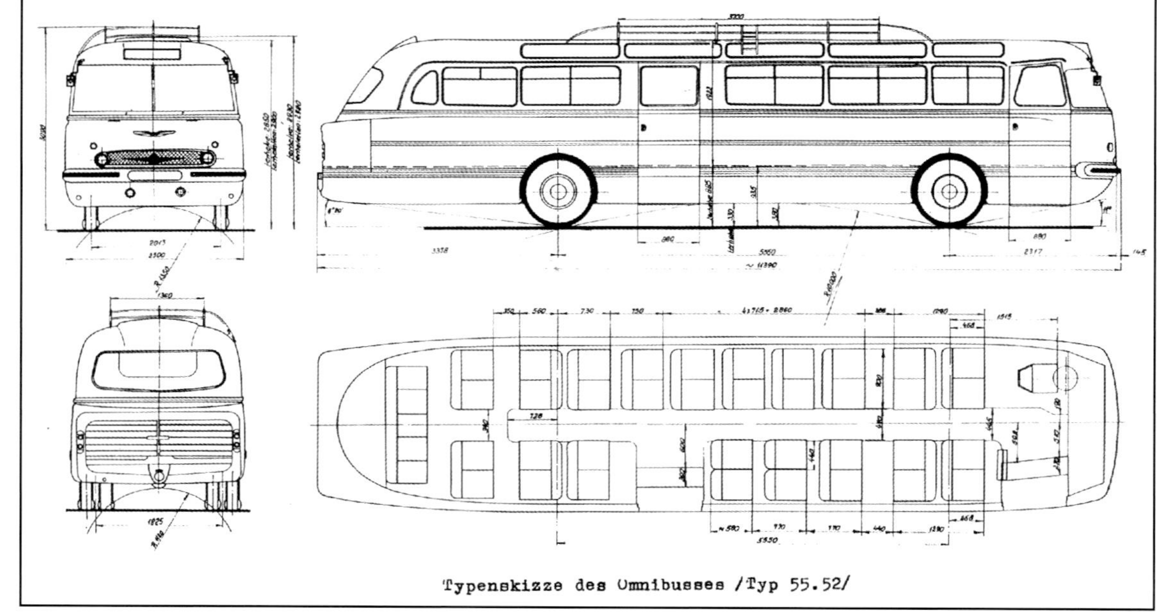

Skizze eines der ab 1966 gefertigten Ikarus 55 in Linienversion mit Dachrandverglasung und Gepäckbrücke

So kamen viele Ikarus 55 im Jahre 1966 in die DDR.

Blick in den Innenraum eines eintürigen Ikarus 55 in der Linienausführung ohne Dachrandverglasung, hergestellt 1966.

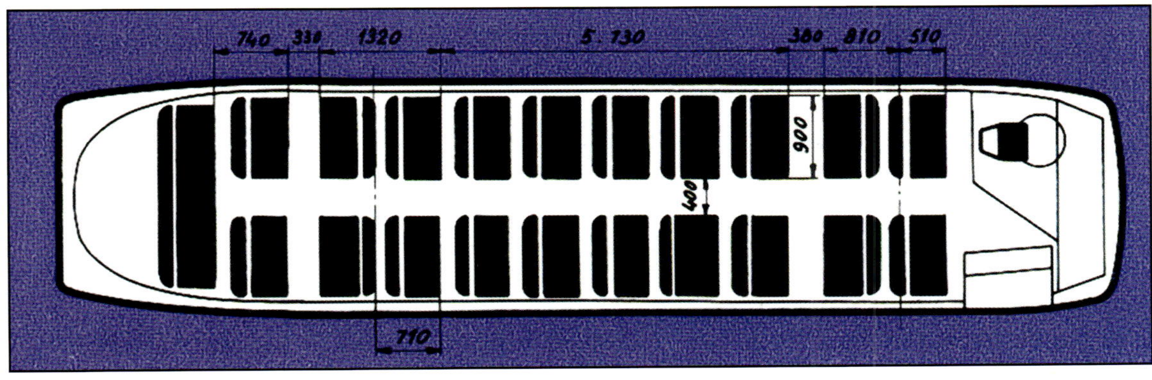

Hier eine Skizze der Sitzverteilung eines solchen Fahrzeuges. In die DDR sind solche Busse nicht geliefert worden.

Der Wagen 10-72 141 des VEB Kraftverkehrskombinates Dresden erblickte das Licht der Welt im Jahre 1966. Hier erleben wir ihn im November 1967 in Prag.

Auch dieser Cottbuser Wagen ist zweifelsfrei 1966 gefertigt worden, auch wenn er hier mit Sputniks zu sehen ist.

Probefahrt von 1967 hergestellten Ikarus 55. In diesem Dekor erreichten viele Busse dieses Typs die DDR, wobei der Außenanstrich meist elfenbein- oder beigefarben war, während die Streifen durchaus verschiedene Farbtöne aufweisen konnten.

Ein Ikarus 55 des VEB Kraftverkehr Zwickau, hergestellt 1966 oder 1967; im Heck sind die runden übereinander stehenden Rücklichter an den Außenseiten der Motorklappen deutlich zu erkennen.

Aus derselben Serie stammt dieser Ikarus 55, aufgenommen im Juli 1968 in Mittweida.

Für den Wintersport in den Skigebieten waren am Heck vor allem von Ikarus 55 im Thüringer Wald, Erzgebirge und Harz Skiträger montiert. Hier der Wagen Nr. 14-9036 des VEB Kraftverkehrskombinates Karl-Marx-Stadt, dem heutigen Chemnitz, aufgenommen 1970 in Spindlersmühle in der damaligen CSSR.

1980 zeigte sich dieser Cottbuser Ikarus 55 mit Reisegestühl noch in weitgehend unverändertem Zustand. Lediglich die Seitenfenster sind mehrheitlich mit glatten Scheiben versehen worden.

Zur selben Zeit konnte dieser ebenfalls Cottbuser Linienwagen die Spuren eines harten mehrjährigen Einsatzes aus Regionalbuslinien nicht verbergen. Außerdem ist eine nachträgliche Verlängerung der Lufthutze an ihrem oberen Ende unschwer zu erkennen. Übrigens hat man bei beiden Bussen aus dem Jahre 1967 bereits die Gepäckbrücke abgenommen.

Ab 1967 fanden sich wieder runde Instrumente in der Instrumententafel von Ikarus 55 und 66.

Werfen wir noch einen seltenen Blick in die Motorenhalle beim Hersteller.

Auch ab 1966 sind Luxusbusse gebaut worden. Hier ein Blick auf ein solches Fahrzeug von 1966, dahinter ein Ikarus 620 und ein Ikarus 180 mit vier Einstiegstüren.

Probefahrt eines 1966 gebauten Ikarus 55 in Luxusausführung; die meisten von ihnen sind in die Sowjetunion geliefert worden. Deutlich erkennbar ist der Schriftzug Lux.

Dieser Ikarus 55 in Luxusausführung – deutlich erkennt man den Lux-Schriftzug – ist 1967 gefertigt worden.

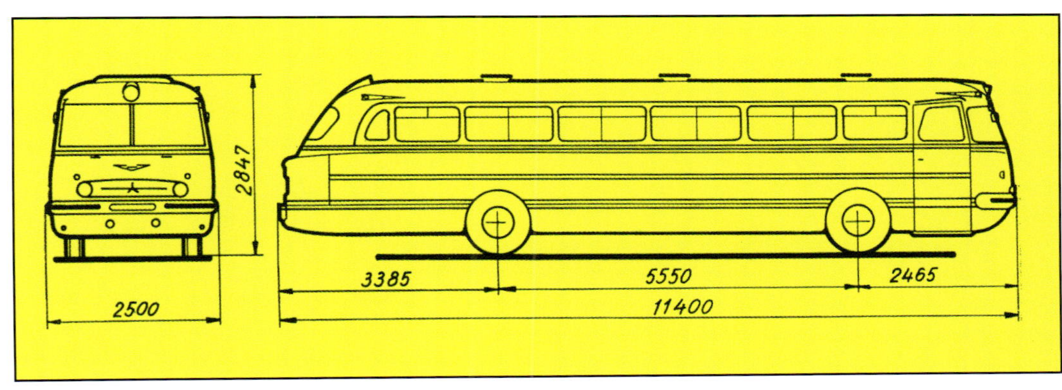

Skizze von Vorder- und Seitenansicht eines Ikarus 55 Lux

1968 erfuhren Ikarus 55 ein Facelifting, dessen deutlichstes äußeres Merkmal der Wegfall der inneren Nebelscheinwerfer gewesen ist. Wir beginnen mit einem Blick auf die Endmontage von Luxusbussen ohne Dachrandverglasung und mit einem dritten Scheinwerfer über der Windschutzscheibe.
Am rechten Bildrand ist ein Ikarus 66 zu erkennen.

Auch die MAVAUT bestellte wieder eintürige Ikarus 55 mit Luxusausstattung. Die Bilddokumente zeigen die Einstiegsseite sowie Vorder- und Heckansicht eines Vertreters aus dieser Serie. Auch hier hat man auf die Dachrandverglasung verzichtet.

Deutlich erkennt man die Rundinstrumente in der Armaturentafel dieses 1968 gebauten Ikarus 55 ohne Dachrandverglasung, dafür aber mit Sputniks an den Dachrändern.

Mondän zeigte sich der Bus auch im Innenraum, hier der hintere Bereich.

Beim Kraftverkehrskombinat Potsdam stand dieser Ikarus 55 mit Reisegestühl der Bauzeit 1968 bis 1970 im Einsatz.

Ein Teil der Klappoberlichter in den Seitenfenstern ist bei diesem Ikarus 55 aus Wittenberge bereits durch glatte Scheiben ersetzt worden. Auch dieses Fahrzeug verfügt nur noch über zwei Nebelscheinwerfer. Dahinter erkennt man am rechten Bildrand ein älteres Fahrzeug desselben Typs.

Armaturentafel eines 1969 für die Sowjetunion gefertigten Ikarus 55 Lux

Vorder- und geöffnete Heckansicht dieses Busses

Bis Mitte der 1980er Jahre waren Ikarus 55 der Bauzeit 1966 bis 1969 auf der Buslinie Bergen - Wiek - Dranske Bug im täglichen Linieneinsatz. Wir sehen die bereits mehrfach aufgearbeiteten Wagen 7620 650 und 7620 788 des VEB Kraftverkehr Bergen/Rügen. Beim letztgenannten Fahrzeug erkennt man das nachträglich seitlich durch eine blanke Manschette hindurch herausgeführte Auspuffendrohr und eine hier eher provisorisch ausgeführte Verlängerung der Lufthutze oberhalb der Heckscheibe an ihrem oberen Ende. Die Aufnahmen entstanden wenige Monate vor der Abstellung der Fahrzeuge.

Auch in Halle/Saale mussten sich Ikarus 55 ein schweres Gnadenbrot verdienen. Hier eines der schier unendlich vielen im Linien- und Berufsverkehr eingesetzten Fahrzeuge, aufgenommen um 1980 in der dortigen Ernst-Kamieth-Straße beim Hauptbahnhof.

Bei einem landwirtschaftlichen Unternehmen im damaligen Bezirk Magdeburg verbrachte dieser Ikarus 55 seinen Lebensabend. Die beiden Nebelscheinwerfer sind nach der letzten Aufarbeitung nur noch vor der Bugwanne montiert.

1988 gelang dieser Schnappschuss mit einem bei der Firma K. Keil in Theuma eingesetzten Ikarus 55 in Dresden.

Am 16.08.1984 durchfährt der hier längst generalreparierte Wagen 7620 827 des VEB Kraftverkehr Zittau das kleine zum Landkreis Görlitz gehörende Städtchen Bernstadt auf dem Eigen vom hiesigen Markt kommend mit Fahrziel Dittersbach auf dem Eigen. Am rechten Bildrand erkennt man einen Ikarus 255.

Heckansicht eines bei der LPG (P) Wulfen eingesetzten Ikarus 55; Die rechteckigen Rücklichter sind erst bei einer GR an den Außenrändern der Heckklappen montiert worden.

Ikarus 55 mit Reisegestühl bei einem landwirtschaftlichen Unternehmen im damaligen Bezirk Erfurt. Nach der letzten Aufarbeitung hat man auf zwei der vier Nebelscheinwerfer verzichtet. Sputniks an den Dachaußenrändern sind bei ab 1966 in die DDR gelieferten Ikarus 55 immer nachträglich zum Anbau gekommen.

Einen recht schlichten Eindruck macht dieser im Juni 1987 am Bahnhof Wittenberg-Elbtor aufgenommene Linienwagen der LPG (P) Pretzsch, nichtsdestotrotz ein recht gepflegtes Fahrzeug der Bauzeit 1968 bis 1970.

1967 ist der Dresdener Wagen 7620 722 in Dienst gestellt worden. Die Aufnahme zeigt den 1974 generalreparierten Bus am 23.04.1976 auf der Buslinie Dresden - Annaberg - Dresden.

Bei der Firma Beck in Bischofswerda verbrachte dieser sehr schön hergerichtete Linienwagen seinen Lebensabend. Auch hier kamen die Sputniks erst nachträglich an die Dachränder. Es waren ja genügend ältere und mittlerweile ausgesonderte Fahrzeuge als Spender vorhanden.

Bei einer LPG in Jena ist dieser Ikarus 55 der Bauzeit 1966 bis 1967 in seinen letzten Jahren eingesetzt gewesen.

Für die in die DDR gelieferten Busse begann 1971 das letzte Facelifting wirksam zu werden. Von nun an verfügten auch die hierher gelieferten Busse nicht mehr über eine Dachrandverglasung. 1971 waren noch Klappoberlichter in den Seitenfenstern, und Fahrertür sowie Gepäckbrücke gehörten ebenfalls noch zur Ausstattung. Ein Jahr später fehlte beides und in den Seitenfenstern waren nun Schiebeoberlichter zu finden. Auch hatte man die Zierleisten unterhalb der Seitenfenster nun etwas höher montiert. Immerhin noch einmal 199 Busse kamen 1971 und 348 1972 in die DDR. Auf ihre Dienste konnte man erst knapp 20 Jahre später restlos verzichten, auch wenn sie durch wiederholte Auffrischungen zuletzt kaum noch an den einstigen Werkszustand erinnerten.

Erste Gebrauchsspuren zeigen sich an diesem 1971 an den VEB Kraftverkehr Karl-Marx-Stadt gelieferten Linienwagen.

Auch die Dresdner Verkehrsbetriebe erhielten 1971 noch einmal fünf Ikarus 55 Linienwagen und reihte sie mit den Nummern 460 001 bis 460 005 in ihren Bestand ein. Am 07.06.1972 steht der Wagen Nr. 460 001 mit einem älteren einachsigen Gepäckanhänger beim Hauptbahnhof in weitgehendem Lieferzustand zur Abfahrt bereit. Vier Jahre später zeigte sich der inzwischen generalreparierte Wagen Nr. 460 003 mit nicht mehr originalen Gitterstäben und vereinfachter Beleistung beim Neumarkt.

Fertig gestellte Ikarus 55 warten in großer Zahl 1971 auf ihre Übergabe an die Auftraggeber. Auch in die DDR sind in dieser safrangelb-weißen Lackierung viele Ikarus 55 der Baujahre 1971 und 1972 geliefert worden.

Dieser recht individuell lackierte Ikarus 55 von 1971 des VEB Kraftverkehr Eisleben konnte im Juni 1976 zwischen Theaterplatz und Neumarkt bildlich dokumentiert werden.

Vier Jahre später begegnete dem Fotografen dieses Fahrzeug des VEB Kraftverkehr Schwarze Pumpe in Cottbus. 1971 gebaut, fuhr es hier bereits mit glatten Seitenscheiben und ohne Gepäckbrücke.

Ein später, 1971 gebauter eintüriger Luxuswagen; In diesen Fahrzeugen lebte die Idee des Langstreckenomnibusses der fünfziger Jahre bis zum Ende der Produktionszeit. Inzwischen sind kleinere Positionslampen anstelle der Sputniks vorn und hinten an den Dachrändern zu finden.

Der Karl-Marx-Städter Wagen Nr. 13-9055 gehörte zu den 1972 in die DDR gelieferten Ikarus 55. Hier befindet er sich in weitgehend originalem Zustand, als ihn der Fotograf 1974 in Plauen vor die Linse bekam.

Auch dieser Ikarus 55 des VEB Kraftverkehr Zerbst von 1972 konnte noch im Juni 1976 in äußerlich nahezu originalem Zustand in Dresden bildlich dokumentiert werden. Man erkennt die hinter dem Cockpit höher angeordnete Zierleiste unterhalb der Fensterkante und die fehlende Fahrertür.

Noch in den späten 1980er Jahren befanden sich diese beiden Ikarus 55 von 1972 in weitgehend originalem, wenngleich durch mehrjährigen Alltagsbetrieb recht abgenutztem Zustand. Die Bilder entstanden mit einem in Privatbesitz befindlichen Bus in Neustadt/Glewe und mit einem Wagen des VEB Kraftverkehr Köthen am Busbahnhof Ernst-Kamieth-Straße beim Hauptbahnhof in Halle/Saale.

Dieser Reisewagen von 1971 des VEB Kraftverkehr Magdeburg fuhr im Sommer 1976 mit glatten Seitenscheiben.

Auch hier sehen wir einen Reisewagen mit glatten Seitenscheiben. Der 1972 hergestellte Bus fuhr damals mit der Nummer 7665 545 des VEB Kraftverkehr Dresden und hatte zudem nachträglich Sputniks an den vorderen und hinteren Dachrändern erhalten und weilte zum Zeitpunkt der Aufnahme (1975) in Karl-Marx-Stadt, dem heutigen Chemnitz.

Im Mai 1989 ist dieser Reisewagen von 1972 in weitgehend originalem Zustand in Sanitz aufgenommen worden. Lediglich einige der unteren seitlichen Zierleisten sind nachträglich vereinfacht worden.

Seine letzten Einsätze fuhr dieser bereits generalreparierte Linienwagen von 1971 in einem landwirtschaftlichen Unternehmen im damaligen Bezirk Erfurt in Thüringen. Hier kam eine Bugwanne mit inneren anstelle der einst nur äußeren Nebelscheinwerfer nachträglich zum Einbau.

1976 gelang dieser Schnappschuss eines 1971 gebauten – inzwischen generalreparierten – Reisewagens des VEB Kraftverkehr Schwarze Pumpe in Dresden. Das Frontschild besagte, dass es sich um einen Kindertransport handelte.

Nur noch wenige seitliche Zierleisten, dafür aber noch die markanten Schiebeoberlichter zieren diesen 1972 gebauten Linienwagen des VEB Kraftverkehr Zwickau. Auch hier ist recht deutlich zu erkennen, dass die Zierleisten hinter der vorderen Einstiegstür etwas höher angebracht sind. Nebelscheinwerfer sucht man bei dem generalreparierten Fahrzeug vergeblich und die Stoßstange erhielt ein gewölbtes Mittelsegment.

Bei einer landwirtschaftlichen Produktionsgenossenschaft (LPG) im damaligen Bezirk Gera erlebte dieser Linienwagen von 1971 in generalrepariertem Zustand seine letzten aktiven Einsätze. Auch er verfügt nur noch über mittlere Nebelscheinwerfer. Hier ist außerdem das Grillsymbol kopfstehend montiert.

Mit rot-weißem Außenanstrich fuhr dieser Linienwagen von 1971 am 30.05.1988 beim Unternehmen Erich Schulze in Burg und wurde dort bildlich dokumentiert. Das bereits generalreparierte Fahrzeug verfügt nur noch über vorgesetzte Nebelscheinwerfer.

Beim Stahlbau Bautzen verdiente dich dieser Reisewagen 1987 sein Gnadenbrot. Die Dachrandverglasung weist auf eine Fertigung im Zeitraum 1966 bis 1970 hin. Wiederholte Auffrischungen ließen ihn sich sehr stark vom Lieferzustand entfernen.

Dieser Potsdamer Ikarus 55 von 1971 befindet sich im Juni 1976, dem Zeitpunkt der Aufnahme, in vielen Details noch im Werkszustand. Im Heck fehlt allerdings der Rückfahrscheinwerfer und die Klappoberlichter in den Seitenfenstern wichen glatten Scheiben.

Einige wenige Ikarus 55 verdienten sich noch Mitte der 1980er Jahre ihr Gnadenbrot beim VEB Kraftverkehr Halle/Saale wie dieser bereits mehrmals umgebaute Linienwagen von 1971, den die Aufnahme im Stadtteil Silberhöhe zeigt. Man achte besonders auf die Metallmanschetten bzw. -hülsen um das Auspuffendrohr und den Rückfahrscheinwerfer herum. Die Heckansicht zeigt zudem einen russischen PAZ im Hintergrund des Busses am rechten Bildrand.

Einen Ikarus 55 Lux von 1972, eingesetzt beim Unternehmen Volan, zeigt dieses Bilddokument. Lange schon nicht mehr original, inzwischen ausgerüstet mit einer Linienbestuhlung, krönt ihn aber der markante dritte Scheinwerfer und erinnert an die besten Zeiten dieser interessanten Reihe.

In Rehagen (seit 2002 Ortsteil der Gemeinde Am Mellensee in Brandenburg) gelang am 04.04.1988 dieses einzigartige Bilddokument mit einem einst bei der NVA eingesetzten Ikarus 55 der Bauzeit 1968 bis 1970 – hier bis auf das eine glatte Seitenfenster in weitestgehendem Originalzustand.

Ein kurzer Exkurs zum Fleischer des Typs S 5

Ab 1971 erfolgte bei der in Gera ansässigen Firma Fleischer der Aufbau großer Reisebusse des Typs S 5 mit Komponenten des Ikarus. Angetrieben wurden sie von Motoren des Typs 6VD aus Schönebeck, die eine Leistung von 190 PS erreichten. An dieser Stelle erwähnenswert sind diese 12 m langen Reisebusse insofern, als sie meistens die Fahrzeugbriefe ausgeschiedener Ikarus 55 erhielten. Der Aufbau durfte offiziell nicht als Neubau deklariert werden, obwohl er de facto einer war. In wieweit die Achsen ausgeschiedener Ikarus 55 zum Einbau kamen, lässt sich nicht mehr genau feststellen. Die Gesamtzahl der bis Ende der 1980er Jahre gefertigten Busse blieb überschaubar. Jährlich sind etwa 10 Wagen dieses Typs gefertigt worden, zuletzt teilweise direkt bei ihren späteren Eigentümern. Vom genauso langen Fleischer S 2RU unterschied sich der S 5 durch die deutlich höhere Kofferraumlinie, äußerlich erkennbar an über den Kotflügeln durchgehenden unteren seitlichen Zierleisten.
Die beiden Bilddokumente entstanden an einem Sommertag in den späten 1980er Jahren auf dem alten Markt der Hansestadt Stralsund.

4. Ikarus 66

Die Vorstufe A 58

Im Jahre 1952 erschien eine erste Vorstufe des später in fast 10.000 Exemplaren gefertigten Ikarus 66, welche werksintern als A 58 bezeichnet wurde, aber an der Front bereits den Schriftzug Ikarus 66 trug. Das reichlich 11 m lange Fahrzeug mit im Heck untergebrachtem Dieselmotor D 613 verfügte über eine dreigeteilte Falttür vor dem vorderen Radlauf und eine viergeteilte Falttür vor dem hinteren Radlauf. Die Dachrandverglasung reichte über fünf seitliche Fenster. Bis auf die markante Form der Frontscheibe mit dem Negativsturz des vorderen Dachrandes erinnerte äußerlich nichts an die später so markanten Serienfahrzeuge. Im Gegensatz zu vielen Serienfahrzeugen der Jahre 1958 bis 1961 waren beim A 58 und auch bei den Vorserienfahrzeugen der Jahre 1956 bis 1957 die Scheibenwischer generell unterhalb der Frontscheibe befestigt. Die breite umlaufende seitliche untere Zierleiste fand sich wenig später in ähnlicher Form beim Ikarus 55 wieder. Auch Stilelemente der vorderen Stoßstange ähnelten ein wenig jener Form, wie sie zumindest an einem der Vorserienfahrzeuge des Ikarus 55 ausgeführt worden ist. Der Vorstufe folgte bis 1956 kein weiteres Fahrzeug. Die weitere Entwicklung der später so erfolgreichen Fahrzeugreihe gestaltete sich bis 1957 in Annäherung an den Ikarus 55 und danach parallel mit diesem. Das machte insofern Sinn, als ein Teil der wesentlichen Baugruppen dadurch bei beiden Typen gleich war. Zusammenfassend handelt es sich um ein einzelnes Muster, welches sich erst durch die Entwicklung des Ikarus 55 zu dem Bus entwickelte, der mehrere Jahrzehnte im Stadtverkehr mehrerer Länder, allen voraus der DDR, der UdSSR und Ungarn, omnipräsent gewesen ist. Inwieweit Schwierigkeiten bei der Unterbringung der Türantriebe hier eine tragende Rolle gespielt haben, stellt sich aus heutiger Sicht spekulativ dar. Erwiesen hingegen ist, dass mit der Entwicklung des Paralleltyps Ikarus 55 zur Serienreife dem Projekt Ikarus 66 erst die erforderlichen Impulse vermittelt worden sind. Das bedeutet, dass spätestens ab 1956 sich die Entwicklung beider Typen in wesentlichen Merkmalen glich.

Einstiegseite des Musterfahrzeuges A 58 von 1952. Deutlich erkennt man die beiden Einstiegstüren mit drei bzw. vier Flügeln.

Straßenseite des Musterbusses. Noch deutlicher als bei der ersten Aufnahme ist hier die markante Form der Windschutzscheibe mit dem vorderen negativen Sturz des Daches zu sehen, welche bei den späteren Serienfahrzeugen eines der prägenden Merkmale werden sollte. Eine Fahrertür ist noch nicht vorhanden.

Im Heckbereich hatte der A 58 so gar nichts mit dem späteren Serienfahrzeug gemeinsam. Die Impulse vom erst 1953 ins Leben gerufenen Ikarus 55 haben noch gefehlt.

Die Vorserienmuster der Baujahre 1956/1957

Nach einer fast vierjährigen Pause ist im Jahre 1956 das Projekt des heckmotorigen Stadtbusses wieder aufgenommen worden. In der Tat glich bereits das erste Fahrzeug äußerlich in vielen Details den zeitgleich gefertigten Ikarus 55. Dieser erste Bus von 1956 – er blieb in diesem Jahr der einzige seiner Art – ist mit der Nr. 46 in der damals sowjetischen Stadt Tallinn getestet worden. Das einzige uns bekannte Foto zeigt ihn mit einer vorderen Schlagtür als Einstiegstür. Auch war auf dem Dach eine Gepäckbrücke montiert. Die vordere Stoßstange entsprach aber bereits der Serienausführung. Anstelle des Schilderkastens befand sich am vorderen Dachrand lediglich ein Liniennummernkasten. Sputniks zierten die Ecken des vorderen und hinteren Dachrandes. Wahrscheinlich ist das Fahrzeug nach den Tests zurückgegeben worden, denn ein Jahr später fuhr ein anderes Fahrzeug unter derselben Nummer in Tallinn. Dieses hatte nun drei Einstiegstüren, welche als Falttüren ausgeführt waren, vor dem vorderen und hinter dem hinteren Radlauf dreiteilig, in der Mitte vierteilig. Aus dieser Serie sind neben dem sowjetischen Einzelgänger 9 Busse nach China geliefert worden, ein elfter fuhr in Budapest mit der Nummer 100. Die Scheinwerfer befanden sich noch unter der Stoßstange, welche gestalterisch bereits jener der Serienausfertigung entsprach. Die Sputniks an den Dachrändern gehörten wieder zur Ausstattung wie auch die Dachrandverglasung über fünf Seitenfenstern auf beiden Seiten, hingegen nicht die Dachgalerie. Die Busse verfügten über zweigeteilte seitliche Schiebefenster wie sie in jener Zeit auch bei anderen Ikarus-Omnibussen zum Einsatz kamen. Auf einer erhalten gebliebenen Zeichnung erkennt man die vom Ikarus 55 bekannte vordere blanke und gewölbte Stoßstange mit integrierten Scheinwerfern und Dachrandverglasung über sechs Seitenfenstern. Ob je ein Ikarus 66 dieser Serie so gebaut worden ist, wissen wir nicht, da bislang keine Bilder der chinesischen Busse bekannt sind. Auch die 1957 hergestellten Ikarus 55 hatten noch den Nummernkasten im Negativsturz des vorderen Dachrandes. Als Antrieb diente wieder der Csepel-Dieselmotor D 613 mit 125 PS, mit dem das 11,37 m lange und 2,5 m breite Fahrzeug eine Höchstgeschwindigkeit von 77 km/h erreichen konnte. Im Innenraum waren 28 Sitzplätze auf Stahlrohrrahmen vorhanden. Diese blieben bis zur Einstellung der Produktion der dreitürigen Stadtwagen 1970 Standard. Auf den Rahmen waren jeweils ein Sitz- und ein Rückenpolster aus Kunstleder aufgeschraubt. Wie beim Ikarus 55 ist auch hier die Höhe der Heckklappen den breiten umlaufenden Zierleisten angepasst worden, so dass im Ziergitter nur fünf Gitterstäbe übereinander angeordnet waren. Das rückwärtige Nummernschild befand sich mittig oberhalb der beiden Klappen.

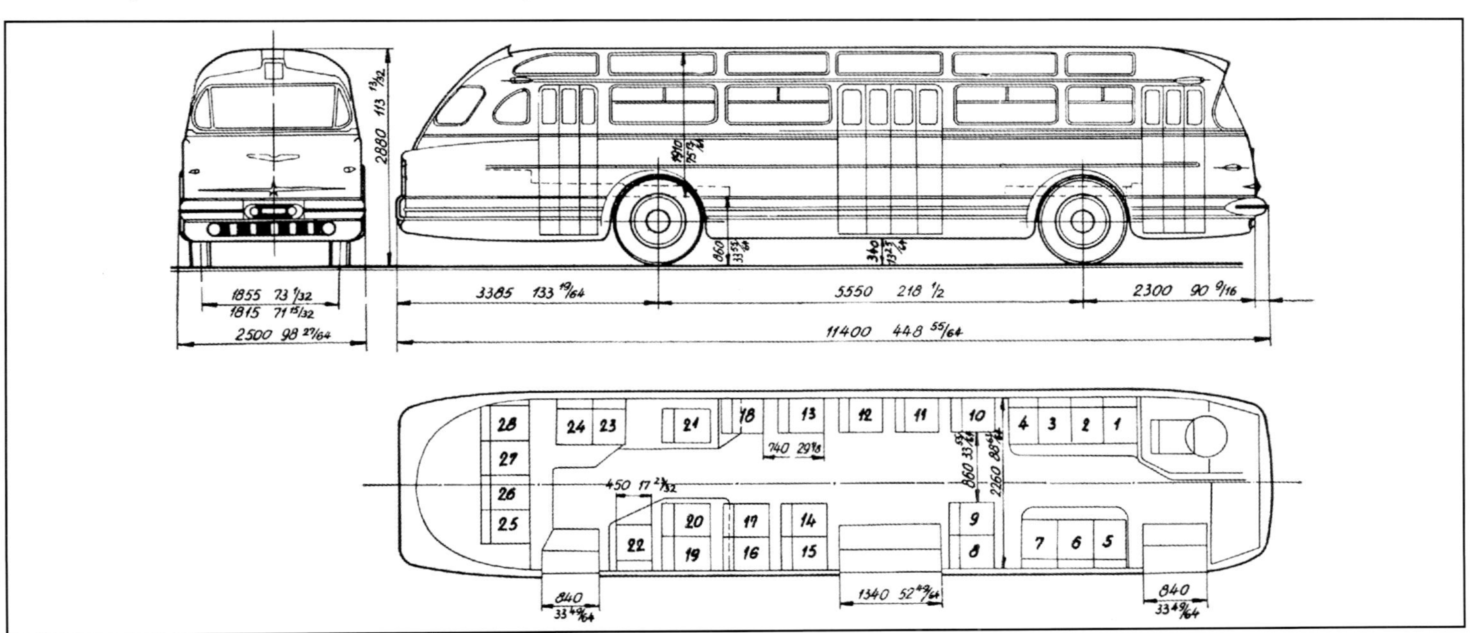

Die Zeichnungen von Front- und rechter Seitenansicht sowie dem Sitzspiegel im Innenraum zeigen ein Fahrzeug mit Dachrandverglasung über sechs Seitenfenstern und gewölbter vorderer Stoßstange. Wir wissen bis heute nicht, ob es je ein Fahrzeug in dieser konkreten Ausführung gegeben hat.

Nach heutigem Kenntnisstand handelt es sich bei diesem Bus um den 1956 gefertigten Vorläufer, hier als Wagen Nr. 46 von Tallinn beschriftet. Erwähnenswert sind die vordere Einstiegstür als Schlagtür und das Vorhandensein einer Gepäckbrücke. Unter der Stoßstange sind drei Scheinwerfer vorhanden. Wahrscheinlich ging das Fahrzeug nach den Tests wieder an den Hersteller zurück. Bislang kann man da nur spekulieren.

Mit der Nummer 100 ist 1957 auf Budapester Stadtbuslinien ein erster Vorserienwagen des Ikarus 66 ausgiebig getestet worden. Die Aufnahmen zeigen die Einstiegseite, Straßenseite und die Vorderansicht. Unter der Stoßstange erkennt man an den Außenrändern der Bugwanne die Scheinwerfer und dazwischen fünf Haifischzähne.

Heckansicht des Budapester Wagens Nr. 100 mit fünf übereinander angeordneten Zierleisten in den Heckklappen.

Fahrgastwechsel an einer Budapester Stadtbushaltestelle mit dem 1957 gefertigten Vorserienbus Nr. 100 des später so erfolgreichen Ikarus 66

Aufnahmen von 1957 in die damalige Sowjetunion gelieferten Ikarus 66-Vorserienfahrzeugen; Der Wagen Nr. 46 in Tallinn ist nun neu besetzt und verfügt nur über vier Haifischzähne unter der Stoßstange und in der Mitte eine rechteckige Öffnung.

Die Serienfahrzeuge der Jahre 1958 bis 1960

Kommen wir nun zu jenem Zeitraum, in dem sich die Ikarus 66 sukzessive äußerlich ihrer endgültigen Gestalt näherten und allmählich auch jene Praxistauglichkeit erreichten, die den gestellten Leistungserwartungen im Alltagsbetrieb entsprach. Insgesamt 393 Ikarus 66 verließen im genannten Zeitraum die Fertigungsbänder. Es gab Busse mit nur einer vorderen Einstiegstür, solche mit vorderer und hinterer Tür (jeweils drei geteilte Falttüren) und die in der DDR weit verbreiteten dreitürigen Stadtbusse mit zusätzlich einer viergeteilten Tür zwischen den Radläufen. Eingangs muss aber auf ein Detail hingewiesen werden. Die Änderungen im Rahmen der Modellpflege sind nach heutigem Kenntnisstand zum Teil bereits in der zweiten Jahreshälfte des letzten Baujahres der jeweiligen Vorgängerversion wirksam geworden. Dadurch verschieben sich die in der Statistik gelisteten Zahlen geringfügig. Ein Beispiel hierfür sind die 1958 gelieferten Ikarus 66 für den Städtischen Nahverkehr in Karl-Marx-Stadt, unter denen sich ältere Fahrzeuge und bereits auch ein solches in der ab 1959 wirksamen Modellpflegeausführung befanden. Die Vorstellung des ersten Fahrzeuges zeigte einen Stadtwagen mit drei Einstiegstüren und Dachrandverglasung beidseitig über jeweils sechs Seitenfenstern und einen schmalen Nummernkasten am vorderen Dachrand. Er verfügte noch über die breite umlaufende Zierleiste, so dass man mit Sicherheit davon ausgehen kann, dass auch im Heck noch fünf Zierleisten übereinander angeordnet waren. Die Scheinwerfer befanden sich nun über der Stoßstange. Beim Vorführfahrzeug zierten blanke Leisten die darunter befindliche Bugwanne. Die metallumrandeten Seitenfenster waren als zweigeteilte Schiebefenster mit Schiebeoberlichtern ausgeführt. Das zuletzt genannte Merkmal wurde prägend für die Fahrzeuge des Gesamtzeitraumes bis 1960 und zum Teil darüber hinaus. 1958 gehörten Sputniks an den vorderen und hinteren Dachrändern noch zum Standard. Die untere umlaufende Zierlinie bestand nun aber aus zwei breiten blanken Leisten und einer schmaleren zwischen ihnen. Im Heck waren von nun an sechs Gitterstäbe in deutlich höheren Heckklappen übereinander angeordnet. Bis 1959 verfügten die Ikarus 66 mehrheitlich noch über eine Dachrandverglasung, allerdings nun sowohl über jeweils sechs, als auch nur über fünf Seitenfenster. Eine genaue Abgrenzung bzw. Zuordnung zu Lieferserien ist hier bisher nicht möglich. Vom Baujahr 1959 an ist bisher ausschließlich die Version mit nur fünf Dachrandfenstern auf Bilddokumenten zu sehen. 1958 gab es nachweislich beide Versionen. In Budapest kamen aber auch dreitürige Ikarus 66 dieser Bauzeit ohne Dachrandverglasung, aber mit Sputniks an den Dachrändern zum Einsatz. Sie gehörten zu jenen 31 Wagen, die 1959 in Ungarn verblieben sind. Diese verfügten bereits auch über ein verkürztes Grill zwischen den Scheinwerfern mit dem Schriftzug „Ikarus 66“. Mit der Modellpflege 1959, welche bereits bei den letzten Fahrzeugen des Baujahres 1958 wirksam geworden ist, verschwanden bei Fahrzeugen für die DDR die Sputniks an den Dachrändern. Noch aber waren die Scheinwerfer an der Vorderfront herausgezogen (der Volksmund nannte sie Stielaugen). Zwei mittig angeordnete in einer blanken Metallhülse eingefasste Nebelscheinwerfer prägten die Bugwanne unterhalb der Stoßstange. Fünf waagerechte blanke Zierlinien verbanden beide miteinander. Links und rechts neben dem Schilderkasten befanden sich bei allen Serienfahrzeugen bis 1960 mit Ausnahme des Vorführwagens von 1958 langgezogene ovale Luftschlitze am vorderen Dachrand. Diese sind nicht selten später verschlossen worden. 1958 verließen 63, im Folgejahr 158 Ikarus 66 die Fertigungsbänder. In die DDR kamen in zwei Lieferungen 126 Busse, 77 erhielt die Sowjetunion und ein Wagen verirrte sich nach China. Die in der DDR eingesetzten Ikarus 66 der Baujahre 1958/59 verfügten mehrheitlich über drei Einstiegstüren. Es sind aber auch zweitürige Busse aus diesen beiden Serien bildlich belegt. Mit dem Baujahr 1960 hatte der Ikarus 66 weitgehend seine endgültige Gestalt erreicht. Die nun eingelassenen vorderen Scheinwerfer verband man mit einem ebenfalls eingelassenen Grill. Auf die Dachrandverglasung wurde durchgängig verzichtet. Noch verwendete man die dreiteilige breite untere umlaufende Zierleiste. Auch technisch gab es mit dem Jahr 1960 einige Neuerungen. Um das Drehmoment besser zu verteilen und die Hinterachse zu entlasten, erhielten die Serien ab 1960 serienmäßig ein von der Firma Raba entwickeltes Außenplanetengetriebe in den hinteren Radnaben. Bei Generalreparaturen ist dieses vereinzelt auch in älteren Fahrzeugen zum Einbau gekommen. Wichtigster Anlass dürfte die Verwendung eines neuen Antriebsaggregates, dem Motor Csepel D 614 mit 145 PS gewesen sein, der durch Aufbohrung aus seinem Vorgänger entstand und mit der Verwendung eines größeren und vor allem leistungsfähigeren Luftfilters Ende 1962 seine endgültige Gestalt erhielt. Mit 120 Bussen kamen die meisten der 158 gebauten Ikarus 66 des Baujahres 1960 in die DDR. Es waren dies etwa zu gleichen Teilen Zwei- und Dreitürer. Unter dem Dreiecksfenster der linken Fahrzeugseite befand sich ab 1960 bis zum Baujahr 1961 ein längliches rechteckiges Feld mit senkrechten Luftschlitzen. Lufthutzen oder anderweitige Luftabzugsöffnungen in den Heckklappen sind nach heutigem Kenntnisstand meist nachträglich zum Einbau gekommen. Die Scheibenwischer hingegen waren nicht durchgängig hängend angeordnet. Viele Busse fuhren mit am unteren Rand der vorderen Stirnfenster stehend angeordneten Wischern. Alle bis 1961 gefertigten Ikarus 66 verfügten über relativ schmale, rechteckige und verhältnismäßig hohe Dachluken, deren Zahl je nach Ausführung variieren konnte. Bei in die DDR gelieferten Bussen waren es deren stets zwei. Kommen wir nun zunächst aber zu den 1958 bis Mitte 1959 gelieferten Serienfahrzeugen.

Hier sehen wir den Vorführwagen dieser Serie. Er verfügte über einen Nummernkasten am vorderen Dachrand, während die stilprägenden ovalen Luftschlitze an dieser Stelle noch fehlen. Die umlaufende Zierleiste entspricht noch jenen der noch geringen Lieferungen davor.

Ein Serienfahrzeug von 1958 im Budapester Stadtlinieneinsatz mit dem Kennzeichen GA 19-05

Heckansicht eines dreitürigen Ikarus 66 von 1958 im Budapester Stadtverkehr

Der Budapester Wagen mit dem Kennzeichen GA 19-04 wartet auf seinen nächsten Einsatz.

Hier zeigt sich ein zweitüriger Ikarus 66 von 1958 wie er in überschaubarer Zahl in die DDR geliefert worden ist, von seiner Einstiegseite.

Innenraum eines solchen Fahrzeuges mit recht sparsamer Bestuhlung; Im Alltagsbetrieb sah man meist eine Bestuhlung mit deutlich mehr Sitzplätzen in der Anordnung 2+2.

Fahrerplatz der 1958 in die DDR gelieferten Ikarus 66; Bis zum Baujahr 1960 und ab 1967 befanden sich die Instrumente in runden Fenstern.

Bis Mitte 1959 arbeitete im Heck des Ikarus 66 der Csepel-Motor vom Typ D 613 mit 125 PS maximaler Leistung. Etwas früher hatte man bereits das Lüfterrad – bis dahin vor dem Kühler und hinter einer Blechabdeckung faktisch nicht zu sehen und relativ wenig zu hören – hinter dem Kühler angeordnet. Beim abgebildeten Fahrzeug wird es über Zwischenrollen und ein Vorgelege vom Motor angetrieben.

Seitenansicht eines zweifarbigen Ikarus 66 von 1958 mit drei Einstiegstüren, wie er recht häufig in die DDR geliefert worden ist

Im Dresdner Stadtverkehr kamen Ikarus 66 von 1958 ab 1959 mit den Nummern 100 bis 102 erstmals in den Linieneinsatz. Die graue Werkslackierung wich nach wenigen Jahren dem Stadtanstrich. Bei der Ansicht des Wagens Nr. 102 in der Endschleife Bühlau erkennt man am rechten Bildrand einen LOWA-O-Buszug.

Mit den Nummern 240 und 241 kamen zwei fabrikneue Ikarus 66 des Baujahres 1958 auf Rostocker Stadtbuslinien zum Einsatz. Ein Jahr später folgten noch vier gebrauchte Busse dieses Baujahres mit den Nummern 244 bis 247 im Tausch gegen H6B/L desselben Baujahres. Der Wagen Nr. 245 ging 1961 gegen einen Doppelstockbus Do 56 nach Zwickau und erhielt dort die Nummer 5^{III}. Hinter Wagen Nr. 240 erkennt man den H6B/S Nr. 210.

Auch auf Zwickauer Stadtlinien sind Ikarus 66 von 1958 im Stadtverkehr zum Einsatz gebracht worden. 1961 ergänzte der Wagen 5^{III} als gebrauchtes Fahrzeug aus Rostock den Bestand. An der Haltestelle Poetenweg ist der noch fast fabrikneue Wagen Nr. 6 wenige Monate nach seiner Indienststellung 1959 bildlich dokumentiert worden. Man achte auf den Ikarus-Schriftzug an der Vorderseite des Busses.

Die Ikarus 66 Nr. 9 und 10 der Zwickauer Verkehrsbetriebe sind 1959 gebaut worden und zeigen sich auf den Bildern am Poetenweg im Sommer 1960.

Der Zwickauer Wagen Nr. 11 von 1959 hat kurz vor dieser äußerst interessanten Bildsequenz mit einem weiteren Heck am rechten Bildrand – aufgenommen 1960 am Poetenweg – einen Unfallschaden erlitten.

Auch auf Regionalbuslinien Westsachsens kamen die anfangs oft zweifarbig lackierten Ikarus 66 in überwiegend dreitüriger Ausführung von Beginn an zum Einsatz. Hier ist ein Wagen von 1958 oder 1959 auf dem Weg nach Neukirchen südlich von Karl-Marx-Stadt bildlich dokumentiert.

Der Rostocker Ikarus 66 Nr. 242 war einer von zwei fabrikneu im Jahre 1959 in Dienst gestellten Bussen dieses Typs.

Der Wagen Nr. 245 gehört zu jenen vier Bussen seines Typs, die 1959 im Tausch gegen H6B/L nach Rostock kamen. Er ist erst nach dem Facelifting im letzten Quartal 1958 in die DDR geliefert worden, äußerlich erkennbar an den fehlenden Sputniks an den vorderen und hinteren Dachrändern.

Familientreffen der ersten vier fabrikneu in Dienst gestellten Ikarus 66 der Rostocker Straßenbahn. Die zweifarbigen Busse 240 und 241 sind 1958, die einfarbigen Nr. 242 und 243 ein Jahr später gebaut worden und stehen hier noch ohne Kennzeichen.

Wie in einer Manufaktur erlebt man den Bau von Ikarus 66 im Jahre 1958. Verschiedene weitere Typen befinden sich in der Montage und rechts neben dem dreitürigen Ikarus 66, sogar ein Ikarus 305/306, von dem nur eine ganz kleine Zahl gefertigt worden ist.

Der Ikarus 66 Nr. 52-9108 des VEB Kraftverkehr Lauchhammer gehört zu den 1958 gefertigten Bussen seines Typs. Im Juni 1967 hatte er bereits eine GR hinter sich, bei der unter anderem die umlaufende Zierleiste durch eine schmalere Doppelleiste ersetzt worden ist.

Auch bei den Bussen 40-9121 und 40-9120 von 1958 des VEB Kraftverkehr Hoyerswerda ist bei der GR die eben beschriebene Doppelleiste zum Einbau gekommen. Zusätzlich erhielten beide Busse eine neue Hinterachse mit Außenplanetengetriebe in den Radnaben. Die Positionslampen an der Vorderseite des Daches beim Wagen 40-9121 auf dem linken Bild (nun ohne Dachfenster) lassen als Ausführungsort das RfG Dresden vermuten. Deren Einbau war bis Anfang 1968 charakteristisch in diesem Unternehmen. Die Bilddokumente entstanden 1967 in Hoyerswerda bzw. im September 1968 in Dresden.

Die Dresdner Verkehrsbetriebe frischten bereits nach wenigen Einsatzjahren die ersten Ikarus 66 selbst auf, wobei anfangs die Dachrandverglasung bestehen blieb. Die Aufnahme entstand 1964 am damaligen Fucikplatz.

Dieser dreitürige Ikarus 66 von 1958 oder 1959 war im Stadtverkehr von Meißen eingesetzt. Nach einer GR fehlte die charakteristische Dachrandverglasung und die Nebelscheinwerfer hat man unter der Stoßstange vor die Bugwanne montiert.

Der Wagen Nr. 102 der Dresdner Verkehrsbetriebe fuhr nach einer Auffrischung ohne Dachrandverglasung. Hier ein Bild vom September 1965. Kurze Zeit später fuhr er mit der Nr. 585 als Fahrschulwagen. Links ein Ikarus 30 als Streckendienstfahrzeug.

Ein ganz seltener Schnappschuss gelang in den 1980er Jahren auf dem Betriebshof von Günter Pietsch in Klettwitz. Der bereits abgestellte Ikarus 66 mit zwei Türen und Dachrandverglasung, und durch eine GR nur wenig verändert, stammt aus der nicht so großen Zahl solcher Busse, welche 1958 in die DDR rollten.

Diese Sequenz in Tallinn fühlt sich an wie ein Paukenschlag. Neben dem Wagen Nr. 71, 1958 oder 1959 ohne Dachrandverglasung gebaut, erkennt man einen ganz frühen Ikarus 55 mit der Nummer 17, 1956 oder 1957 geliefert und mit einem dritten Scheinwerfer vor den drei Sputniks oberhalb der Windschutzscheibe versehen.

Tief verschneit ist hier der Tallinner Ikarus 66 Nr. 28 von 1958 oder 1959. Wie fast alle in die Sowjetunion gelieferten Ikarus 66 verfügt er nicht über eine Dachrandverglasung, dafür aber Sputniks an den vorderen und hinteren Dachrändern.

Die meisten der in die damalige Sowjetunion gelieferten frühen Ikarus 66 kamen in der estnischen Hauptstadt Tallinn zum Einsatz.

Alltagsszenen auf bisweilen recht abenteuerlich anmutenden Tallinner Straßen.

Einzigartige Begegnung auf einer Brücke in Tallinn: Ein Ikarus 66 von 1958/59 fährt hinter einem LOWA-Straßenbahnzug aus der DDR her. Ihm entgegen kommt ein Gotha-Zweirichtungszug, der auch in der DDR das Licht der Welt erblickte, paradoxerweise ebenfalls mit einem hinterher fahrenden Ikarus 66 (rechts neben dem Anhänger der Bahn)

Der Wagen Nr. 121 wartet auf seinen nächsten Einsatz. Auch er gehört zu den 1958/59 gefertigten Ikarus 66.

Recht klein ist die Anzahl von 1958 und 1959 in die DDR gelieferten Ikarus 66 mit zwei Einstiegstüren und Dachrandverglasung. Deshalb möchten wir einige von ihnen bildlich vorstellen.

Der Wagen Nr. 2721 des VEB Kraftverkehr Bautzen war bis zum Beginn der 1960er Jahre in der damaligen Außenstelle Görlitz stationiert und man sah ihn häufig auf der Linie R47 Görlitz - Friedersdorf. Diese entstand 1961 durch die Vereinigung zweier ehemaliger Postbuslinien – den Linien 141 und 65, die ab 1953 zeitweilig mit den Nummern F und J bzw. ab 1956 12 und 13 der Görlitzer Verkehrsbetriebe gefahren wurden.

Die einzigartigen Aufnahmen entstanden in Görlitz und vor der malerischen Kulisse der Landeskrone. Die Lufthutzen sind ohne Zweifel nachträglich in die Heckklappen getrieben worden. Auch die Rücklichter an den seitlichen Rändern sind nicht original.

Hier nun sehen wir die Einstiegseite dieses Ikarus 66.
Im Hintergrund sind die Kühltürme und Schornsteine der heute nicht mehr existierenden Kraftwerke in Hagenwerder recht deutlich zu erkennen.

Blick in den Innenraum des Ikarus 66 Nr. 2721; Deutlich erkennbar ist die verwendete Bestuhlung mit der Sitzanordnung 2+2.

Nach dem Intermezzo in Görlitz war der Bus einige Jahre in Königswartha stationiert. Er hatte inzwischen eine GR im RfG Dresden erhalten. Seine neue Nummer lautete 72560. Wir sehen die Vorderansicht, aufgenommen im Juni 1967.

Wenige Monate später war der Wagen aus dem aktiven Dienst ausgeschieden und sieht einer ungewissen Zukunft entgegen. Insbesondere die Positionslampen am vorderen Dachrand und die Form sowie Beleistung des unteren Abschlusses des Hecks deuten ohne jeden Zweifel auf das Unternehmen RfG Dresden als ausführende Werkstatt der GR hin. Auch ist hier die Lufthutze oberhalb der Heckscheibe an ihrem oberen Ende verlängert worden, um den Lufteinströmkanal zu vergrößern.

Seine letzten aktiven Einsätze erlebte der inzwischen recht betagte Ikarus 66 im Dresdner GR-Look nach Mitte der 1960er Jahre – wir berichteten es bereits an mehreren Stellen – im Linienverkehr der Einsatzstelle im sächsischen Dorf Königswartha nördlich von Bautzen an der Bundesstraße 96 gelegen.

Bordsteinseite des inzwischen abgestellten Wagens, aufgenommen von vorn.

Schauen wir uns nun noch einmal die linke Fahrzeugseite an. Erst ab der Modellpflege von 1960 befand sich unter der Fahrertür eine zusätzliche Klappe. Hier fehlt sie folglich noch.

Bei ganz frühen Aufarbeitungen im RfG Dresden hat man das Endrohr des Auspuffes noch nicht in die charakteristische Heckpartie integriert, sondern beließ es freistehend unterhalb dieser wie die Rückansicht hier recht gut erkennen lässt. Der Schlitz am Außenrand der linken Motorklappe hingegen gehörte schon zum Standard. Sein Licht sollte nachfolgende Verkehrsteilnehmer bei geöffneter Klappe warnen.

Noch zeigen wir noch einmal zum Vergleich einen weiteren Ikarus 66 der frühen Fertigungszeit, welcher ganz sicher ebenfalls im RfG Dresden aufgefrischt worden ist. Ihn zieren Positionslampen am vorderen Dachrand und im hinteren Bereich eine quadratische Luftschlitzplatte. Die seitlichen Zierleisten entsprechen noch dem Lieferzustand. Es handelt sich um den – allerdings dreitürigen – Wagen Nr. 10 der Städtischen Straßenbahn in Frankfurt/Oder, aufgenommen im September 1967.

Man will es nicht glauben, hier ist tatsächlich der Schwesterwagen des Bautzener Ikarus 66 Nr. 2721 zu sehen, Wagen Nr. 2720 des VEB Kraftverkehr Meißen, weitgehend original erhalten. Lediglich bei einer Neulackierung sind die Luftschlitze oberhalb der Frontscheibe verschlossen worden. Das Erinnerungsbild entstand in Siebenlehn.

Noch ein früher Zweitürer: Wagen Nr. 40-9101 des VEB Kraftverkehr Mittweida, aufgenommen im Juli 1968 auf dem Markt in Mittweida. Hier sind wahrscheinlich in Eigenregie die Dachrandverglasungen über den hinteren seitlichen Fenstern verschlossen worden. Auch die kleinen Lufthutzen in den Heckklappen kamen erst nachträglich zum Einbau. Natürlich ist auch der aufgesetzte Rückfahrscheinwerfer am unteren Abschluss des Hecks kein Originalteil. Ansonsten wirkt der Bus in wesentlichen Merkmalen original. Die Szene wird vor allem geprägt von H6B und W701-Anhängern.

1967 befand sich beim VEB Kraftverkehr im ostsächsischen Zittau dieser Zweitürer von 1958 oder 1959 noch im Einsatz. Nach der GR fuhr auch er ohne Dachrandverglasung und die unteren umlaufenden Zierleisten entsprachen jenen der Baujahre ab 1961. Im Hintergrund sind ein H6B/L und ein W 701 mit Altenburger Aufbau zu erkennen.

Ikarus 66 – Die Serienfahrzeuge der Jahre 1958 bis 1960

Nur wenige DDR-Städte haben so viele frühe Ikarus 66 zum Einsatz gebracht wie Chemnitz, damals Karl-Marx-Stadt. Elf Ikarus 66 sind hier mit den Nummern 45 bis 55 bereits 1958 an den Start gegangen. Unter ihnen befand sich ein einzelner Wagen, der wahrscheinlich als Nachzügler kam und bereits dem für 1959 geltenden Facelifting entsprach. Werfen wir einige Blicke auf acht dieser Busse.

Den Anfang soll eine Aufnahme vom Februar 1960 machen. Der Wagen Nr. 55 ist als Schienenersatzverkehr für die im Umbau befindliche Straßenbahnlinie 5 eingesetzt. Der Ende 1958 gelieferte Bus entspricht bereits der Modellpflegeausführung für das Jahr 1959, äußerlich erkennbar an den fehlenden Sputniks. Die Betriebsnummer ist hier recht klein angeschrieben.

Wagen Nr. 54 im Jahre 1963 an der Poststraße; hier sind nur die vorderen Sputniks vorhanden. Der Bus hat eine zweifarbige Lackierung.

Mit Wagen Nr. 45 begann die Serie. Dieser Ikarus 66 zeigt sich 1963 in einfarbiger grauer Außenlackierung mit farbigen Dekoren.

Heckansicht des Wagens Nr. 47. Recht deutlich erkennt man am Zustand der hinteren senkrechten Deckleisten, dass das Heck beginnt, sich abzusenken. Auch dieses Bild ist 1963 entstanden.

Beim zweifarbigen Wagen Nr. 49 hatte man 1963 bereits nachträglich – ganz sicher im Rahmen einer Unfallinstandsetzung – die vorderen Fahrtrichtungsanzeiger gegen kleine runde ersetzt. Im Hintergrund sind zwei Ikarus 66 der Lieferung von 1960 mit ins Bild gekommen.

Noch einmal der Wagen Nr. 55, diesmal mit großen angeschriebenen Nummern, aufgenommen im April 1964.

Wagen Nr. 53 hatte 1963 bereits einen neuen Außenanstrich erhalten. Nun zeigt er sich einfarbig beige.

Auch der Wagen Nr. 47 kam mit einem dunkleren Werksanstrich, dem kurz vor der Aufnahme vom September 1963 ein neuer – ebenfalls dunklerer – Außenanstrich folgte.

Der Wagen Nr. 52 hatte vor 1963 auch bereits einen einfarbigen Zweitanstrich erhalten. Unverkennbar hat sich auch bei diesem Bus hinter dem Notausstiegsfenster das Heck leicht abgesenkt.

Wagen Nr. 54, aufgenommen nach der GR im Juni 1966; Die vorderen Sputniks sind am Fahrzeug verblieben, die breite umlaufende Zierleiste wich einer Doppelleiste. Die Ausführung erfolgte im RfG Dresden.

Auch die Wagen Nr. 46 und 47 erhielten ihre GR in Dresden. Die seltenen Schnappschüsse entstanden im Mai 1969. Links vom Wagen Nr. 46 erkennt man den Ikarus 31 Nr. 80.

Noch einmal zurück zum Juni 1966 und zum Wagen Nr. 55: Er zeigt sich dem Fotografen kurz nach der GR im RfG Dresden. Auch hier hat man die vorderen Sputniks am Fahrzeug belassen.

Vor dem Übergang zum Baujahr 1960 möchten wir einige wesentliche technische Details, welche bei der Modellpflege immer wieder Gegenstand von Änderungen geworden sind, zusammenfassend nennen, beschränken uns aber auf eine Auswahl, um den Rahmen des Buches nicht zu sprengen. Diese Entwicklung betraf analog natürlich auch die bereits beschriebenen Ikarus 55. Die Ingenieure hatten sich immer wieder der immensen Wärmeentwicklung im Motorraum, der mangelhaften Luftzufuhr und Kühlung sowie der mitunter durch Änderungen verursachten Außen- und Innengeräusche am bzw. im Fahrzeug zu stellen. Nicht zuletzt bewährten sich einige der technischen Spitzfindigkeiten im Alltag nicht. Zu diesen gehörte letztendlich die Fernschaltung der Gänge in den frühen Fahrzeugen. Der stehend angeordnete Getriebeblock war ab 1957 synchronisiert. Ende 1959 hat man das Getriebe liegend angeordnet. Die Bereifung – anfangs 12.00-20 Zoll – änderte sich mit dem Modellwechsel von Mitte 1959 auf 11.00-20 Zoll. Gleichzeitig kam es bei laufender Serienproduktion zum Tausch der 8 Tonnen-Hinterachse mit Innenvorgelege durch eine mit 10 Tonnen Traglast deutlich stärkere mit Außenplanetengetriebe in den Felgen. Dies wurde mit der Verwendung von leistungsgesteigerten Antriebsaggregaten auch erforderlich und ist fast zeitgleich bei den großen Rahmenfrontlenkern erfolgt. Inwieweit bei der GR einzelner Fahrzeuge die Umrüstung auf Außenplanetengetriebe auch mit der Verwendung der kleineren Reifen einherging, ist nicht ausdrücklich belegt, aber vorstellbar. Der Lüfter am Kühler war spätestens ab Anfang 1959 oder zum Teil auch schon ein Jahr früher hinter diesem angeordnet und erfuhr danach in seiner Ansteuerung durch den Motor und der Konstruktion des Lüfterrades selbst mehrere Änderungen. Vor 1959 verbarg er sich beim Öffnen der Heckklappen unter einer Blechabdeckung. Nun befand er sich rechts vom Antriebsaggregat. Zusammen mit dem Abrollgeräusch der Hinterachse mit Außenplanetengetriebe entstand so das besonders für die Baujahre bis 1964 charakteristische laut heulende Außengeräusch der Busse. Auf weitere später wirksame Änderungen werden wir zu gegebener Zeit zurückkommen.

Mehr als in früheren Kapiteln sind die Lebenslinien der ab 1960 gefertigten Ikarus 66 anhand von einzelnen markanten Beispielen bildlich erlebbar nachgezeichnet. Ein Grund ist das Vorhandensein einer Reihe von recht interessanten Aufnahmen aus verschiedenen Quellen und Perspektiven, die wir den Lesern nicht vorenthalten möchten. Viele von ihnen unterlagen bislang einer Filterung, wodurch ihnen die Chance, sie einem größeren Kreis von Interessenten zu präsentieren, fehlte. Wir möchten damit aber auch die durch den Nutzungsprozess und die wiederholte Aufarbeitung der Fahrzeuge – sei es nach Unfällen oder Verschleiß durch Abnutzung – sukzessive Änderung des äußeren Erscheinungsbildes beispielhaft und für jedermann sichtbar machen. Im Alltag sind solche Details von den meisten Zeitzeugen kaum oder nicht bemerkt worden. Wie bereits an anderer Stelle geschildert, hatten die ab 1960 in die DDR gelieferten Ikarus 66 keine Dachrandverglasung mehr. Im Gegensatz zu früheren Lieferungen war jedoch der Anteil von Omnibussen mit lediglich zwei Einstiegstüren (in der DDR je nach Ausführung Ikarus 66.60 oder Ikarus 66.61 genannt) deutlich größer. Die ersten Wagen dieser neuen Bauart sind bereits Ende 1959 auf Budapester Linien gefahren. Noch verfügten sie über die so genannten Stielaugen, zwischen denen sich nun ein ovales Grill mit dem Ikarus 66-Schriftzug befand. Bei Generalreparaturen in Dresden ist dieser nachweislich – wenn auch nur in kleiner Zahl und überwiegend mit dem Ikarus-Symbol in der Mitte – verwendet worden. Ganz sicher griff man dabei auf Originalteile aus Ungarn zurück. Die folgenden Serien kamen mit bündig in das Stirnblech eingelassenen Scheinwerfern, zwischen denen sich direkt dazwischen der Frontgrill befand, von den Fertigungsbändern. Nur solche Busse sind als fabrikneue Wagen bisher in der DDR belegbar. Erstmals sah man bei diesen Lieferungen auf der linken Fahrzeugseite im hinteren Drittel unterhalb der Seitenfenster eine von innen befestigte längliche Platte mit senkrechten Luftschlitzen. Dies blieb bis einschließlich 1961 nahezu unverändert. Im Rahmen von Werterhaltungsmaßnahmen bekamen viele Busse aus ganz verschiedenen Serien nachträglich derartige Platten eingebaut, die dann aber überwiegend eine quadratische Bauform hatten. Im Laufe der Jahre kam es zu einer immer sparsameren Verwendung von Zierleisten. Einzelne Busse konnten so – oft bis zur Unkenntlichkeit verändert – noch bis zum Ende der 1970er Jahre und darüber hinaus ihren Dienst verrichten. Man ersetzte sie aber auch nicht selten durch Vertreter späterer Serien.

Vorstellung eines dreitürigen Ikarus 66 der Modellpflege 1959/60. Am rechten Bildrand ist ein Ikarus 31 – hier mit in Metallrahmen eingebauten Schiebeoberlichtfenstern – zu sehen, ganz links ein Dumper 59, von dem auch eine überschaubare Zahl den Weg in die DDR gefunden hat.

Die Wagen mit den Nummern 11-36 und 11-12 gehörten zu den 1959 an die Budapester Verkehrsbetriebe gelieferten Ikarus 66. Hier sehen wir sie auf den Stadtbuslinien 45 und 12.

Seitenansicht des Budapester Wagens Nr. 11-36. Im Gegensatz zu den in die DDR gelieferten Bussen dieses Typs verfügten die ungarischen Wagen und auch jene, die in Tallinn zum Einsatz kamen, lange über Sputniks an den vorderen und hinteren Dachrändern.

Ikarus 66 Nr. 11-29 befindet sich hier im Einsatz auf einer Budapester Stadtbuslinie und fährt einem TR 5 hinterher, dessen aktive Zeit als Solowagen sicher kurz vor dem unvermeidlichen Ende stand.

Lange Zeit sind Ikarus 620 und 66 für die Budapester Verkehrsbetriebe parallel beschafft worden und teilten sich den Einsatz auf den Stadtbuslinien der ungarischen Hauptstadt.

Hier ein Budapester Wagen der Linie 1 beim Fahrgastwechsel an einer Haltestelle.

Dieser zweitürige Ikarus 66 ist durch Werterhaltungsmaßnahmen verhältnismäßig stark verändert worden. Die Bugwanne mit vier Nebelscheinwerfern gelangte sicher auch nachträglich zum Einbau. Am linken Bildrand ist ein in der DDR gefertigter Robur-Bus zu sehen, rechts ein Csepel D 450 und ein Ikarus 66 späteren Baujahres.

Hier zum Vergleich noch einmal ein Wagen mit Sputniks, Dachrandverglasung und drei Einstiegstüren, geliefert 1958 an den VEB (K) Städtischer Verkehr Eisenach, aufgenommen als Nr. 16 ohne vorderes Kennzeichen im September 1965, aber in wichtigen Merkmalen weitgehend dem Lieferzustand entsprechend

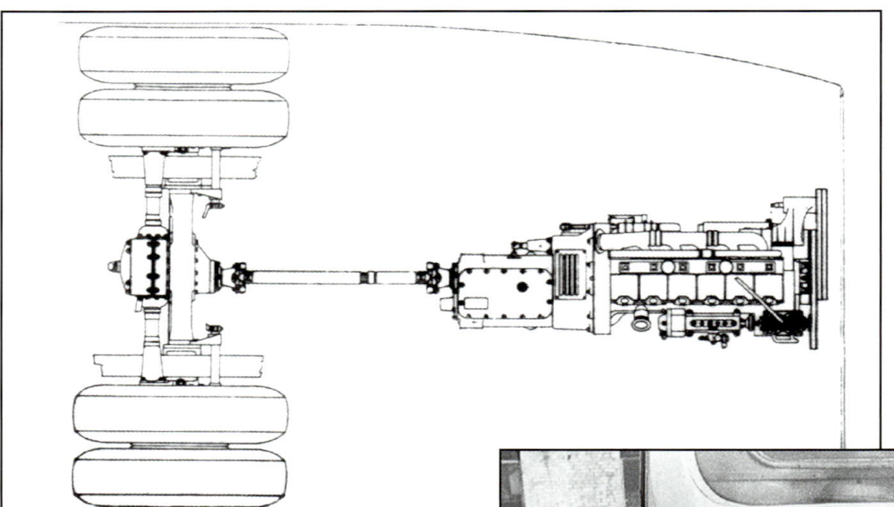

Skizze der Einbaulage des Motors und des Achsantriebes

Blick in den Motorraum eines frühen in Tallinn eingesetzten Ikarus 66; Auch hier ist rechts das Lüfterrad des Kühlers zu sehen.

Schematische Darstellung und Schnittbild des Antriebsaggregates; Aus dem Csepel D 613 entwickelte man den um 20 PS leistungsstärkeren Csepel D 614.

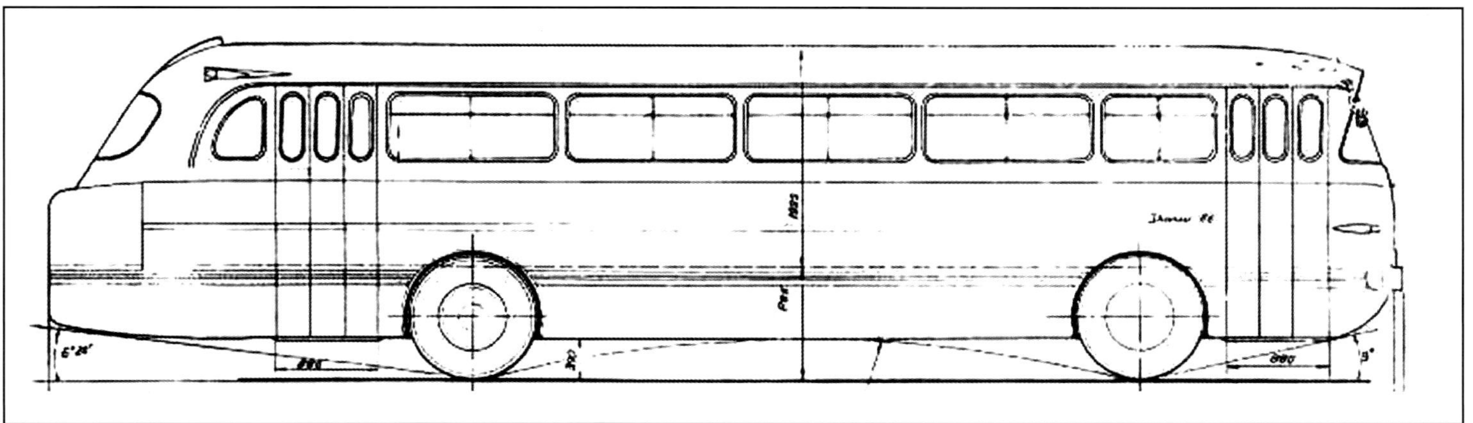

Zeichnung der Bordsteinseite des zweitürigen Ikarus 66, wie er auch in recht großer Zahl – allerdings fast ausschließlich ohne Sputniks – in der DDR zum Einsatz gekommen ist.

Nach der GR fuhr der Dresdner Wagen Nr. 101 von 1958 ohne Dachrandverglasung und seine Front ähnelte jenen der Ende 1959 in Ungarn erstmals eingesetzten Ikarus 66. Die Aufnahme zeigt ihn im Oktober 1967.

Front- und Heckansicht eines fabrikneuen Ikarus 66 von 1960 für das ungarische Unternehmen VOLAN

Die Instrumententafel verfügte bis 1960 und ab 1967 über runde Anzeigefelder, im Gegensatz zu ganz frühen Serien aber nicht in Chromhülsen eingefasst. Wir sehen ein Fahrzeug des Unternehmens VOLAN.

Blick auf den Führerstand eines beim Unternehmen VOLAN genutzten Ikarus 55 und eines bei der MAVAUT eingesetzten Ikarus 66 von 1960; Man achte besonders auf die Uhr über der linken Frontscheibe des VOLAN-Busses, die es so auch in Ikarus 66 gegeben hat.

Heckansicht des Budapester Wagens Nr. 100 mit fünf übereinander angeordneten Zierleisten in den Heckklappen.

Fahrgastwechsel an einer Budapester Stadtbushaltestelle mit dem 1957 gefertigten Vorserienbus Nr. 100 des später so erfolgreichen Ikarus 66

Aufnahmen von 1957 in die damalige Sowjetunion gelieferten Ikarus 66-Vorserienfahrzeugen; Der Wagen Nr. 46 in Tallinn ist nun neu besetzt und verfügt nur über vier Haifischzähne unter der Stoßstange und in der Mitte eine rechteckige Öffnung.

Die Serienfahrzeuge der Jahre 1958 bis 1960

Kommen wir nun zu jenem Zeitraum, in dem sich die Ikarus 66 sukzessive äußerlich ihrer endgültigen Gestalt näherten und allmählich auch jene Praxistauglichkeit erreichten, die den gestellten Leistungserwartungen im Alltagsbetrieb entsprach. Insgesamt 393 Ikarus 66 verließen im genannten Zeitraum die Fertigungsbänder. Es gab Busse mit nur einer vorderen Einstiegstür, solche mit vorderer und hinterer Tür (jeweils drei geteilte Falttüren) und die in der DDR weit verbreiteten dreitürigen Stadtbusse mit zusätzlich einer viergeteilten Tür zwischen den Radläufen. Eingangs muss aber auf ein Detail hingewiesen werden. Die Änderungen im Rahmen der Modellpflege sind nach heutigem Kenntnisstand zum Teil bereits in der zweiten Jahreshälfte des letzten Baujahres der jeweiligen Vorgängerversion wirksam geworden. Dadurch verschieben sich die in der Statistik gelisteten Zahlen geringfügig. Ein Beispiel hierfür sind die 1958 gelieferten Ikarus 66 für den Städtischen Nahverkehr in Karl-Marx-Stadt, unter denen sich ältere Fahrzeuge und bereits auch ein solches in der ab 1959 wirksamen Modellpflegeausführung befanden. Die Vorstellung des ersten Fahrzeuges zeigte einen Stadtwagen mit drei Einstiegstüren und Dachrandverglasung beidseitig über jeweils sechs Seitenfenstern und einen schmalen Nummernkasten am vorderen Dachrand. Er verfügte noch über die breite umlaufende Zierleiste, so dass man mit Sicherheit davon ausgehen kann, dass auch im Heck noch fünf Zierleisten übereinander angeordnet waren. Die Scheinwerfer befanden sich nun über der Stoßstange. Beim Vorführfahrzeug zierten blanke Leisten die darunter befindliche Bugwanne. Die metallumrandeten Seitenfenster waren als zweigeteilte Schiebefenster mit Schiebeoberlichtern ausgeführt. Das zuletzt genannte Merkmal wurde prägend für die Fahrzeuge des Gesamtzeitraumes bis 1960 und zum Teil darüber hinaus. 1958 gehörten Sputniks an den vorderen und hinteren Dachrändern noch zum Standard. Die untere umlaufende Zierlinie bestand nun aber aus zwei breiten blanken Leisten und einer schmaleren zwischen ihnen. Im Heck waren von nun an sechs Gitterstäbe in deutlich höheren Heckklappen übereinander angeordnet. Bis 1959 verfügten die Ikarus 66 mehrheitlich noch über eine Dachrandverglasung, allerdings nun sowohl über jeweils sechs, als auch nur über fünf Seitenfenster. Eine genaue Abgrenzung bzw. Zuordnung zu Lieferserien ist hier bisher nicht möglich. Vom Baujahr 1959 an ist bisher ausschließlich die Version mit nur fünf Dachrandfenstern auf Bilddokumenten zu sehen. 1958 gab es nachweislich beide Versionen. In Budapest kamen aber auch dreitürige Ikarus 66 dieser Bauzeit ohne Dachrandverglasung, aber mit Sputniks an den Dachrändern zum Einsatz. Sie gehörten zu jenen 31 Wagen, die 1959 in Ungarn verblieben sind. Diese verfügten bereits auch über ein verkürztes Grill zwischen den Scheinwerfern mit dem Schriftzug „Ikarus 66". Mit der Modellpflege 1959, welche bereits bei den letzten Fahrzeugen des Baujahres 1958 wirksam geworden ist, verschwanden bei Fahrzeugen für die DDR die Sputniks an den Dachrändern. Noch aber waren die Scheinwerfer an der Vorderfront herausgezogen (der Volksmund nannte sie Stielaugen). Zwei mittig angeordnete in einer blanken Metallhülse eingefasste Nebelscheinwerfer prägten die Bugwanne unterhalb der Stoßstange. Fünf waagerechte blanke Zierlinien verbanden beide miteinander. Links und rechts neben dem Schilderkasten befanden sich bei allen Serienfahrzeugen bis 1960 mit Ausnahme des Vorführwagens von 1958 langgezogene ovale Luftschlitze am vorderen Dachrand. Diese sind nicht selten später verschlossen worden. 1958 verließen 63, im Folgejahr 158 Ikarus 66 die Fertigungsbänder. In die DDR kamen in zwei Lieferungen 126 Busse, 77 erhielt die Sowjetunion und ein Wagen verirrte sich nach China. Die in der DDR eingesetzten Ikarus 66 der Baujahre 1958/59 verfügten mehrheitlich über drei Einstiegstüren. Es sind aber auch zweitürige Busse aus diesen beiden Serien bildlich belegt. Mit dem Baujahr 1960 hatte der Ikarus 66 weitgehend seine endgültige Gestalt erreicht. Die nun eingelassenen vorderen Scheinwerfer verband man mit einem ebenfalls eingelassenen Grill. Auf die Dachrandverglasung wurde durchgängig verzichtet. Noch verwendete man die dreiteilige breite untere umlaufende Zierleiste. Auch technisch gab es mit dem Jahr 1960 einige Neuerungen. Um das Drehmoment besser zu verteilen und die Hinterachse zu entlasten, erhielten die Serien ab 1960 serienmäßig ein von der Firma Raba entwickeltes Außenplanetengetriebe in den hinteren Radnaben. Bei Generalreparaturen ist dieses vereinzelt auch in älteren Fahrzeugen zum Einbau gekommen. Wichtigster Anlass dürfte die Verwendung eines neuen Antriebsaggregates, dem Motor Csepel D 614 mit 145 PS gewesen sein, der durch Aufbohrung aus seinem Vorgänger entstand und mit der Verwendung eines größeren und vor allem leistungsfähigeren Luftfilters Ende 1962 seine endgültige Gestalt erhielt. Mit 120 Bussen kamen die meisten der 158 gebauten Ikarus 66 des Baujahres 1960 in die DDR. Es waren dies etwa zu gleichen Teilen Zwei- und Dreitürer. Unter dem Dreiecksfenster der linken Fahrzeugseite befand sich ab 1960 bis zum Baujahr 1961 ein längliches rechteckiges Feld mit senkrechten Luftschlitzen. Lufthutzen oder anderweitige Luftabzugsöffnungen in den Heckklappen sind nach heutigem Kenntnisstand meist nachträglich zum Einbau gekommen. Die Scheibenwischer hingegen waren nicht durchgängig hängend angeordnet. Viele Busse fuhren mit am unteren Rand der vorderen Stirnfenster stehend angeordneten Wischern. Alle bis 1961 gefertigten Ikarus 66 verfügten über relativ schmale, rechteckige und verhältnismäßig hohe Dachluken, deren Zahl je nach Ausführung variieren konnte. Bei in die DDR gelieferten Bussen waren es deren stets zwei. Kommen wir nun zunächst aber zu den 1958 bis Mitte 1959 gelieferten Serienfahrzeugen.

Hier sehen wir den Vorführwagen dieser Serie. Er verfügte über einen Nummernkasten am vorderen Dachrand, während die stilprägenden ovalen Luftschlitze an dieser Stelle noch fehlen. Die umlaufende Zierleiste entspricht noch jenen der noch geringen Lieferungen davor.

Ein Serienfahrzeug von 1958 im Budapester Stadtlinieneinsatz mit dem Kennzeichen GA 19-05

Heckansicht eines dreitürigen Ikarus 66 von 1958 im Budapester Stadtverkehr

Der Budapester Wagen mit dem Kennzeichen GA 19-04 wartet auf seinen nächsten Einsatz.

Hier zeigt sich ein zweitüriger Ikarus 66 von 1958 wie er in überschaubarer Zahl in die DDR geliefert worden ist, von seiner Einstiegseite.

Innenraum eines solchen Fahrzeuges mit recht sparsamer Bestuhlung; Im Alltagsbetrieb sah man meist eine Bestuhlung mit deutlich mehr Sitzplätzen in der Anordnung 2+2.

Fahrerplatz der 1958 in die DDR gelieferten Ikarus 66; Bis zum Baujahr 1960 und ab 1967 befanden sich die Instrumente in runden Fenstern.

Bordstein- und Straßenseite des 1960 gefertigten Ikarus 66 mit zwei Einstiegstüren, wie er in recht großer Zahl auch in der DDR zum Einsatz gebracht worden ist; Im hinteren Bereich der Straßenseite erkennt man unterhalb der Seitenfenster die längliche Kiemen- bzw. Luftschlitzplatte, welche bis 1961 in analoger Weise zum Einbau kam.

Nur drei Ikarus 66 des Baujahres 1960 fuhren bei den Dresdner Verkehrsbetrieben mit zwei Einstiegstüren. Sie trugen die Nummern 108 bis 110 und hatten eine Sitzanordnung 2+2. Der Wagen Nr. 108 ist Anfang 1963 im Schienenersatzverkehr auf der Linie 11 gefahren und befindet sich gerade am Endpunkt Bühlau. Die beiden Luftschlitze über der Windschutzscheibe sind hier verschlossen.

Zwei Jahre später gelang dem Fotografen die Aufnahme desselben Fahrzeuges vom hier noch weitgehend originalen Heck und der Straßenseite aus. Wieder ist die Luftschlitzplatte sehr gut zu sehen.

Nach einer GR fehlten beim Dresdner Wagen Nr. 108 die meisten der einst so stilprägenden Zierleisten und die Stirnfenster verfügten über abgerundete Ecken. Auch suchte man nun die Luftschlitze über der Frontverglasung vergeblich und die Nebelscheinwerfer waren vor die Bugwanne montiert. Die Aufnahme entstand 1967 am Hauptbahnhof.

Mit den Nummern 56 bis 60 fuhren im damaligen Karl-Marx-Stadt fünf Ikarus 66 des Baujahres 1960 mit drei Einstiegstüren. Die Aufnahmen zeigen die Wagen Nr. 57 und 58 an der Poststraße. Im geöffneten Motorraum ist rechts das Lüfterrad für den Kühler deutlich zu sehen. Der Rückfahrscheinwerfer gehörte bei den Bussen dieses Baujahres für die DDR immer zum Lieferumfang.

Hier nun die Karl-Marx-Städter Wagen Nr. 59 und 60, aufgenommen von der Straßenseite mit der deutlich sichtbaren Luftschlitzplatte unterhalb der seitlichen Fensterreihe in deren hinteren Bereich

Ikarus 66 Nr. 55, 60, 46 und 58 (von rechts), aufgenommen im Mai 1964 während der Restauration im Betriebshof Kappel; Die blanken Schienen auf den Stoßstangen einiger Busse sind nachträglich montiert worden und waren in Westsachsen weit verbreitet.

Die Dresdner Wagen Nr. 104 und 103 stammen ebenfalls aus der Lieferung von 1960 und hatten drei Einstiegstüren (Nummernreihe 103-107). Wagen Nr. 104 befand sich 1962 noch im Originalzustand, Wagen Nr. 103 hingegen hatte im März 1967 bereits eine GR hinter sich, die ganz sicher von den Dresdner Verkehrsbetrieben selbst vorgenommen wurde. Nicht nur ein Teil der stilprägenden Zierleisten fehlt hier, sondern der Bus fährt auch ohne Nebelscheinwerfer.

Die Serie der 1960 an die Dresdner Verkehrsbetriebe gelieferten Ikarus 66 endete mit dem zweitürigen Wagen Nr. 110, den wie hier auf dem Rollfeld des Flughafens neben einem Flugzeug vom Typ IL 18 der späteren Interflug sehen. Auch bei ihm sind die Luftschlitze über der Windschutzscheibe verschlossen.

1960 erhielten die Leipziger Verkehrsbetriebe mit den Nummern 81 bis 84 die ersten vier Ikarus 66 mit drei Einstiegstüren. Im Bild von 1965 sehen wir den Wagen Nr. 82. Die 1960 für die DDR gebauten Busse dieses Typs hatten übrigens letztmalig blanke Metallhülsen in den Öffnungen der Nebelscheinwerfer. Bei späteren Serien ist dies stets ein nachträglicher Einbau im Rahmen von GR gewesen.

Ikarus 66 des Baujahres 1960 fuhren auf zahlreichen Regionalbuslinien überall in der DDR. Die Busse Nr. 10-9109 des VEB Kraftverkehr Karl-Marx-Stadt und 2742 des VEB Kraftverkehr Meißen befanden sich zum Zeitpunkt ihrer bildlichen Darstellung gegen Mitte der 1960er Jahre noch in weitgehendem Lieferzustand.

Nach seiner GR im RfG Dresden fuhr dieser Ikarus 66 von 1960 mit so genannten Stielaugen und schmaleren umlaufenden Zierleisten. Der Frontgrill ist bündig in die Vorderfront eingesetzt und die Luftschlitze über der Windschutzscheibe abgedeckt. Der Schnappschuss gelang im März 1967 in Pirna.

Auch dieser im Juli 1968 in Olbernhau aufgenommene Ikarus 66 von 1960 hatte hier bereits eine GR hinter sich, erkennbar insbesondere an der veränderten Anordnung und Größe der Zierleisten und den abgedeckten Luftschlitzen neben dem Zielschildkasten.

Der 1960 gelieferte Ikarus 66, zum Zeitpunkt der Aufnahme vom Mai 1974 eingesetzt mit der Nummer 50-9115 beim VEB Kraftverkehr Plauen, ist ebenfalls bereits umgebaut zu erleben. Anstelle der Gitterstäbe im Heck hat man dünnere Leisten eingeschraubt. Auch die Zierleisten und der Rückfahrscheinwerfer entsprechen nicht mehr dem Original. Die Hutzen in den Motorklappen befanden sich ebenfalls nicht im Lieferumfang. Es gab aber Serien für andere Auftraggeber, bei denen zumindest die seitlichen in ähnlicher Form vorhanden waren.

Bei diesem von einem privaten Unternehmer 1980 in Cottbus eingesetzten Ikarus 66 könnte man auf den ersten Blick auf ein in Dresden generalrepariertes Fahrzeug von 1960 schließen. Zumindest technisch entspricht dieser Bus aber eher dem Baujahr 1963 mit dem größeren seitlich angeordneten Luftfilter hinter der Heckscheibe und dem durch die Seitenbleche herausgeführten Auspuff. Wir gehen davon aus, dass der Aufbau in Eigenregie mit Hilfe von Teilen mehrerer Spenderbusse aus verschiedenen Lieferserien vorgenommen wurde.

Der Blick von oben auf den Budapester Ikarus 66 Nr. 11-29 von 1960 lässt recht deutlich die schmalen rechteckigen Dachluken erkennen. Hinter dem Bus steht ein älterer Wagen gleichen Typs mit Dachrandverglasung.

Wir kehren nun noch einmal nach Tallinn zurück mit zwei interessanten Sequenzen von 1960 gebauten Ikarus 66 und in der DDR gefertigten Gotha-Straßenbahnzügen.

Die malerische Winteraufnahme lässt ein bereits umgebautes Heck erkennen.

Nun möchten wir diesen Unterabschnitt mit einem einzigartigen Bilddokument beschließen. Es zeigt die Abholung des späteren Wagens Nr. 31-9104 des VEB Kraftverkehr Aue - Schwarzenberg in Heidenau, dem zentralen Auslieferungslager des ungarischen Handelsunternehmens Mogürt in der DDR. Das 1960 gefertigte Fahrzeug mit zwei Einstiegstüren ist hier dokumentiert mit dem Werkstattleiter Voigt und den Fahrerkollegen Gerhard Fischer und Günther Opp, die es eben im Begriff sind zu übernehmen. Auch dieses Erinnerungsfoto lässt deutlich die blanken Hülsen in den Nebelscheinwerfern erkennen.

Die Serienfertigung in den Jahren 1961 bis 1964

Nach aktuellem Erkenntnisstand bildeten die Lieferungen dieses Zeitraumes einen kontinuierlichen Reifeprozess, welcher dann fast nahtlos in den Fertigungszeitraum 1965 bis 1973 übergegangen ist. Viele Merkmale, nach denen sich die einzelnen Baujahre voneinander abgrenzen lassen, gingen in diesem Zeitraum Zug um Zug in die Produktion ein, so dass es innerhalb der Serien noch einmal eine Reihe von Unterschieden gegeben hat. Im Jahre 1961 rollten 170 Ikarus 66 von den Fertigungsbändern, von denen 150 in der DDR und 20 in Ungarn zum Einsatz gebracht worden sind. Die meisten von ihnen besaßen drei Einstiegstüren, es sind aber auch viele Busse mit nur zwei Einstiegstüren gebaut worden. Durchgängig charakteristisch für dieses Jahr waren die nach wie vor relativ schmalen, rechteckigen und etwas höheren Dachluken (bei in der DDR eingesetzten Bussen immer zwei), die aufgelöteten Stäbe im Heckziergitter, am oberen Rand der Stirnfenster befestigte Scheibenwischer und eine deutlich schmalere umlaufende untere Doppelzierleiste. Frühe Fahrzeuge verfügten noch über in Metallrahmen eingefasste seitliche Schiebefenster. Mehrheitlich verfügten aber Ikarus 66 ab dem Baujahr 1961 über in eine Gummiwulst gefasste Seitenfenster mit Klappoberlichtern aus Gussaluminium. Im Rahmen von Instandhaltungen sind bei einigen Bussen diese Merkmale mehr oder weniger verschwunden bzw. anderen Serien angepasst worden. Gegen Ende des Jahres 1961 tauchten die ersten Busse auf, bei denen anstelle der Luftschlitzreihe unterhalb des Dreiecksfensters auf der Straßenseite Lufthutzen zum Einbau kamen. Die gelöteten Gitterstäbe im rückwärtigen Ziergitter hatten aber noch bis Anfang 1962 Bestand. Zusätzliche Lüftergitter am Außenrand der rechten Motorklappen sind mit großer Wahrscheinlichkeit nach einem einheitlichen Einbauplan nachträglich installiert worden, weil man sie baugleich an mehreren Orten vor allem im weiteren Umkreis von Dresden sah. Es gibt jedoch keine hinreichenden Belege dafür, dass dies bereits ab Werk geschehen sein könnte. Alle ab 1961 in die DDR gelieferten Ikarus 66 besaßen keine blanken Umrandungen (Hülsen) der Nebelscheinwerfer mehr. Waren diese später vorhanden, so erfolgte deren Einbau im Rahmen von werterhaltenden Arbeiten in einem der in der DDR instandsetzenden Unternehmen oder seltener in Eigenregie der Eigentümer. Schauen wir uns nun aber einmal einige Busse der Fertigungszeit bis 1961 an.

Wir kehren noch einmal nach Tallinn zurück. Die Winteraufnahme zeigt links die Heckansicht eines Ikarus 66, der jenen des Baujahres 1961 entspricht, aber wohl bereits Ende 1960 hierher geliefert worden ist, weil 1961 keine Ikarus 66 ihren Weg in die damalige Sowjetunion gefunden haben. Rechts außen erkennt man einen Ikarus 66 der Bauzeit 1958/59.

Ende 1960 oder Anfang 1961 gelangten noch einmal Ikarus 66 mit Dachrandverglasung in der ungarischen Hauptstadt Budapest neu zum Einsatz. Sie verfügten über Merkmale der Serien bis 1959, 1960 und 1961 – hier beachte man die schmale Doppelzierleiste. Es werden nur wenige gewesen sein. Zu ihnen gehörte der Wagen Nr. 11-76.

So präsentierte man uns den Ikarus 66 des Baujahres1961, so ist er vielen in Erinnerung: hängende Wischer, relativ schmale umlaufende Doppelzierleisten und die Luftschlitzreihe unterhalb der Seitenfenster in deren hinteren Bereich.

In Chemnitz – dem damaligen Karl-Marx-Stadt – sind insgesamt vier Ikarus 66 mit den Nummern 61 bis 64 1961 an den Start gegangen. Der Wagen 62, dessen Heckansicht die Aufnahme zeigt, ist hier erst wenige Wochen im Einsatz. Man kann die lange Luftschlitzreihe auf diesem Bild recht gut erkennen.

Im März 1963 gelang dieser Schnappschuss mit dem Ikarus 66 Nr. 63 der Lieferung von 1961 an den VEB Nahverkehr Karl-Marx-Stadt. Der Bus ist zum Zeitpunkt der Aufnahme auf der Linie K Siegmar Bahnhof - Rottluff gefahren, wie die Beschilderung erkennen lässt.

Als Schienenersatzverkehr im damals in der Umgestaltung befindlichen Karl-Marx-Städter Straßenbahnnetz ist hier der Wagen Nr. 64 im Jahre 1963 zu sehen.

Im August 1968 zeigt sich der Ikarus 66 Nr. 62 bis auf die nachträglich auf der Stoßstange montierte blanke Schiene noch in weitgehend originalem Zustand. Ein knappes Jahr später hatte er bereits eine GR hinter sich. Die Wischer sind nun stehend angeordnet, die Nebelscheinwerfer hat man nicht mehr in, sondern vor der Bugwanne montiert, die Luftschlitzreihe wich einer Lufthutze in der dahinter liegenden Heckklappe des Motors. Auch sind die Zierleisten nun stark vereinfacht und es sind runde vordere und hintere Fahrtrichtungsanzeiger vorhanden – letztere an den Außenseiten der Heckklappen. Auch die Haltegriffe unter und über den Frontscheiben verdienen besondere Beachtung.

Mit den Betriebsnummern 85 bis 87 fuhren bei den Leipziger Verkehrsbetrieben drei Ikarus 66 mit drei Türen aus dem Jahre 1961. Später waren sie, wie häufig auch weitere Leipziger Busse, mit anderen Nummern im Einsatz. Die Aufnahme auf der Linie A - E Plagwitz - Hauptbahnhof - Kurt-Eisner-Straße entstand 1965.

Nach einer GR zeigt sich dieser Ikarus 66.61 von 1961 Anfang 1968 in Dresden mit herausgezogenen Scheinwerfern und verkürztem Grill, wie es einige Serien von 1959 und 1960 hatten. Es spricht manches dafür, dass die Aufarbeitung im RfG Dresden vorgenommen worden ist.

Die GR des 1961 hergestellten Ikarus 66 Nr. 18 des VEB Städtischer Verkehr Eisenach erfolgte ohne jeden Zweifel 1967 im RfG Dresden. Dies lässt sich anhand von mehreren Einzelbeispielen bildlich hinreichend belegen. Charakteristisch sind hier insbesondere die runden, chromumrandeten Rücklichter, wobei übrigens stets die inneren die Fahrtrichtung anzeigten. 1967 bis 1969 ist bei den Dresdner GR-Wagen die Zierleiste am oberen Rand des unteren Heckabschlusses durchgehend montiert worden. Die ebenfalls für Aufarbeitungen in Dresden markanten Positionslampen am vorderen Dachrand kamen ab 1968 nicht mehr zum Einbau.

Hier nun ist ein Ikarus 66.61 von 1961 in einem sehr späten GR Zustand, wie er vereinzelt auch in den 1980er Jahren zum Einsatz gekommen ist, zu sehen. Das nach der letzten Aufarbeitung in Eigenregie erneut aufgefrischte Fahrzeug fuhr beim VEB Kraftverkehr Halle/Saale im Linien- und Berufsverkehr und verfügt nur noch über glatte Seitenscheiben.
Die Aufnahme entstand vor der Kulisse des Bahnpostamtes beim Busbahnhof Ernst-Kamieth-Straße unweit des hiesigen Hauptbahnhofes.

Bei den Dresdner Verkehrsbetrieben fuhren mit den Nummern 111 bis 120 insgesamt zehn Ikarus 66 mit drei Einstiegstüren, die in der DDR die Bezeichnung Ikarus 66.300 trugen. Als dem Fotografen der Schnappschuss von Bus Nr. 111 im Juli 1962 gelang, fuhr dieser gerade ein Jahr auf Dresdner Linien. Die Aufnahmen von dem Wagen Nr. 117 und 120 hingegen entstanden 1963.

Besonders im Dresdener Umland fuhren die Ikarus 66 vor allem des Baujahres 1961 häufig mit einem nachträglich eingebauten trapezförmigen Gitter am Außenrand der rechten Motorklappe. Man sah solche Busse auch in anderen Orten bis hin nach Görlitz. Die Bilder von 1963 und 1965 zeigen dies bei den Dresdner Wagen Nr. 115 und 113. Aber auch bei der Bordsteinseite des Wagens Nr. 116 – aufgenommen 1963 – kann man dieses Detail recht gut erkennen.

Mitte 1968 begann man im RfG Dresden, zunächst in den längeren Seitenfenstern, auf die Oberlichteinbauten zu verzichten und setzte stattdessen glatte Scheiben ein. Für GR in diesem Unternehmen war aber auch lange Zeit der Einsatz von blanken Hülsen in den Nebelscheinwerfern ein charakteristisches Merkmal. Der Dresdner Wagen Nr. 113 von 1961 ist 1968 oder 1969 aufgearbeitet worden. Die Wischer sind nun unter der Windschutzscheibe stehend montiert. Rechts der Wagen 123 von 1962 – nach einer GR nun mit abgerundeten Stirnfenstern und daneben der Ikarus 60, Nr. 86, kurz vor seiner Aussonderung.

Bei den wenigen im ostsächsischen Görlitz eingesetzten Ikarus 66 des Baujahres 1961 wird in eindrucksvoller Weise erlebbar, wie sehr sich deren Äußeres in den insgesamt 15 Einsatzjahren geändert hat. Wir kommen wieder auf die Lebenslinien zurück – hier Veränderungen durch einen langjährigen Linieneinsatz mit entsprechenden Abnutzungen und Schäden sowie deren Beseitigung. Extra hervorheben möchten wir ein erst spät nach Görlitz gelangtes Fahrzeug. Im Spätherbst 1969 kam von Halle/Saale der 1961 gebaute Ikarus 66 Nr. 14, welcher dort mit dem Kennzeichen KO 73-11 unterwegs war, in die Neißestadt. Hier fuhr er bis April 1971 mit der Nummer 22. Seine recht ungewöhnliche Lackierung mit einem grünen Mittelstreifen lässt sich leicht erklären: Zunächst ist der Bus im ARW Halle/Saale zur GR vorgestellt worden. Diese aber hatte man dort aufgrund des schlechten Gesamtzustandes verworfen. So kam es zwischenzeitlich zum Verkauf des Fahrzeuges nach Görlitz und – bereits neu angemeldet – erhielt es in diesem Unternehmen lediglich die notwendigsten Reparaturen, einen neuen Außenanstrich und aufgefrischte – nun rote – Sitzpolster. Da der in Halle übliche rote Mittelstreifen durch die neue Lackschicht zu sehen war, deckte man ihn kurzerhand mit einem grünen Streifen ab. Der Bus fuhr in der Neißestadt übrigens mit herausgezogenen Scheinwerfern und auf dem Kopf stehend aufgesetztem Grill dazwischen. Am Ende ihrer aktiven Zeit sahen die äußerlich einst gleichen Omnibusse völlig verschieden aus. Lassen wir die Bilder aber für sich sprechen.

Im Mai 1961 holte eine Delegation der Görlitzer Verkehrsbetriebe – unter ihnen der damals junge Ingenieur Frank-Jürgen Blasius – die ersten drei Ikarus 66 für dieses Unternehmen in Heidenau ab. Deren Indienststellung erfolgte am 05., 07. und 09.05.1961 mit den Nummern 11 bis 13. Hier sehen wir ein Bilddokument, aufgenommen während der Überführung der fabrikneuen Busse.

Ein frühes Einsatzbild zeigt den Wagen Nr. 11 wenige Wochen nach der Indienststellung mit ersten reparierten Unfallschäden. Er ist auf der späteren Buslinie A eingesetzt wie die Beschilderung erkennen lässt.

Der Wagen Nr. 11 erhielt erst Anfang 1968 eine GR im RfG Dresden. Hierbei sind die Rückleuchten an die Außenseiten der Motorklappen versetzt worden und der Bus erhielt herausgezogene Scheinwerfer. Die Nebelscheinwerfer befanden sich nun senkrecht unter den Scheinwerfern. Das einst freistehend unter dem Heck befindliche Endrohr des Auspuffes fand seinen neuen Platz in Ecklage durch die Außenbleche geführt. Den unteren Abschluss des Hecks ergänzte an seinem oberen Rand eine durchgehende Zierleiste. Die rechteckige Luftschlitzreihe schließlich wich einer quadratischen. Die Aufnahme vom Februar 1971 (oben links) lässt beginnende Rissbildung im Heckbereich des Daches erkennen. Am 06.11.1972 erfolgte der Verkauf des Omnibusses an den VEB Kondensatorenwerk Görlitz. Hier waren im Juli 1975 seine Dienste beendet und die Überführung zum Schrottplatz stand unmittelbar bevor.

Der Ikarus 66 Nr. 13 erhielt seine GR direkt nach der Nr. 11 im RfG Dresden und befand sich im Spätsommer 1968 wieder im Linieneinsatz. Erstmals waren nun bei einem Görlitzer Ikarus 66 die langen Seitenfenster mit glatten Scheiben versehen. Das Endrohr des Auspuffes ist durch eine blanke Manschette hindurch seitlich im Heckbereich herausgeführt worden. Wie bei Nr. 11 fanden die Nebelscheinwerfer ihren Platz direkt unter den Scheinwerfern. Recht auffällig waren die breiten Haltegriffe unter den Stirnfenstern. Bei einem Auffahrunfall ist die rechte Seite des Heckgitters stark in Mitleidenschaft gezogen worden. Bei dessen Aufarbeitung mussten die beiden unteren Zierstäbe entfernt werden. Die Bilder entstanden 1969 am Unfallort und im Januar 1971 an der Endstation Haus der Jugend der Buslinie A. Vor der GR fuhren sowohl Nr. 11, als auch Nr. 13 mit nachträglich auf der Stoßstange montierten Kegelscheinwerfern anstelle der Hauptscheinwerfer. Deren Kegelfarbe entsprach jener der Außenlackierung.

Hier sehen wir ein seltenes Gruppenbild, aufgenommen 1971 im Betriebshof Zittauer Straße der Görlitzer Verkehrsbetriebe. In der Mitte Nr. 13 als Linie F, links davon Nr. 19 als Linie E und der Ikarus 630 Nr. 7 als Linie D, am linken Bildrand ein W 701, ganz rechts schließlich der Ikarus 66 Nr. 21 und im Hintergrund der H6B/L Nr. 9. Wenige Jahre nach diesem Schnappschuss waren alle abgebildeten Fahrzeuge durch neue ersetzt.

Auch Wagen Nr. 13 verdiente sich sein Gnadenbrot beim VEB Kondensatorenwerk Görlitz. Im März 1974 verkauft, währten seine Dienste aber lediglich bis Ende 1975. Die Aufnahmen vom Juli 1975 in der Uferstraße am Neißeufer lassen im Hintergrund die malerische Uferbebauung auf polnischer Seite erkennen.

Im Sommer 1970 stand bereits die zweite GR des Omnibusses Nr. 12 im RfG Dresden an. Bereits reichlich fünf Jahre zuvor hatte er dort seine erste GR erhalten. Der nun gebördelte untere Abschluss des Hecks ist ein vereinfachter Nachbau. Die Sicken an dessen oberen Rand fehlen. Nach der ersten GR ist der Auspuff seitlich im Heckbereich durch die Außenbleche herausgeführt worden, nun verläuft er – von einer blanken Manschette umrandet – links durch die untere Wulst des unteren Heckabschlusses. Das Foto stammt aus den Wintertagen zu Beginn des Jahres 1971.

Im Juli 1975 stand der Ikarus 66 Nr. 12 zum Verkauf auf der Abstellanlage des VEB Kraftverkehr Görlitz. Man erkennt die nun unten befestigten Wischer und die vereinfachten Zierleisten. Vor dem Verkauf hatte man die roten Sitzpolster gegen die blauen vom Wagen 16 getauscht. Am linken Bildrand die ausgemusterten W 701 Nr. 51 und 53. Rechts ebenfalls zum Verkauf anstehend einer der beiden frühen Ikarus 55 des VEB Kraftverkehr Görlitz. Der Ikarus 66 Nr. 12 fuhr seine letzten Runden für ein landwirtschaftliches Unternehmen in Polenz bei Neustadt/Sachsen.

Hier nun der im späten Herbst 1969 von Halle/Saale übernommene Ikarus 66 Nr. 22 von 1961, fotografiert Anfang Februar 1971 vor der Kulisse der Frauenkirche an der damaligen Haltestelle Platz der Befreiung. Im abgebildeten Zustand entsprach er einer GR im RfG Dresden Mitte der 1960er Jahre. Genauso hat auch Nr. 12 nach seiner ersten GR ausgesehen. Lediglich der hier fehlende Rückfahrscheinwerfer war vorhanden. Fast alle alten Busse bekamen nach einer GR die an anderer Stelle erwähnte quadratische Platte mit senkrechten Luftschlitzen im hinteren Bereich der Straßenseite eingebaut. Die Dienste des Busses in Görlitz endeten bereits Ende April 1971. Kurze Zeit später war das Fahrzeug verschrottet.

Bislang sind wir davon ausgegangen, dass alle ab 1962 gefertigten Ikarus 66 bereits über den Csepel-Dieselmotor D 614 mit 145 PS, äußerlich erkennbar am Luftfilter mit nur einem Aufsatz am linken Rand der Heckscheibe, verfügten. Die Auswertung des Bildmaterials widerspricht dieser Annahme in Teilen. Bis einschließlich 1962 verfügten alle Ikarus 66 wie auch die zeitgleich hergestellten Ikarus 55 über die alten Luftfilter mit zwei Aufsätzen. Der ab 1960 zum Einbau gelangte Motor Csepel D 614 hat sich wohl sukzessive weiter entwickelt. Ab Anfang 1963 verwendete man einen neuen Luftfilter, nun mit nur noch einem, aber dafür deutlich größeren Aufsatz. Hingegen sind ab 1962 bis auf ganz wenige Ausnahmen für spezielle Aufträge durchgängig größere, nicht ganz so hohe Dachluken mit abgerundeten Ecken in allen gefertigten Bussen – also auch den Ikarus 55 und den großen sowie kleinen Frontlenkern zum Einbau gelangt. Die Zierleisten im rückwärtigen Gitter waren von nun an nicht mehr aufgelötet, sondern mit zwei Schrauben an deren Außenseiten befestigt. Die Scheibenwischer fanden ihren Platz am unteren Rand der Frontscheiben. Das Endrohr des Auspuffes ist bei den Serien ab 1962 linksseitig durch die untere Wulst des Hecks geführt worden. Bei den Serien der Jahre 1962 und 1963 verwendete man helle Fenstergummis, die verhältnismäßig rasch verwitterten. Abweichend von den meist dunkelroten Kunststofflinien in den Zierleisten sah man in diesen Jahren häufig einen hellblauen Kunststoff. Auch sonst erwiesen sich diese beiden Baujahre im Gegensatz zu allen anderen Ikarus 66 im Alltagsbetrieb als wenig standfest. Sie wirkten häufig bereits nach wenigen Jahren verbraucht und äußerlich unansehnlich. Das Problem der Spannungsrisse in den Dächern – vor allem oberhalb der Fahrertür und beidseitig der hinteren Dachrundung über dem Dreiecksfenster konnte bei Ikarus 55 und 66 nie ganz gelöst werden und blieb immer eine der Schwachstellen, welche diese Baureihen zeitlebens begleitet hat. Insgesamt sind in den Jahren 1962 und 1963 482 Busse dieses Typs gefertigt worden, von denen 431 ihren Weg in die DDR fanden. Es waren dies wohl in fast gleichem Verhältnis Stadtwagen mit drei Einstiegstüren und Regionalbusse mit nur einem vorderen und einem hinteren Einstieg. Polen erhielt 30 Busse dieser Bauzeit. Zwanzig 1963 gefertigte Ikarus 66 verblieben in Ungarn und nur ein Bus aus dem selben Jahr fand seinen Weg nach Kuba.

Der vereinzelt fast zwanzigjährige Einsatz in der DDR ist nur möglich geworden, weil fast alle Omnibusse in ein systematisches Werterhaltungsprogramm eingebunden waren und nach einer bestimmten Anzahl von Einsatzjahren oder Laufleistung komplett neu aufgebaut wurden. Viele Busse sind dabei nachträglich mit stärkeren in Schönebeck gefertigten Antriebsaggregaten versehen worden. Die äußeren Merkmale der Serien verschwammen dabei zunehmend. Ein Teil der verwendeten Baugruppen wurde aus Ungarn beschafft. Da diese aus verschiedenen Serien stammten, kam es nun doch zu einer gewissen Mannigfaltigkeit im äußeren Erscheinungsbild. Kenner konnten an einigen äußeren Merkmalen herausfinden, in welchem Betrieb die Aufarbeitung vorgenommen worden ist. Nur selten gab ein angebrachtes Firmenlogo Aufschluss darüber. Hier aber soll nicht spekuliert werden, sondern wir lassen die Bilder sprechen. Bei jeder GR verschwanden für eine – meist nur relativ kurze – Zeit die im Laufe der Jahre durch Um- und Anbauten entstandenen individuellen Merkmale der jeweiligen Unternehmen. Ein kleines Detail ist bisher in der Literatur kaum erwähnt worden. Im rechten hinteren Eckholm befand sich der Einfüllstutzen für das Kühlwasser hinter einer kleinen Klappe, welche die Form eines Dreieckes mit abgerundeten Ecken hatte. Oft war darunter eine CEE-Steckdose montiert und ich habe mich als Kind oft gefragt, welchen Zweck sie haben möge. Heute weiß ich, dass dort ein Heizstab angeschlossen werden konnte, mit dem sich im Winter das Kühlwasser wärmen ließ, bildlich aber so gut wie nie dokumentiert. Man wusste sich zu helfen und lernte zunehmend die Busse mit all ihren Alltagsmacken zu beherrschen und bisweilen auch zu mögen. Wenden wir uns nun aber wieder den Bilddokumenten zu.

Dieser noch fast fabrikneue Ikarus 66 des Baujahres 1963 ist von der ungarischen Regionalbusgesellschaft MAVAUT zum Einsatz gebracht worden.

Zwischen 1962 und 1966 sind insgesamt 90 Ikarus 66 mit den Nummern 701 bis 790 von der BVG Ost beschafft worden. Der abgebildete Wagen Nr. 701 eröffnete diese Serie im Jahr 1962.

Noch fast fabrikneuer Ikarus 66 der Bauzeit 1962/63, polizeilich zugelassen im damaligen Bezirk Halle/Saale.

Diese interessante Winteraufnahme eines 1962/63 gebauten Dreitürers entstand kurz nach dessen Inbetriebnahme am Bahnhof in Rudolstadt.

In Weimar trugen alle Busse einen recht auffälligen Außenanstrich. Der Ikarus 66 Nr. 51, 1962 gefertigt, zeigt sich 1965 in den meisten wichtigen Details noch weitgehend im Lieferzustand. Gut zu erkennen ist bei der Heckaufnahme die seitliche Lufthutze anstelle der bis 1961 verwendeten rechteckigen Luftschlitzreihe. Bei Auffrischungen erfolgte deren Ersatz häufig durch eine quadratische Luftschlitzreihe.

Anfang 1963 kamen mit den Nummern 256 bis 271 sechzehn Ikarus 66 mit drei Einstiegstüren in den Bestand der Rostocker Verkehrsbetriebe, zu denen auch die abgebildeten Wagen Nr. 262 und 266 bzw. 264 gehörten. Sie schieden zwischen 1971 und 1977 aus dem Liniendienst aus. Die Haltegriffe unterhalb der Frontscheiben waren nun serienmäßig montiert, es gab aber viele Busse, die – wie die älteren Serien – ohne diese gefahren sind.

Auch der dreitürige Ikarus 66 Nr. 2 der Verkehrsbetriebe Jena gehört zu den 1962/63 gelieferten Ikarus 66. Die Aufnahme zeigt ihn im Sommer 1963.

Im Zentrum der Kohle- und Energiewirtschaft in der DDR, dem Raum Cottbus und Hoyerswerda, sind recht große Serien von Ikarus 66 mit überwiegend zwei Türen zum Einsatz gebracht worden, um den rasch wachsenden Berufsverkehr bewältigen zu können. Die 1966 bzw. 1967 aufgenommenen Bilder mit 1962/63 gebauten Bussen zeigen die Wagen Nr. 40-9123 und 41-9105 des VEB Kraftverkehr Hoyerswerda, den Wagen 20-9101 des VEB Kraftverkehr Wilhelm-Pieck-Stadt Guben und den Wagen 50-9111 des VEB Kraftverkehr Lauchhammer – letzterer mit bereits teilweise verwitterten Fenstergummis in den Stirnfenstern.

Nach mehreren GR und nachträglichen, oft in Eigenregie vorgenommenen Auffrischungen konnte man die Baujahre der Ikarus 66 nicht mehr gut voneinander unterscheiden. Die zwischen 1980 und 1983 aufgenommenen Omnibusse des VEB Kraftverkehr Halle/Saale stammen aus der Bauzeit 1962/63. Ihre Heckgitter zeigen sich nicht mehr original und wurden zum Teil mit dünneren Leisten aufgefüllt. Eine Aufnahme lässt typische – hier reparierte – Bruchstellen in der Dachwölbung erkennen.

Bei den Dresdner Verkehrsbetrieben liefen die 1962 gebauten durchweg dreitürigen Ikarus 66 mit den Nummern 121 bis 133. Wagen Nr. 133 ist 1963, Nr. 121 ein Jahr später im Einsatz aufgenommen worden.

Zu den ersten Herausforderungen der gerade frisch gelieferten Dresdner Ikarus 66 Nr. 134 bis 143 des Baujahres 1963 zählte der Schienenersatzverkehr auf mehreren Straßenbahnlinien in den harten Wintertagen im ersten Quartal des Jahres 1963.

Die beiden Heckaufnahmen lassen verschiedene Luftfilter erkennen: Wagen Nr. 126 – hier bereits mit ersten Abnutzungsspuren – stammt aus der Serie von 1962 und lässt zwei Luftfilteraufsätze erkennen. Bei Wagen Nr. 136 von 1963 ist nur noch ein – dafür deutlich größerer – Luftfilteraufsatz zu sehen. Beide Bilder entstanden im Frühsommer 1963.

Wagen Nr. 137 ist im Juni 1964 auf der Linie C fotografiert worden und befindet sich am Körnerplatz unweit des Blauen Wunders.

Wagen Nr. 133 von 1962 fährt an einem Junitag des Jahres 1964 ohne vordere Stoßstange, die sich wahrscheinlich gerade in der Reparatur nach einem Unfall befand.

Beim Wagen Nr. 136 von 1963 sind bereits nach einem Jahr erste Risse in der Dachrundung über der hinteren Tür zu erkennen. An dieser Stelle sah man derartige Schäden recht häufig.

So sahen verhältnismäßig viele Ikarus 66 besonders der Baujahre 1962 und 1963 nach mehrjährigem Alltagseinsatz aus. Hier zeigt sich der Wagen Nr. 126 aus der Serie von 1962 im Juni 1964.

Zwei dreitürige Ikarus 66 des Baujahres 1962 gingen Anfang 1963 bei der Görlitzer Straßenbahn an den Start mit den Nummern 14 und 15. Nr. 15 ist kurz darauf gegen einen Ikarus 630 desselben Baujahres vom VEB Kraftverkehr Meißen getauscht worden. Nr. 14 erhielt seine erste GR im Frühsommer 1966 im RfG Dresden und fuhr danach einige Tage ohne angeschriebene Nummer. Wir möchten zeigen, wie sich dieser Bus – der 1971 eine weitere GR im ARW Halle/Saale erhielt – in seiner restlichen Einsatzzeit bis 1975 zeigte und welche Besonderheiten erwähnenswert sind.

Der Görlitzer Wagen Nr. 14 nach seiner GR im RfG Dresden, aufgenommen im September 1966 am hiesigen Platz der Befreiung. Die seitliche Lufthutze wich einer quadratischen Luftschlitzplatte mit hier zwei übereinander stehenden Reihen.

Typisch für GR im RfG Dresden bis Anfang 1968 waren die Positionslampen am vorderen Dachrand. Die runden vorderen Fahrtrichtungsanzeiger erhielt der Wagen 14 im Rahmen einer Unfallinstandsetzung im Jahre 1969. Rechts ist ein bereits entkernter Ikarus 66 zu sehen.

Zu seiner zweiten GR steht der Wagen Nr. 14 im Juni 1971 im ARW Halle. Die Luftschlitzplatte rechts neben der vorderen Tür ist damals bei mehreren Ikarus 66 zur zusätzlichen Belüftung der Windschutzscheibe nachträglich eingebaut worden.

Heckansicht des Wagens Nr. 14, aufgenommen von der linken Seite aus. Ein Teil der Zierleisten ist bereits abgenommen. Gut zu erkennen sind die beiden Rücklichter an den oberen Ecken des Ziergitters, mit denen das Anzeigen der Fahrtrichtung dupliziert worden ist. In Görlitz fuhren mehrere Ikarus 66 mit derartigen, in eigener Werkstatt nachgerüsteten Leuchten. Rechts ein zur GR aufgestellter Ikarus 66 der Bauzeit 1966/67 des VEB Kraftverkehrskombinates Dresden. Dessen Dach zeigt beginnende Rissbildung über dem Dreieckfenster.

Im Juli 1974 begegnete der Wagen Nr. 14 am Görlitzer Marienplatz dem Fotografen. Deutlich kann man im Heckfenster die beiden Luftfilteraufsätze sehen.

Exakt ein Jahr später wartet dieser Omnibus im Betriebshof auf seinen nächsten Einsatz. Im Juni 1976 ist er verkauft worden, erlebte aber keinen aktiven Einsatz mehr. Am rechten Bildrand steht der bei einem Unfall schwer beschädigte Wagen Nr. 23 von 1972. Kurze Zeit später brachte man ihn zum RfG Dresden, wo die Front und das Heck repariert wurden.

Wir möchten nun auch die Lebenslinien der Görlitzer Ikarus 66 Nr. 15^{II} und 16 von 1963 mit einigen Bildern nachzeichnen. Auch diese beiden Busse haben sich in ihrem zwölfjährigen Einsatz sehr stark vom Originalzustand entfernt.

Die 1963 gebauten Wagen Nr. 15^{II} und 16 gehörten zu jenen Görlitzer Ikarus 66, die zeitweilig mit Kegelscheinwerfern anstelle der originalen Hauptscheinwerfer fuhren. Ihre Kegel waren außen schwarz lackiert. Die Fotos zeigen den Wagen Nr. 16 als Linie A, aufgenommen 1965 am Platz der Befreiung (heute wieder: Postplatz) und 1967 an der Endstation Goethestraße.

Nach seiner ersten GR im RfG Dresden fuhr der Wagen Nr. 15^{II} ab März 1967 wieder auf Görlitzer Linien. Im Februar 1971 wirkt er – abgesehen vom winterlichen Schmutz – erneut sehr verbraucht. Seine zweite GR wird er im Frühjahr desselben Jahres im ARW Halle/Saale erhalten. Wir möchten auf die runden Rücklichter hinweisen, die wir in gleicher Weise schon an anderer Stelle des Buches sehen konnten.

Im Frühjahr 1969 erhielt auch der Ikarus 66 Nr. 16 seine erste – und einzige – GR im RfG Dresden. Das Foto entstand 1974 im Betriebshof Zittauer Straße. Die senkrechte Deckleiste am rechten Rand der Vorderfront ist nach einer Unfallinstandsetzung aufgesetzt worden. Ganz rechts hat sich hinter dem Bus einer der damals zwei Salzanhänger der Görlitzer Straßenbahn ins Bild geschlichen.

Gruppenbild mit den Bussen Nr. 15^{II} und 17 im Juli 1975 im Betriebshof dokumentiert: Nr. 17 erhielt seine GR 1970 im RfG Dresden, Nr. 15^{II} seine nunmehr zweite GR ein Jahr später im ARW Halle /Saale. Ganz links das Heck des Ikarus 556 Nr. 2^{II}.

Heckansichten von Ikarus 66 Nr. 15^{II} und 16, aufgenommen im Juli 1975 an der Haltestelle Platz der Befreiung. Wagen 15^{II} fährt Richtung Schützenstraße, Nr. 16 biegt spitz in den Platz der Befreiung – der heute wieder Postplatz heißt – mit Fahrtrichtung Bahnhof - Weinhübel ein.

Im Sommer 1976 stand Nr. 16 ohne Motor im Betriebshof und war bis November desselben Jahres verschrottet. Links der Jelcz 043 E Nr. 29, der bis Ende 1977 in eigener Werkstatt neu aufgebaut worden ist.

Im Dezember 1975 schied der Wagen Nr. 15 II aus dem Bestand aus und fand im VEG Obstbau Kunnerwitz einen neuen Eigentümer. Hier stand er noch im August 1977 als Ersatzteilspender. 1980 war schließlich auch er zerlegt.

1977 übernahm der VEB Landtechnisches Instandsetzungswerk Halle/Saale einen nicht mehr benötigen Ikarus 66.61 des Baujahres 1963 vom VEB Kraftverkehr Bitterfeld. Benötigt wurde das Fahrzeug für den Transport der Lehrlinge zu ihren externen Unterkünften. Der Bus ist bis 1978 in eigener Werkstatt aufgearbeitet worden und stand danach einige Jahre im Einsatz bis er von einem Fleischer S4 der VE Verkehrsbetriebe Halle/Saale ersetzt wurde.

Im Juli des Jahres 1978 entstanden die hoch interessanten Bilddokumente vor der Kulisse von scheinbar unendlich vielen Motoren des Typs 2 FD, im LIW als Kleindiesel bezeichnet, wie sie im Geräteträger RS 09 und den Emporbaggern zum Einbau kamen und die hier auf ihre grundhafte Überholung warten.

Der Bus hat nach einer GR Stielaugen und Nebelscheinwerfer senkrecht unterhalb der Hauptscheinwerfer erhalten. Das Grill ist aufgesetzt. Die GR erfolgte mit großer Wahrscheinlichkeit im ARW Halle/Saale.

Schauen wir uns nun noch einige in verschiedenen Werkstätten aufgearbeitete zweitürige Ikarus 66 der Bauzeit 1962 bis 1964 an. Ganz bewusst sind nicht nur technisch einwandfreie Busse ausgewählt worden. Das soll zeigen, wie notwendig auch der Einsatz von äußerlich doch recht abgewirtschaftetem Material gewesen ist, um die ständig wachsenden Anforderungen erfüllen zu können.

Wahrscheinlich in Plauen erhielt der Karl-Marx-Städter Ikarus 66 Nr. 10-9140 seine letzte GR vor dieser Aufnahme. Die Gitterstäbe sind gegen eingeschraubte dünne Leisten getauscht und in den Motorabdeckungen erkennt man Hutzen.

Bereits 1962 ist der abgebildete zweitürige Ikarus 66 des VEB Kraftverkehr Bautzen gebaut worden und fuhr mehrere Jahre mit der Nummer 72 552. Trotz seines hohen Alters wirkt das im RfG aufgefrischte Fahrzeug im Mai 1976 nicht verbraucht. Lediglich das Mittelsegment des unteren Heckanschlusses hat man irgendwann einmal ausgetauscht. Mehrere Jahre gehörten blanke Manschetten am Endrohr des Auspuffes zu den Merkmalen in Dresden reparierter Busse. Hier kann man eine solche sehr gut sehen. Am linken Bildrand schließlich kam das Heck eines Ikarus 55 der Bauzeit 1961 bis 1965 mit ins Bild.

Nur ein Jahr später wirkt dieser genauso alte Ikarus 66.61 des VEB Kraftverkehr Halle doch recht abgenutzt. Seine letzte GR im ARW Halle/Saale liegt bereits einige Jahre zurück und zwischenzeitlich erfolgte in Eigenregie eine erneute Auffrischung, bei der einige Details noch weiter vereinfacht worden sind. Wenige Monate später erfolgte die Verschrottung.

Ab 1964 sind wieder schwarze Fenstergummis verwendet worden. Die Sitzpolster waren nun nicht mehr wie bei vorherigen Serien in einem Silbergrau, sondern in einem hellen Ockerton ausgeführt. Ein Teil der 1964 gefertigten Busse ist bereits mit der für spätere Baujahre typischen breiteren Vorderachse geliefert worden. Nach dem Einbau des bereits genannten neuen und etwas geräuschärmeren Luftfilters, eines – nach dem Prinzip einer Zentrifuge arbeitenden – Zyklon-Hochleistungs-Ölbadfilters, in den Serien von 1963 an sind nun sukzessive die Busse im Verlauf des Jahres 1964 auf ein neues Kühl- und Luftsystem umgestellt worden. Ganz späte Busse dieser Bauperiode verfügten nicht mehr über die Lufthutze unter dem Dreieckfenster der Straßenseite, möglicherweise ein Indiz, dass hier bereits größere und vor allem bessere Kühler zum Einbau gelangt sein könnten. Am Ende dieser Entwicklung standen schließlich erste Fahrzeuge mit rechteckigen Rücklichtern an den Außenrändern der Motorklappen im Heck. Diese zählen wir genau genommen zu den 1965er Serien, aber eine ganz exakte Abgrenzung dürfte schwer fallen. Zusammengefasst gab es also drei verschiedene äußere Erscheinungsbilder der 1964 hergestellten Ikarus 66. Insgesamt 379 Ikarus 66 verließen 1964 die Fertigungshallen, von denen einschließlich von 9 Ersatzkarosserien 328 den Weg in die DDR fanden. 50 Busse verblieben in Ungarn und ein Fahrzeug hat sich nach Kuweit verirrt. Über diesen Einzelgänger wird an anderer Stelle noch zu berichten sein. Schauen wir uns zunächst einige ältere Busse dieses Jahrgangs an.

Wir beginnen mit dem Wagen Nr. 17 der Görlitzer Verkehrsbetriebe. Dieser Omnibus mit vorderer und hinterer Einstiegstür ist am 06.04.1964 in Dienst gestellt worden und befand sich bis 25.01.1977 im Liniendienst – bis 1976 überwiegend der Linie D vom Görlitzer Demianiplatz nach Pfaffendorf. Vor seiner GR 1970 im RfG Dresden ist er bereits zweimal komplett lackiert worden und fuhr in dieser Zeit mehrere Jahre mit einer dunkelgrünen Stoßstange. Seinen Lebensabend verbrachte der Bus bei der LPG (P) Schöpstal in Jauernick an seiner langjährigen Stammstrecke.

Im Juli 1964, wenige Wochen nach seiner Indienststellung, weilte der Görlitzer Wagen Nr. 17 zu einer Ausflugsfahrt im damaligen Karl-Marx-Stadt. Er trägt hier noch die kleine, ältere Beschriftung, die ab 1965 bis Ende 1968 von den Bussen verschwand. Die seitliche Lufthutze ist ein sicheres Indiz dafür, dass es sich um einen der älteren 1964 gebauten Ikarus 66 handelt.

Nach zweimaliger Neulackierung (1966 und 1968) erhielt der Bus 1970 eine GR im RfG Dresden. Hier ist er im Mai 1974 im Betriebshof zusammen mit weiteren Ikarus 66 und einem Ikarus 556 aufgenommen worden.

Ein reichliches Jahr später entstanden diese beiden interessanten Sequenzen ebenfalls im Betriebshof. Sie zeigen die Heckansichten von Wagen Nr. 15 [II] (GR 1971 im ARW Halle/S.) und 17 (GR 1970 im RfG Dresden) mit durchaus verschiedenen Details bzw. den für den nächsten Einsatz bereitgestellten Wagen Nr. 17. Rechts erkennt man auf diesem Bild die Ikarus 66 Nr. 14 und 19 sowie den Ikarus 556 Nr. 2. Am linken Bildrand ist der LOWA-Straßenbahnbeiwagen Nr. 53 [II] zur Zerlegung abgestellt.

An einem durchwachsenen Sonntag im August 1977 gelangen dem Fotografen unter anderem die beiden recht aufschlussreichen Schnappschüsse vom inzwischen bei der LPG (P) Schöpstal eingesetzten Wagen Nr. 17 in Jauernick. Der Klappfenstereinsatz in einem der langen Seitenfenster der Bordsteinseite stammt ganz ohne Zweifel vom Wagen Nr. 23 der Görlitzer Verkehrsbetriebe, der Ende 1976 die glatten Scheiben vom verschrotteten Wagen 16 eingebaut bekam.

Richten wir nun die Aufmerksamkeit auf einige weitere Ikarus 66 der früheren Bauart von 1964. Besonders die Busse mit zwei Einstiegstüren sind fast überall in der DDR zu sehen gewesen.

Auf Eisenbahnwagen verladen stehen in Budapest 1964 Ikarus 66 und 630. Sie warten auf ihren Transport nach Heidenau, wo sich das zentrale Ausliefe-rungslager der Mogürt in der DDR befand. Bei den Ikarus 66 ist die frühere Bauart an den seitlichen Lufthutzen ganz zweifelsfrei auszu-machen.

Der Karl-Marx-Städter Wagen Nr. 65 gehört zu einer aus drei Bussen bestehenden Miniserie von im Jahre 1964 gelieferten dreitürigen Ikarus 66. Mit dieser ist die höchste von einem Ikarus 66 besetzte Nummer (67) erreicht worden. Die Aufnahme entstand wenige Wochen nach der Indienststellung.

Im Juli 1968 zeigten sich dem Fotografen zwei zweitürige Ikarus 66 in Mittweida, unter ihnen der Wagen Nr. 40-9108 des hiesigen VEB Kraftverkehr. Auch die Vorderachse mit der geringeren Spurbreite ist ein Indiz für die ältere Serie. Spätere Busse dieses Jahres fuhren bereits mit der breiteren Vorderachse.

Etwa 1967 entstand dieses idyllische Wintermotiv bei Waldkirchen. Es zeigt mit Wagen Nr. 10-9138 des VEB Kraftverkehr Karl-Marx-Stadt, ebenfalls einen frühen Ikarus 66 der Fertigungszeit 1964.

In Pirna konnte im März 1967 dieser Ikarus 66 aufgenommen werden, der auch zu den ganz frühen Bussen aus dem Jahre 1964 gehörte, möglicherweise sogar schon Ende 1963 an den Start ging. Durch die bereits fortgeschrittene Alterung ist das hier nicht ganz eindeutig zu erkennen.

Dieser Ikarus 66 von 1964 befand sich in der Umgebung von Potsdam im Einsatz auf Regionalbuslinien. Hier zeigt er sich äußerlich noch im weitgehenden Lieferzustand.

Im weitverzweigten Liniennetz des VEB Kraftverkehr Zittau gehörten Ikarus 66 mit zwei und drei Einstiegstüren viele Jahre zum Alltagsbild, wie diese beiden Busse von 1964, aufgenommen in Zittau im Oktober 1966.

Im Stadtverkehr Hoyerswerda fuhren unter anderem mit den Nummern 40-9138 und 40-9130 Ikarus 66 aus der ersten Hälfte des Jahres 1964. Die Bilder entstanden im Januar 1967 bzw. im Oktober 1966.

Am 04.10.1968 fuhr der Eisenacher Wagen Nr. 23 von 1964 ganz sicher nicht mehr mit seinem ersten Außenanstrich. Auch ist er bereits mit einigen zusätzlichen Details ausgestattet worden und macht äußerlich mit seinen vielen Leuchten einen verspielten, aber dennoch insgesamt recht gepflegten Eindruck.

Der Wagen 30-9176 des VEB Kraftverkehr Bad Liebenwerda, fotografiert Anfang 1967 in Cottbus, zählt ebenfalls ohne jeden Zweifel zur früheren Serie von 1964.

Ikarus 66 – Die Serienfertigung in den Jahren 1961 bis 1964

Schauen wir uns nun einige Bilder von Ikarus 66 der späteren Serien von 1964 an. Im Gegensatz zu den früheren Bussen dieses Fertigungsjahres fehlte diesen Fahrzeugen die Lufthutze unterhalb des Dreiecksfensters auf der rechten Seite (Straßenseite). Anfangs befanden sich die Rücklichter noch am unteren Rand des Hecks, ganz zuletzt waren die rechteckigen Mehrkammerleuchten an den Außenseiten der Motorklappen hochkant montiert. Inwieweit bereits hier das neue Luft- und Kühlsystem verbaut war, ist nicht zu beantworten, wir gehen eher von einer Zwischenstufe aus. Wichtigstes äußeres Merkmal zu den 1965 gebauten Ikarus 66 mit vorderer und hinterer Einstiegstür sowie mit vorderer, mittlerer und hinterer Einstiegstür war die 1964 noch fehlende doppelte Luftschlitzreihe hinter der letzten Tür. Ob sich hinter den Gitterstäben zumindest bei den letzten Bussen von 1964 bereits Blechplatten anstelle des Gittergeflechtes befanden, ist anhand der wenigen Bilder nicht sicher zu beantworten.

Die Aufnahme gewährt einen Blick auf die Endmontage eines Ikarus 66 im Jahre 1964. Rechts daneben entstehen zwei Ikarus 556. Ganz hinten rechts neben diesen beiden Bussen kann man einen weiteren Ikarus 66 erkennen.

1964 für die DDR gefertigte Ikarus 66 mit drei bzw. zwei Einstiegstüren; Links hinter dem zweitürigen Omnibus ist an einem zeitgleich gefertigten Bus deutlich zu erkennen, dass die Rücklichter ihren Platz noch am unteren Rand des Hecks fanden und die seitliche Lufthutze fehlt.

Die 1967 fotografierten Ikarus 66.61 Nr. 40-9154, 41-9163 und 40-9141 des VEB Kraftverkehr Hoyerswerda entstammen ohne jeden Zweifel zu einer der späteren 1964 an die DDR gelieferten Serien.

Auch beim Wagen Nr. 20-9159 des VEB Kraftverkehr Wilhelm-Pieck-Stadt Guben, den dieses 1967 in Cottbus aufgenommene Motiv vom Januar zum Gegenstand hat, fehlt die seitliche Lufthutze. Die senkrecht an den Außenseiten der Motorklappen montierten rechteckigen Mehrkammerleuchten weisen auf einen der letzten 1964 in die DDR gelieferten Ikarus 66 hin.

Zu den späten 1964 für die DDR fertiggestellten Ikarus 66 zählen auch die Wagen 40-9152 – hier schon mit ersten Unfallschäden – und 40-9150 des VEB Kraftverkehr Hoyerswerda, welche im Juli bzw. April 1967 aufgenommen worden sind.

Zu einer Ausflugsfahrt ins Erzgebirge weilte im Juli 1967 der Ikarus 66.61 Nr. 10-72655 des VEB Kraftverkehr Bautzen. Die beiden seltenen Fotodokumente lassen einen der letzten 1964 gebauten Omnibusse seines Typs erkennen.

Wenden wir uns nun noch einigen ausgewählten GR-Fahrzeugen von 1964 gebauten Ikarus 66 zu.

Am damaligen Platz der Befreiung in Pulsnitz ist diese interessante Aufnahme wohl im Winter 1969/70 vor dem dortigen Ratskeller entstanden. Der abgebildete zweitürige Ikarus 66 von 1964 gehörte damals zur Betriebsstelle Bretnig des Betriebsteiles Radeberg des VEB Kraftverkehr Dresden. Bis 1969 fuhr er unter der Inventarnummer 72 618, danach 7721 606. Er hatte Ende 1967 oder Anfang 1968 im RfG Dresden eine GR erhalten. Seitdem sah man ihn mit herausgezogenen Frontscheinwerfern und aufgesetztem Grill.

Auch dieser im Februar 1968 vor dem Leipziger Hauptbahnhof fotografierte Ikarus 66.61 des VEB Kraftverkehr Leipzig, welcher hier bereitsteht zur Abfahrt Richtung Groitzsch, erhielt spätestens Anfang 1968 seine GR im RfG Dresden und trägt all jene äußeren Merkmale des eben beschriebenen Omnibusses.

Natürlich fuhren auch im ARW Halle/Saale frisch aufgearbeitete Omnibusse zu verschiedenen Zeiten – je nachdem, was für Blechteile verfügbar waren – immer wieder einmal mit „Stielaugen" und aufgesetztem Grill, wie der hier 1975 dokumentierte Ikarus 66.61 von 1964 des VEB Kraftverkehr Halle/Saale, dessen Überholung hier etwa zwei Jahre zurückliegt. Anfangs weiß-rot-weiß lackiert, zeigt er sich nun in weiß-schilfgrün-weiß. Der mächtige Trittbügel unter der Stoßstange ist ein häufig praktizierter nachträglicher Anbau.

In ihren letzten Einsatzjahren zeigten sich die Ikarus 66 der BVG in GR-Zustand, es ist aber bisher nicht gelungen, herauszufinden, wer diese vorgenommen hat. Mit der Umstellung auf EDV-Nummern zu Beginn der 1970er Jahre sind die verbliebenen Wagen in der Gruppe 465 zusammengefasst worden. Die Aufnahme zeigt den Stadtwagen Nr. 465 723.

Am 23.07.1973 entstand dieses Bilddokument eines zweitürigen Ikarus 66 am Markt in Lengefeld. Der hier bereits mehrmals aufgearbeitete Bus fuhr beim VEB Kraftverkehr Olbernhau mit der Betriebsnummer 33-9106 und ist wenige Wochen nach dieser Aufnahme aus dem aktiven Dienst ausgeschieden. Am linken Bildrand erkennt man hinter dem Fahrzeug einen weiteren GR-Wagen, der hier aber noch einen relativ frischen Außenanstrich trägt.

Am Ende dieses Unterkapitels kommen wir noch einmal zurück zum VEB Kraftverkehr Halle/Saale. Am Busbahnhof Ernst-Kamieth-Straße wartet 1976 ein vor nicht allzu langer Zeit im ARW Halle/Saale neu aufgearbeiteter Ikarus 66.61 von 1964 auf seine nächste Fahrt. Rechts daneben steht ein 1974 hergestellter Ikarus 280 des VEB Kraftverkehr Ballenstedt, um auf die Abfahrtzeit zurück nach Thale im Harz zu warten. Viele Ikarus 66 sind nach ihrer Aussonderung von derartigen Bussen beerbt worden.

Die Serien der Baujahre 1965 bis 1973

Im vorangegangenen Kapitel ist bereits bei den letzten Bussen des Baujahres 1964 der Einbau eines größeren und leistungsfähigeren Kühlers angesprochen worden, dessen Optimierung im Fahrzeug ab 1965 einige äußere Änderungen zur Folge hatte. Bei jenen Fahrzeugen, welche hinter dem hinteren rechten Kotflügel eine Tür besaßen – es waren dies anfangs auch solche mit vorderer und hinterer Einstiegstür und von 1966 bis Mitte 1970 die bekannten Stadtwagen mit drei Einstiegstüren – befand sich hinter der letzten Tür auf der Einstiegsseite eine breite Doppelreihe mit senkrechten Luftschlitzen. Das Drahtgeflecht im Heckgitter wich einer Blechverkleidung hinter den Gitterstäben. Bereits zu Beginn des Jahres 1965 kam auch eine neue Türanordnung der zweitürigen Überlandwagen in die Produktion. Die hintere Einstiegstür war vor dem hinteren rechten Radlauf angeordnet. Dadurch blieb mehr Platz für die Luftkanäle unter dem Fahrgastraum und die Luftschlitze waren seitlich nicht mehr erforderlich. Die Fahrzeuge des Jahres 1965 verfügten über rechteckige Mehrkammerleuchten an den Außenrändern der Motorklappen und nach wie vor über in blanke Metallfische gefasste vordere Fahrtrichtungsanzeiger, deren Lampenglas wie bisher weiß oder rot sein konnte. Eine größere Zahl der 1965 vom Fertigungsband gerollten Busse verfügte an den vorderen und hinteren Dachrändern über Sputniks, wobei bisher nicht schlüssig geklärt werden konnte, warum es zu dieser Ausstattung auch bei in die DDR gelieferten Stadtwagen gekommen ist. Möglicherweise sind Restbestände aus der Produktion des Ikarus 55 aufgebraucht worden, den es ab 1966 – abgesehen von einzelnen Fahrzeugen für spezielle Aufträge – auch nur noch ohne Sputniks gab. Auch Ikarus 66 fuhren wie die Ikarus 55 spätestens ab 1965, ganz sicher bereits einige Monate vorher, mit der stärkeren Vorderachse, äußerlich erkennbar an der deutlich breiteren Spur. Der Notausstieg befand sich vom Beginn des Jahres 1965 an im letzten Seitenfenster vor dem Dreieckfenster auf der Straßenseite. Auch in die DDR sind bis dahin noch 1965 Busse mit der alten Position des Notausstieges im vorletzten Fenster geliefert worden. 1965 verließen insgesamt 568 Ikarus 66 die Produktionshallen, von denen 390 zur Auslieferung in die DDR kamen. 169 Busse verblieben in Ungarn. Polen erhielt 5, Ägypten 3 und die CSSR einen Wagen.

Schauen wir uns zunächst einige der extrem raren Bilddokumente von Überlandwagen mit vorderer und hinterer Einstiegstür an, bei denen man bereits die hintere Doppelreihe mit Luftschlitzen erkennen kann. Dem gegenübergestellt werden die ganz frühen Ikarus 66.62.

Hier sind drei Anfang 1965 produzierte Ikarus 66 mit zwei Einstiegstüren in der bisherigen Anordnung vor dem vorderen und hinter dem rechten Hinterradlauf bildlich dargestellt. Sie werden in wenigen Wochen ihren Dienst in Regionalbusunternehmen der DDR antreten.

Deutlich erkennt man die doppelte Luftschlitzreihe am Heck auf diesem Foto mit der Seitenansicht der älteren Bauart. Eine klare Abgrenzung dieser zu den letzten 1964 an die Einsatzstellen des VEB Kraftverkehrskombinat Schwarze Pumpe gelieferten Bussen ist kaum möglich, weil dergleichen Details bisher nie Gegenstand des öffentlichen Interesses gewesen sind und deshalb nicht lückenlos bzw. dauerhaft dokumentiert wurden.

Nun noch ein Blick in die Fertigung dieser seltenen Busse. In der Tat weiß niemand, wie viele dieses Übergangstyps noch von den Bändern rollten. Mehrheitlich aber dürften auch sie ihre aktive Zeit in Regionalbusunternehmen der DDR verbracht haben.

Diese Aufnahme schließlich dokumentiert in eindrucksvoller Weise, wie fließend der Übergang zum Nachfolgetyp Ikarus 66.62 gewesen ist: Am rechten Bildrand sind versandbereite Busse des älteren Typs 61 aufgestellt, links zeigt sich ein noch im Rohbau befindlicher Typ 62 dem Fotografen. Die Mehrkammerleuchten an den Außenrändern der Motorklappen hatten damals noch eine hochkant gestellte rechteckige Form.

Der Wagen Nr. 11-72702 des VEB Kraftverkehr Görlitz war einer der ersten von diesem Unternehmen in Eigenregie beschafften Ikarus 66 und zählt zu den frühen Ikarus 66.62, die 1965 in die DDR geliefert worden sind. Der Notausstieg hat bereits seinen neuen Platz direkt vor dem dahinter liegenden Dreieckfenster gefunden. Im verhältnismäßig kleinen Görlitzer Betriebshof Emmerichstraße ging es bisweilen recht eng zu. Er beherbergte einst eine Reitschule der Kavallerie.

Dasselbe Fahrzeug zeigt sich hier von der Einstiegseite einige Monate nach seiner Inbetriebnahme. Die seitlichen Fahrtrichtungsanzeiger sind bei ihm in Höhe der Zierleiste unter den Seitenfenstern liegend angeordnet und haben eine ovale Form. Natürlich fehlt auch die Gepäckbrücke nicht.

Bei laufender Produktion erschien gleichermaßen bereits Anfang 1965 der Überlandwagen Ikarus 66.62, mehrheitlich in diesem Produktionsjahr mit Sputniks an den vorderen und hinteren Dachrändern ausgestattet. Lieferungen in die DDR verfügten von Beginn an über eine Gepäckbrücke, nach bisheriger Erkenntnis aber nicht über Sputniks. Die parallel dazu weiterhin bis 1970 hergestellten Ikarus 66 mit drei Einstiegstüren hingegen sind 1965 mit diesen in mehreren DDR-Städten zum Einsatz gebracht worden.

Schematische Darstellung des Aufbaues vom Ikarus 66.62; Deutlich kann man die erheblich größeren Luftkanäle im Bereich der Rückbank erkennen. Die heiße Luft ist nicht mehr nach hinten durch das Heck geblasen worden, sondern strömte nach unten. Bei Bussen mit hinterer Einstiegstür musste man sie durch Luftschlitze hinter dieser hinaus transportieren, weil der Luftkanal sonst den freien Zugang zu ihr behindert hätte. Wahrscheinlich ist diese Lösung 1965 aber zunächst nur bei den Zweitürern mit Hintertür und bei den Dreitürern erst ein Jahr später zur Anwendung gekommen.

Vorstellung der neuen Bauart Anfang 1965 (oder möglicherweise noch kurz vor der Jahreswende) sowohl mit Gepäckbrücke und zwei Dachluken, als auch ohne Gepäckbrücke und dafür drei Dachluken. Der Volksmund nannte diese Busse schlicht Überlandwagen.

Zu den ersten Abnehmern der Ikarus 66.62 gehörte bereits 1965 das ungarische Regionalbusunternehmen MAVAUT. Die Aufnahmen zeigen Busse mit drei Dachluken, dafür ohne Gepäckbrücke. Sputniks sind hier Standard gewesen.

Hier nun erleben wir ein einzigartiges Gruppenbild mit fünf 1965 an die MAVAUT gelieferten Ikarus 66.62, von denen vier mit einer Gepäckbrücke ausgerüstet sind.

Nach Polen sind 1965 fünf Überlandwagen geliefert worden unter ihnen das abgebildete Fahrzeug.

Auch in der ungarischen Stadt Udvar an der kroatischen Grenze sind Ikarus 66 Überlandwagen von 1965 zum Einsatz gebracht worden. Wie die polnischen Busse verfügten auch sie über drei Dachluken. Allerdings waren die seitlichen Fahrtrichtungsanzeiger in Höhe der Zierleiste unterhalb der Seitenfenster liegend angeordnet, wie man es bei den Ikarus 66 des Folgejahres und zum Teil noch bis 1967 häufig antraf.

Schauen wir noch rasch in die Fertigung von Ikarus 66.62 im Jahre 1965. Dokumentiert ist die Endmontage von Omnibussen mit drei Dachluken.

Werksaufnahme eines Ikarus 66 mit drei Einstiegstüren für die DDR; 1965 kam noch einmal eine Lieferung mit Sputniks an den vorderen und hinteren Dachrändern dorthin, nach derzeitigem Erkenntnisstand aber ausschließlich Stadtwagen. Ihnen allen fehlte die Luftschlitzreihe hinter der letzten Einstiegstür.

Mit den Nummern 108 bis 111 kamen vier derartige Exoten in die Messestadt Leipzig, erhielten kurz darauf die Nummern 88 bis 91, um zwei Jahre später erneut mit ihren alten Nummern zu fahren.
Die Aufnahme zeigt den Wagen Nr. 111 kurz nach seiner Indienststellung als Messesonderwagen.

In Dresden fuhren aus dieser Serie drei Ikarus 66 mit den Nummern 144 bis 146. Auch sie trugen Sputniks an den vorderen und hinteren Dachrändern. Die Fotos von den Wagen 144 und 145 sind wenige Wochen nach ihrem ersten Linieneinsatz entstanden.

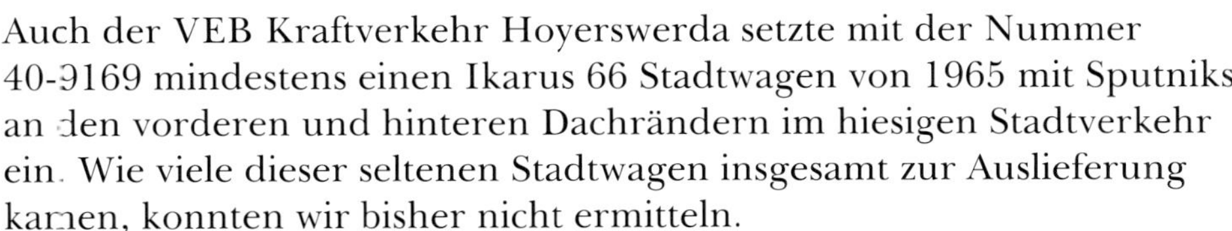

Auch der VEB Kraftverkehr Hoyerswerda setzte mit der Nummer 40-9169 mindestens einen Ikarus 66 Stadtwagen von 1965 mit Sputniks an den vorderen und hinteren Dachrändern im hiesigen Stadtverkehr ein. Wie viele dieser seltenen Stadtwagen insgesamt zur Auslieferung kamen, konnten wir bisher nicht ermitteln.

Hier richtet sich der Blick durch die geöffnete Tür vor dem hinteren Radlauf eines Ikarus 66.62 auf den Innenraum. Besonders charakteristisch waren die recht breiten Fensterholme an den Außenseiten der hinteren Tür.

Bevor wir nun zu den ab 1966 gelieferten Ikarus 66 kommen, sei der Hinweis gestattet, dass es – aus welchem Grund immer – im Zeitraum 1964 bis 1967 immer wieder einmal zur Verschiebung einzelner äußerer Merkmale gekommen ist. So fällt die genaue Abgrenzung der Baujahre 1964 und 1965 bzw. 1966 und 1967 recht schwer. Da die Fertigungsnummern nicht lückenlos dokumentiert sind, lässt sich das nicht in jedem Einzelfall sauber abgrenzen. Zusammengefasst aber kann man sagen, dass der Übergang von einer zur nächsten Serie fließend gewesen ist, bei diesen Serien mehr wie bei den vorangegangenen. Wir halten es deshalb auch nicht für ausgeschlossen, dass die Montage zeitgleicher Serien an verschiedenen Produktionsstätten des Herstellerwerkes mit zum Teil unterschiedlichem Teilevorrat erfolgt sein könnte.

Nun befinden wir uns mitten in jenem Herstellungszeitraum, dessen Omnibusse von Eisenbahnfans bisweilen verächtlich Kleinbahnkiller genannt werden. Tatsächlich sind in der zweiten Hälfte der 1960er Jahre in der DDR viele Schmalspurbahnstrecken aufgegeben worden. Als Ersatz erschienen dann fast immer fabrikneue Ikarus 66. Diese strömten nun in riesigen Stückzahlen in das Land und verdrängten schließlich die letzten Vorkriegsbusse und auch fast alle in der DDR gebauten H6B von den Linien. Zuletzt fielen ihnen auch die Ikarus-Busse der 60er Reihe zum Opfer. Die Ikarus 66 hatten sich zu zuverlässigen und alles in allem recht brauchbaren Omnibussen entwickelt. Mit ihren Macken konnten die meisten Unternehmen mittlerweise recht gut umgehen. Neu war das Vorhandensein einer pneumatischen Lenkunterstützung, während die Anzeigefelder im Armaturenbrett nach wie vor eine rechteckige Form hatten. Im Gegensatz zu den 1965 gebauten Ikarus 66 waren die Rücklichter nun rund und standen paarweise übereinander an den Außenseiten der Motorklappen im Heck. Das blieb auch bis zum Ende der Fertigung 1973 unverändert bestehen. Einige Serien von 1965 und alle Ikarus 66, welche 1966 bis Anfang 1967 die Fließbänder verlassen haben, besaßen seitliche ovale Fahrtrichtungsanzeiger, die in Höhe der Zierleiste unterhalb der Seitenfenster montiert waren. Ab 1966 verfügten die Stadtwagen bis zu ihrer Produktionseinstellung 1970 über eine doppelte Luftschlitzreihe hinter der letzten Einstiegstür.

1966 verließen 756 Wagen die Fertigungsbänder, von denen 472 in die DDR kamen und 202 ihren Dienst auf ungarischen Linien antraten. Polen und Ägypten erhielten jeweils 40, die Sowjetunion 2 Busse. Darin enthalten sind auch die Sonderlinge, über welche an anderer Stelle noch zu berichten sein wird.

Wir beginnen den Bilderbogen mit Aufnahmen von 1964 und 1965 gebauten Ikarus 66, um den fließenden Übergang etwas deutlicher zu machen.

Gerade wird hier ein Eisenbahnzug zusammengestellt, welcher in der ersten Jahreshälfte 1964 eine beeindruckende Zahl Ikarus 66 und 630 in die DDR bringt.

Diese Aufnahme zeigt zwei für die DDR bestimmte Ikarus 66 mit vorderer und mittlerer Einstiegstür im Jahre 1966. Unschwer erkennt man, dass die Überlandwagen damals im Gegensatz zu den Stadtwagen nicht über Sputniks an den Dachrändern verfügten. Bei Lieferungen an andere Auftraggeber gehörten sie damals meist noch zum Standard. Hingegen waren sie stets aber mit einer Gepäckbrücke ausgerüstet.

Die 1965 gefertigten und ein Teil der Busse des Vorjahres verfügten über rechteckige Rücklichter an den Außenrändern der Motorklappen. Ein Blick in den Motorraum zeigt zudem, dass das Lüfterrad des Kühlers wieder hinter einer Verkleidung verschwunden ist. Inwieweit dies bereits bei den letzten 1964er Bussen der Fall gewesen ist, konnten wir bisher leider nicht herausfinden.

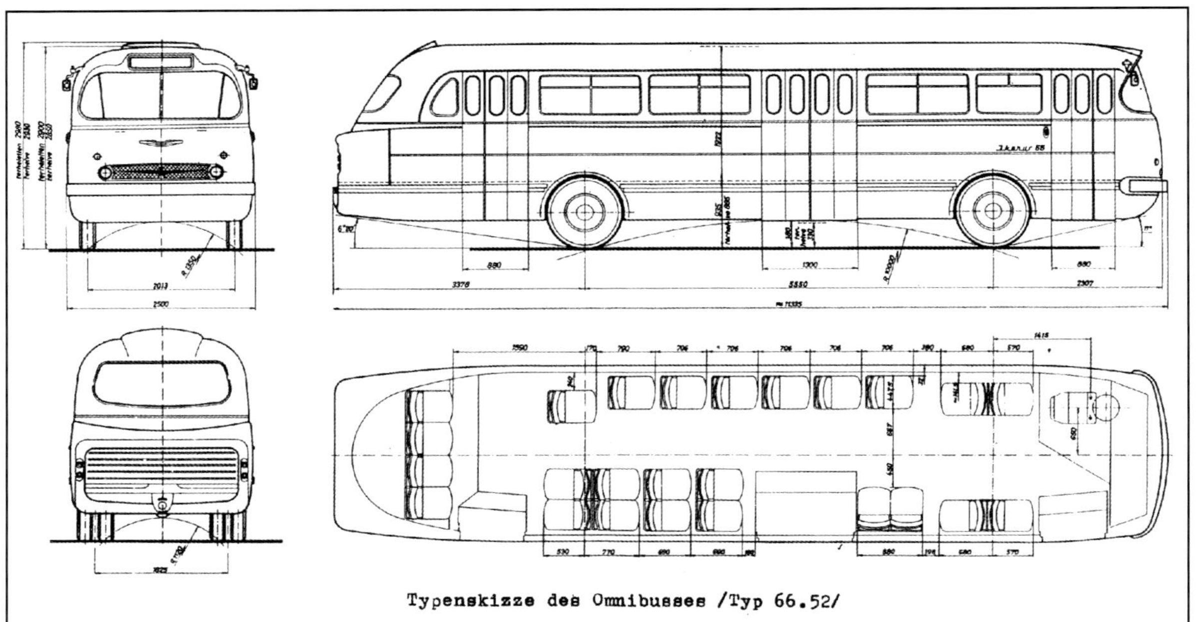

Hier sehen wir die Typskizze des Stadtwagens Ikarus 66.52, wie er von 1966 bis Anfang 1968 von den Bändern lief.

Wir erleben in zwei Bilddokumenten die Montage von Ikarus 66.62 Überlandwagen mit Gepäckbrücke, die auch in großer Zahl die DDR erreichten. Die Zwischenräume des Heckgitters waren 1966 bis Anfang 1967, wie in den Jahren zuvor, schwarz.

Diese beiden Aufnahmen lassen uns einen Blick in die Endmontage von Ikarus 66 Überlandwagen mit drei Dachluken und Sputniks an den vorderen und hinteren Dachrändern – gleichermaßen 1966 – werfen. In die DDR sind solche Fahrzeuge nicht geliefert worden.

Mit den Nummern 18 und 19 gingen im Juni 1966 zwei Ikarus 66 Stadtwagen bei den Görlitzer Verkehrsbetrieben an den Start. Die Lebenslinien dieser beiden Omnibusse werden wir an späterer Stelle explizit nachzeichnen.

Auch der Bestand an Ikarus 66 bei den Dresdner Verkehrsbetrieben erhöhte sich 1966 um fünf Stadtwagen. Aus der Serie 147 bis 150 zeigen die Bilder drei Omnibusse.

Gleichermaßen 1966 ist der Ikarus 66 Nr. 102 von 1958 ersetzt worden.

Hier erleben wir die Betankung des Wagens Nr. 10-72673 des VEB Kraftverkehr Bautzen im Juni 1967. Das Fahrzeug ist da gerade ein Jahr alt.

Von den 1966/67 gelieferten Ikarus 66 sind verhältnismäßig viele Stadtwagen mit drei Einstiegstüren auf Regionalbuslinien überall in der DDR eingesetzt worden, unter ihnen auch Nr. 60-9128 des VEB Kraftverkehr Mittweida.

Beim VEB Kraftverkehr Halle/Saale stand dieser Überlandwagen von 1966 auf Regionalbuslinien sowie im Berufsverkehr im Einsatz.

Für den Liniendienst zwischen Halle/Saale und der Chemiearbeiterstadt Halle-West (später: Halle-Neustadt) erwiesen sich die Ikarus 66-Stadtwagen bald als zu klein und sind durch Gelenkzüge ersetzt worden. Heute fahren dorthin Straßenbahnen.

In großer Zahl eroberten 1966/67 gebaute Ikarus 66 auch das weit verzweigte Liniennetz des VEB Kraftverkehrskombinat Dresden. Manchmal verfügten sie über eine Anhängerkupplung, um einen kleinen einachsigen Gepäckanhänger mitführen zu können. Die Kupplung fand dann ihren Platz in der Öffnung für den Rückfahrscheinwerfer, der einen anderen Platz finden musste oder auf den ganz verzichtet worden ist.

Im hiesigen Stadtverkehr konnte man ab 1966 den Ikarus 66-Stadtwagen Nr. 40-9180 des VEB Kraftverkehr Hoyerswerda sehen.

Auch dieser im Januar 1967 in Cottbus aufgenommene Ikarus 66 begann seine aktive Zeit 1966 im Kohlebezirk. Die Gepäckbrücke weist ihn als Überlandwagen aus.

Im Februar 1968 entstand dieses interessante Bilddokument des 1966 an die Dessauer Verkehrsbetriebe gelieferten Stadtwagens Nr. 52 beim Hauptbahnhof in Halle/Saale.

Natürlich fehlten 1966/67 gelieferte Ikarus 66 auch nicht in der ostsächsischen Stadt Zittau. Hier fährt ein Überlandwagen an einem Ikarus 66 von 1964 vorbei.

Mit der Nummer 32 fuhr dieser Ikarus 66 mit drei Einstiegstüren auf den Stadtbuslinien von Frankfurt/Oder. Auch er begann seine aktive Zeit im Jahre 1966.

Der Wagen Nr. 11-72756 des VEB Kraftverkehr Görlitz trägt zwar alle äußeren Merkmale der 1966 gefertigten Busse, ist aber nach heutiger Erkenntnis erst ist seit Mitte 1967 auf den Linien rund um die Neißestadt eingesetzt gewesen. Das Fahrzeug konnte sich bis Ende der 1970er Jahre im Einsatz behaupten. Hier sehen wir ihn kurz nach der Indienststellung in Rothenburg nördlich von Görlitz.

Auf städtischen Buslinien gingen 1966 in Cottbus zwei Überland- und ein Stadtwagen Ikarus 66 an den Start. Die Bilder vom Januar 1967 haben den Überlandwagen Nr. 48 – hier als Jugendwagen – und den Stadtwagen Nr. 49 zum Gegenstand. Die Omnibusse schieden 1974 bzw. 1977 aus dem Bestand aus.

Am ersten Juni 1966 erlebten die Ikarus 66 Nr. 18 und 19 der Görlitzer Verkehrsbetriebe anlässlich des Kindertages ihre erste Ausfahrt. Ziel war das nur knapp 30 km entfernte Kloster Marienthal am westlichen Neißeufer unterhalb der Gemeinde Ostritz, wo bei regnerischem Wetter dieses einzigartige Bilddokument vor der Kulisse der Klostermauern im Beisein des Autors entstanden ist und so wahrscheinlich einer der ersten Impulse für die spätere Beschäftigung mit diesem Wissensgebiet geworden ist. Beide Busse waren bis 1977 auf den städtischen Buslinien präsent und haben sich in dieser Zeit auch äußerlich verändert.

Wenige Wochen nach der Jungfernfahrt kam es zu einem Beinahe-Absturz von Wagen Nr. 18, an den von nun an bis zur GR 1971 eine genietete rechteckige Platte unterhalb des Dreiecksfensters erinnerte, welche ein Loch verdeckte, an dem das Seil zur Bergung eingehängt worden ist.

An einem schmuddeligen Wintertag Anfang 1971 wirkte Wagen Nr. 19, der eben am Platz der Befreiung vorgefahren ist, recht verbraucht. Seine GR erhielt er ein Jahr später im RfG Dresden.

Mit Fähnchen anlässlich des 25. Jahrestages der DDR geschmückt steht im Mai 1974 der nun generalreparierte Wagen Nr. 19 im Betriebshof für seinen nächsten Einsatz bereit.

Am 23. Mai 1976 zeigen sich auf einem Gruppenbild die Hecks aller damals noch aktiven Ikarus 66 der Görlitzer Verkehrsbetriebe: Links der noch einmal frisch lackierte Wagen Nr. 18, rechts davon die Nummern 14, 21, 19 und 17. Am linken Rand wartet Nr. 16 auf seine Zerlegung. Wenige Tage nach diesem Bild ist Wagen Nr. 14 verkauft worden, zwei Jahre später waren alle übrigen Fahrzeuge ebenfalls aus dem Bestand ausgeschieden.

Wir erleben einen Schichtwechsel auf der Buslinie A am Platz der Befreiung in den letzten Julitagen des Jahres 1976. Der hinten stehende Wagen Nr. 21 übernimmt gerade den Dienst von Nr. 18, der seine GR von September bis Oktober 1971 im ARW Halle erhalten hatte und den nun ein erst wenige Wochen alter Neuanstrich ziert.

Auch diese beiden Aufnahmen entstanden im Juli 1976. Wagen Nr. 19 erwartet die Abfahrtszeit als Linie E am Posteck bzw. ist im Betriebshof – eingerahmt vom Ikarus 556 Nr. 2 und dem damaligen Csepel-Abschleppwagen von 1961 für den nächsten Einsatz bereitgestellt.

Nun noch schnell ein Blick in den Fahrgastraum des Wagens Nr. 19. Links in einem der Seitenfenster ist der Wagen Nr. 14 zu sehen.
Dieser Schnappschuss gelang bereits im Juli 1975.

Nahtlos an die 1966 ausgelieferten Ikarus 66 schloss sich die Serie der 1967 bis zum Frühjahr 1968 produzierten Ikarus 66 an. Wichtigstes äußeres Unterscheidungsmerkmal der in die DDR gelieferten Omnibusse im Vergleich zur Vorjahresproduktion war die Verwendung eines Armaturenbrettes mit runden Anzeigeinstrumenten. Die liegend angeordneten seitlichen Fahrtrichtungsanzeiger in ovaler Form sind Zug um Zug durch hochkant unterhalb der Seitenfenster angeordnete ersetzt worden, deren Platz nicht mehr auf, sondern unter der Zierleiste war. Die farbliche Gestaltung der Zwischenräume im rückwärtigen Ziergitter ist nach und nach von schwarz auf dunkelgrau umgestellt worden. Im Jahre 1967 verließen 732 Ikarus 66 die Fließbänder. Unter ihnen befanden sich sowohl Stadtwagen mit drei Einstiegstüren, als auch Überland- und Linienwagen mit zwei Einstiegstüren, welche bei in die DDR gelieferten Bussen stets mit einer Gepäckbrücke ausgestattet waren. Mit 535 Bussen kamen die mit Abstand meisten in die DDR. Es waren dies wohl mehrheitlich Stadtwagen. Ein Sonderauftrag für Kuweit umfasste 100 Busse. Über sie wird an späterer Stelle berichtet. In Ungarn verblieben 35 Wagen, 60 sind nach Polen und 2 in die damalige Sowjetunion geliefert worden. Die erneute Serienumstellung mit nun an den Außenrändern der Bugwanne positionierten Nebelscheinwerfern ist im Frühjahr 1968 vorgenommen worden. Die dokumentierten Fertigungszahlen beziehen sich aber nur auf das Jahr 1967. Es werden sich die einen oder anderen Angaben folglich etwas verschieben. Werfen wir nun einen Blick auf einige in diesem Zeitfenster hergestellte Ikarus 66.

Im Juli 1967 begann bei den Görlitzer Verkehrsbetrieben der Linieneinsatz des Überlandwagens Nr. 20, der mit seinen liegend angeordneten seitlichen Fahrtrichtungsanzeigern noch ein wenig an die Serien vom Vorjahr erinnerte. Die seitliche Beschriftung in Kursivschrift ist nur bei wenigen Fahrzeugen vorgenommen worden. Wir sehen den Omnibus als Linie D im winterlichen Jauernick.

Heckansicht desselben Fahrzeuges. Es ist das einzige bisher bekannte Bild, bei dem die zusätzlich in Eigenregie am rechten Holm montierte Steckdose für die Aufwärmung des Kühlwassers im Winter zu erkennen ist. Erwähnenswert sind außerdem die stets im Lieferzustand vorhandenen drei senkrecht angeordneten Gitterstäbe vor dem Rückfahrscheinwerfer.

Im August 1977 lag die GR des Wagens Nr. 20 im RfG Dresden bereits vier Jahre zurück. Wenige Wochen nach der Aufnahme am Platz der Befreiung ist der Bus an die ZBO Grundstein in Kiesdorf bei Görlitz verkauft worden.

Mit den Nummern 156 bis 158 kamen 1967 die ersten drei Überlandwagen zu den Dresdner Verkehrsbetrieben. Ihnen folgten 1971 noch einmal zwei Busse mit den Nummern 466 009 und 466 010. Die Aufnahme entstand im Februar 1968.

Letztmalig gingen mit den Nummern 151 bis 155 im Jahre 1967 bei den Dresdner Verkehrsbetrieben fünf Ikarus 66 mit drei Einstiegstüren auf Jungfernfahrt. Die Bilder mit den Wagen Nr. 152, 151, 155 und 154 sind wenige Wochen nach der Indienststellung entstanden.

Auch im damaligen Karl-Marx-Stadt sind 1967 noch einmal fünf Ikarus 66-Stadtwagen neu auf den hiesigen Stadtbuslinien zum Einsatz gebracht worden. Sie fuhren mit den Nummern 1 bis 5 und teilten sich anfangs noch die Dienste mit durch GR aufgefrischten Ikarus 66 der ersten Lieferserien.

Die Leipziger Verkehrsbetriebe (LVB) stellten mit den Nummern 115 bis 124 im Jahre 1967 zehn Ikarus 66 Stadtwagen in Dienst. Auf dem Bilddokument von 1968 zeigt sich der Wagen Nr. 117 zusammen mit Nr. 113 dem Fotografen. Letzterer kam 1966 mit der Nummer 93 in einer Miniserie von drei Omnibussen erstmals auf Leipziger Stadtbuslinien zum Einsatz.

Auch Nr. 120, der hier kurz nach seiner Indienststellung zu erleben ist, gehörte zu der 1967 gelieferten Serie.

Der Überlandwagen Nr. 20-9173 des VEB Kraftverkehr Karl-Marx-Stadt – hier ein Bild von 1971 – begann seine aktive Zeit 1967. Man achte besonders auf die Radabdeckungen und die nachträglich auf der Stoßstange montierte dünne Zierleiste des exzellent gepflegten Omnibusses.

Der Stadtwagen Nr. 1025 der Magdeburger Verkehrsbetriebe ist ebenfalls 1967 an den Start gegangen.

Eine kleine Zahl von Ikarus 66 mit drei Einstiegstüren ergänzte 1967 den Fuhrpark der VE Verkehrsbetriebe Halle/Saale. Zu ihnen gehörten der 1970 auf dem Hallmarkt bildlich dokumentierte Wagen Nr. 35 und Nr. 34.

Von den Dienststellen des VEB Kraftverkehrskombinates Dresden ist 1967 bis 1968 noch einmal eine größere Zahl von Ikarus 66 mit drei Einstiegstüren für den Einsatz auf Regionalbuslinien beschafft worden. Die Aufnahmen entstanden im Juli 1967 im ostsächsischen Zittau bzw. ein Jahr später in Dresden.

Wir schauen noch einmal in eine der Produktionshallen des Herstellerwerkes, in der gerade Rohkarosserien von Überlandwagen montiert werden.

Nur zwei Ikarus 66 sind 1967 in die damalige Sowjetunion geliefert worden. Es spricht manches dafür, dass sich hier einer von ihnen durch den hohen Schnee kämpft. Man beachte besonders den dritten Scheinwerfer – der sich bei diesem Foto im Zielschildkasten befindet – und die eingeschalteten Nebelscheinwerfer.

Beim VEB Cottbusverkehr erlebte der Überlandwagen Nr. 62 im Jahre 1968 seinen ersten Linieneinsatz und steht hier nur wenige Monate nach seiner Indienststellung als Schulbus bereit. 1973 schied das Fahrzeug aus dem Bestand aus.

Wir wissen nicht genau, ob dieser Stadtwagen des Kombinates VEB Kraftverkehr Karl-Marx-Stadt noch 1967 oder 1968 erstmals auf Regionalbuslinien gefahren ist und haben dieses Bild deshalb an den Schluss gesetzt. Es handelt sich um den Wagen Nr. 33-9125, aufgenommen im März 1969. Die farbliche Gestaltung des Ziergitters hatte sich minimal geändert, wodurch das Heck etwas bulliger wirkte. Die Sicken an der Oberkante der Traverse seines unterem Abschlusses sind nun in der Wagenfarbe lackiert.

Mitten in der Fertigung des Jahres 1968 erreichte eine letzte wichtige äußere Änderung den Ikarus 66. Es blieb bis zur Einstellung der Produktion 1973 die letzte. Von nun an hatten die Nebelscheinwerfer ihren Platz an den Ecken der Bugwanne. Auf weitere technische, für den Laien aber nicht sichtbare Änderungen soll nicht eingegangen werden. Eher kosmetischer Natur war, dass bereits zu Beginn des Jahres 1968 die oberen beiden Sicken an den Außenseiten des unteren Heckabschlusses nicht mehr in die farbliche Gestaltung der Zwischenräume des Ziergitters einbezogen worden sind und dadurch das Heck insgesamt etwas bulliger wirkte. Wie bereits an anderer Stelle angedeutet, spricht manches dafür, dass bis 1970 die Montage der Omnibusse sowohl im Stammwerk, als auch am Standort des ehemaligen AMG-Werkes in Szekesfehervar erfolgte. Allein die Fertigungszahlen dieses letzten Abschnittes der Produktion sind beeindruckend. Insgesamt rollten noch einmal 5.767 Ikarus 66 von den Bändern, also mehr als 60 Prozent des Gesamtvolumens. Mit 3.356 Bussen hatten Lieferungen in die DDR daran den Löwenanteil, gefolgt von Ungarn mit 2.156 Wagen – also mehr als 80 Prozent der insgesamt dort eingesetzten Ikarus 66. Der 1967 mit 100 Bussen begonnene Auftrag für Kuweit ist 1968 um 80 Fahrzeuge ergänzt worden. 150 Busse rollten noch einmal nach Polen, 24 nach Ägypten und nur ein Bus nach Syrien.

In der DDR gab es ab Mitte 1972 eine größere Anzahl von Ikarus 66, die ohne Gepäckbrücke und Fahrertür geliefert worden ist. Die Ursachen hierfür konnten wir bisher nicht ermitteln. Ihnen folgten im letzten Produktionsjahr nämlich noch einmal Busse in gewohnter Ausstattung. Die Zierleisten der 1972 und 1973 gebauten Ikarus 66 wiesen verbreitet dunkelblaue oder schwarze Kunststofflinien auf – abweichend von den gewohnten dunkelroten. An vielen Einsatzorten in der DDR sind die stilprägenden Seitenfenster mit Klappoberlichtern relativ früh teilweise oder völlig durch glatte Seitenscheiben ersetzt worden. Die Mehrzahl der Busse erhielt wenigstens eine GR, aber es gab auch verhältnismäßig viele Busse, die ohne GR wieder ausschieden und von den neuen Besitzern oft nur in Eigenregie eine Auffrischung erfuhren. Hintergrund war hier sicher häufig die zeitnahe Verfügbarkeit von moderneren Ersatzfahrzeugen – nicht selten aus zweiter Hand. Dadurch erreichten viele Busse dieser 2. Ikarus 66-Generation häufig nicht das Alter der älteren Ikarus 66 und schieden nicht selten zusammen mit ihnen aus dem aktiven Dienst wieder aus bzw. wanderten ab auf die Dörfer. Schauen wir uns nun einige Bilddokumente dieser letzten Fertigungszeit an.

Immer wieder sind kleine Jubiläen gefeiert worden, wodurch dann auch die Übergabe von Fahrzeugen an die DDR bildlich dokumentiert ist. Wir stellen die Übernahme von Überlandwagen des Baujahres 1967 der feierlichen Übergabe eines Busses gleichen Typs der letzten Bauperiode gegenüber.

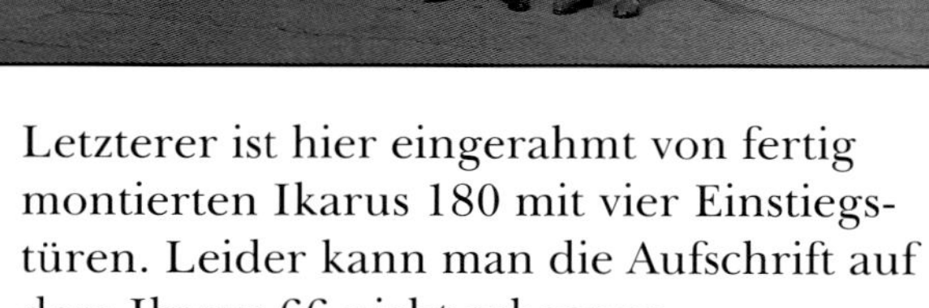

Letzterer ist hier eingerahmt von fertig montierten Ikarus 180 mit vier Einstiegstüren. Leider kann man die Aufschrift auf dem Ikarus 66 nicht erkennen.

Hier ist jener Ikarus 66.62 bildlich verewigt, wie er ab 1968 gefertigt worden ist. Durch die geringfügig abweichende farbliche Gestaltung des Ziergitters wirkt das Heck insgesamt etwas bulliger.

Hier noch einmal ein Überlandwagen der früheren Ausführung, wie er bis einschließlich 1968 zur Auslieferung gebracht worden ist. Dieser Bus ist in Ungarn geblieben.

Wie bei dieser Probefahrt eines Busses des letzten Bauzeitraumes rollten auch immer wieder einmal Ikarus 66 von Heidenau auf eigener Achse an ihre Einsatzorte in der DDR, dann allerdings mit angehängten Überführungskennzeichen oder bereits ihren künftigen Nummernschildern.

Diese Bilder, aufgenommen in Dresden, verdeutlichen anhand der Wagen Nr. 68 und 85 der Brandenburger Verkehrsbetriebe, wie sehr sich die Busse von 1967 bis 1968 allein durch die veränderte Positionierung der Nebelscheinwerfer äußerlich verändert haben. Die beiden Stadtwagen befinden sich hier noch weitgehend im Lieferzustand.

In den Jahren 1968 bis 1970 erhielten die VE Verkehrsbetriebe Halle/Saale mit den Nummern 36 bis 53 die letzten Ikarus 66 mit drei Einstiegstüren. Ihnen folgten in zwei Serien 1971 und 1972 mit den Nummern 54 bis 63 bzw. 64/65 zwölf Überlandwagen, die zugleich die letzten Ikarus 66 gewesen sind, welche dieses Unternehmen beschafft hat. Die Bilder der hier noch äußerlich originalen Wagen Nr. 39 (1969) und 63 (1971) entstanden 1970 bzw. 1973.

Hier blicken wir in den Fahrgastraum eines Ikarus 66 Stadtwagens der späteren Serien, damals Ikarus 66.52 genannt.

Auch das Kraftverkehrskombinat Schwarze Pumpe setzte viele Ikarus 66 Überlandwagen später gebauter Serien auf seinen Linien ein. Die Aufnahme zeigt den noch fast neuen Wagen 9288, einen Bus mit Fahrertür und Gepäckbrücke.

Ohne Gepäckbrücke fuhr dieser Überlandwagen von 1972 gleichermaßen beim VEB Kombinat Kraftverkehr Schwarze Pumpe. Wahrscheinlich hat er seine farbige Bauchbinde nachträglich erhalten.

Beim Kombinat VEB Kraftverkehr Karl-Marx-Stadt gehörten Überlandwagen, welche mit oder ohne Gepäckbrücke ihren Dienst antraten, viele Jahre zum Alltagsbild. Die Aufnahmen zeigen die Wagen 33-9144 von 1973, 35-9113 von 1972 und 14-9298 – hier vor einem Skoda RTO 706 geparkt und mit von einer Standheizung stammenden Abgasspuren unterhalb der Stoßstange.

Überlandwagen der späteren Baujahre verrichteten auch beim ungarischen Regionalbusunternehmen VOLAN in größerer Zahl ihren Dienst.

Dieser zweifarbige Bus des Unternehmens VOLAN wird gerade vom hohen Schnee befreit, in dem er wohl stecken geblieben ist.

Die Montage von Ikarus 66.62 der Bauzeit ab 1968 wird auf dieser reizvollen Fotografie erlebbar.

Diese beiden Aufnahmen dokumentieren die Ikarus 66.62 Nr. 37 der Stadt Weimar und Nr. 7724432 des VEB Kraftverkehr Kamenz, beide mit Gepäckbrücke. Der Kamenzer Bus verfügt hier bereits über glatte Seitenscheiben.

Wir möchten hier die unterschiedliche farbliche Gestaltung des Ziergitters gegenüber stellen: Wagen Nr. 7723858 des VEB Kraftverkehr Zittau ist im alten bis 1967 verwendeten Farbschema zu sehen, Wagen Nr. 7724432 des VEB Kraftverkehr Kamenz hingegen im neuen.

Diese einzigartige Bildsequenz präsentiert mehrere Ikarus 66 Überlandwagen des VEB Kraftverkehr Karl-Marx-Stadt. Der Wagen Nr. 31-9122 in Bildmitte befindet sich hier noch fast im Lieferzustand.

Als diese Aufnahme im Sommer 1974 beim Stadtpark in Görlitz entstand, sah man dem 1969 erstmals eingesetzten Ikarus 66 Stadtwagen Nr. 21 der Görlitzer Verkehrsbetriebe seine fünf Jahre im Stadtliniendienst an. Ein Teil der Regenrinnen fehlt, das Ziergitter weist erheblichen Verschleiß auf. Wenige Monate später erfolgte eine GR im RfG Dresden.

Der Görlitzer Wagen Nr. 21 nach seiner GR, aufgenommen im Sommer 1976 am Posteck und in der damaligen Herbert-Balzer-Straße. Auf Stadtbuslinien in der Neißestadt werden dem Bus nur noch 12 Monate bleiben.
An späterer Stelle kommen wir noch einmal auf dieses Fahrzeug zurück.

Vor allem in ländlichen Regionen gehörten Überlandwagen Ikarus 66.61 viele Jahre zum Alltagsbild. Hier ein Karl-Marx-Städter Wagen mit Gepäckbrücke, bis auf den Außenanstrich noch weitgehend im Originalzustand.

Der Überlandwagen Nr. 456 des VEB Cottbusverkehr trat seinen Dienst 1970 mit der Nr. 87 an und ist bis 1981, ein Jahr nach dieser Aufnahme, im Einsatz gewesen. Hier hat er glatte Seitenscheiben, es fehlen die Gepäckbrücke und der originale Rückfahrscheinwerfer. Außerdem zeigt sich die Lufthutze oberhalb der Heckfenster nach oben verlängert.

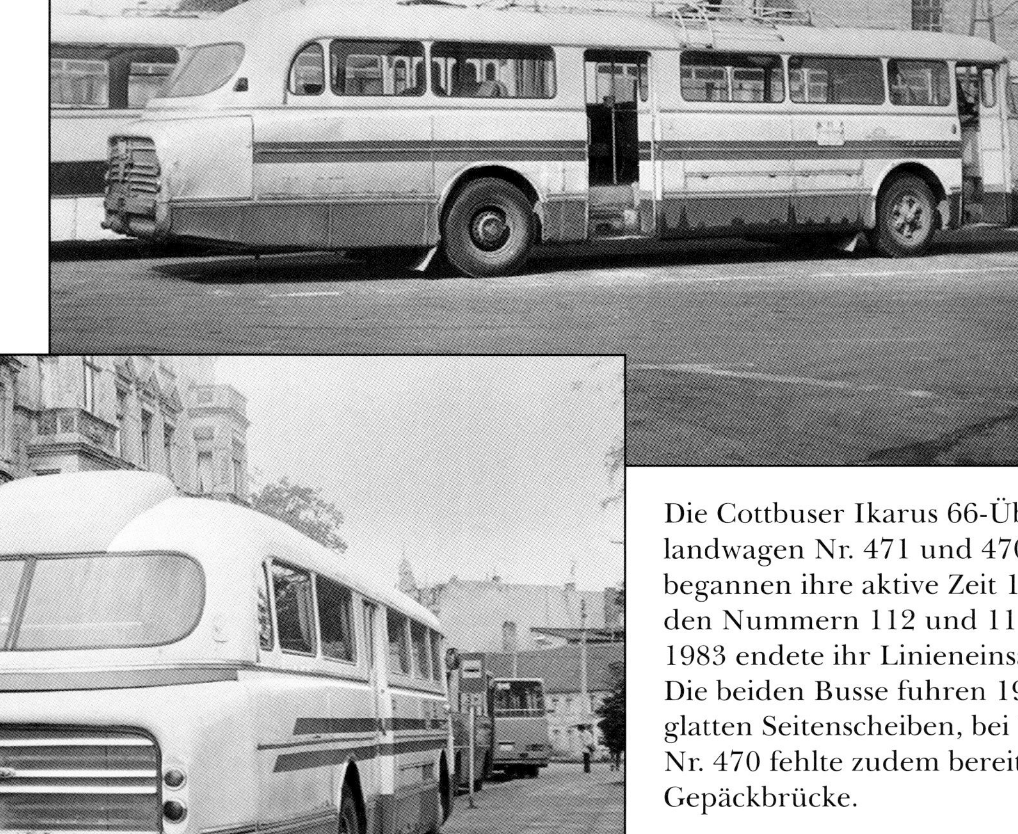

Die Cottbuser Ikarus 66-Überlandwagen Nr. 471 und 470 begannen ihre aktive Zeit 1973 mit den Nummern 112 und 111. 1983 endete ihr Linieneinsatz. Die beiden Busse fuhren 1980 mit glatten Seitenscheiben, bei Wagen Nr. 470 fehlte zudem bereits die Gepäckbrücke.

Der Cottbuser Überlandwagen Nr. 469 gehört zu jenen 1972 gelieferten Ikarus 66.62, bei denen die Gepäckbrücke und Fahrertür fehlten. Ursprünglich mit der Nummer 110 eingesetzt, schied das Fahrzeug 1981, ein Jahr nach dieser Aufnahme, aus dem Bestand aus.

Auch wenn dieser Stadtwagen der Bauzeit ab 1968 aus dem damaligen Bezirk Potsdam auf dieser Aufnahme von 1979 äußerlich recht ungepflegt wirkt und nicht mehr über die originale Stirnfront und Zierleisten verfügt, so erkennt man dennoch ohne Mühe, dass hier in großen Teilen die Blechhaut des Lieferzustandes erhalten ist.

Als dieser Ikarus 66 des VEB Kraftverkehr Wittenberg bei einem Unfall wahrscheinlich im Nebel schwer beschädigt wurde, fuhr er erst wenige Jahre und zeigte in vielen Details jenen Zustand, in dem seine Lieferung erfolgte. Auch er gehört ohne jeden Zweifel der Bauzeit nach 1967 an. Beachtung verdient allerdings, dass die Gitterstäbe nachträglich mittig mit kleinen Schrauben befestigt sind.

Dieser gut gepflegte Ikarus 66.62 aus dem damaligen Bezirk Frankfurt/Oder gehört ebenfalls zu einer späten Reihe dieses Typs und ist auf diesem Bild mit glatten Seitenscheiben zu sehen.

An einem Sommertag des Jahres 1976 kamen diese beiden Ikarus 66 des VEB Kraftverkehr Magdeburg dem Fotografen vor die Linse. Sie entstammen der späteren Bauzeit. Die Vorderansicht zeigt ein Fahrzeug von 1972 ohne Fahrertür und Gepäckbrücke, die Heckansicht ein solches von 1971 oder 1973, hier bereits mit nachträglich entferntem Rückfahrscheinwerfer. Beide ansonsten weitgehend originalen Busse fahren mit glatten Seitenscheiben.

1977 wartet dieser Ikarus 66.62 der Bauzeit ab 1968 im Autoreparaturwerk Halle/Saale auf seine Entkernung und GR. Auch dieser Bus gehörte damals zum VEB Kraftverkehrskombinat Magdeburg.

Dieser Cottbuser Ikarus 66 der späteren Bauphase fährt zwar 1980 noch im originalen Blechkleid, ist aber in Eigenregie aufgefrischt und dabei in vielen Details verändert worden.

Als in der ostsächsischen Stadt Görlitz die ersten Ikarus 66 bei den städtischen Verkehrsbetrieben aus dem Bestand ausschieden, trat ab 1971 eine zweite Generation mit insgesamt sieben Überlandwagen an den Start. Sie sind vor allem im Berufs- und Gelegenheitsverkehr – seltener auf Stadtbuslinien – gebraucht worden. Ihre aktive Zeit begannen sie alle in hellem einfarbigem Außenanstrich an. Wir schauen uns nun einige Aufnahmen aus ihren Einsatzjahren in der Neißestadt an.

Im April 1971 ersetzte dieser Ikarus 66 den zur Verschrottung anstehenden Wagen aus Halle/Saale und fuhr seitdem mit der Nummer 22 bis 1978. Die Aufnahme vom Sommer 1976 zeigt ihn kurz nach der GR im RfG Dresden auf dem Görlitzer Demianiplatz.

Ende Juli 1978 ist der Bus zur KAP Neuenkirchen bei Greifswald verkauft worden und steht hier zur Abfahrt zu seinem neuen Eigentümer bereit. Bereits wenige Monate vorher hatte es Wagen 19 ebenfalls dorthin verschlagen.

Aufnahmen der Wagen Nr. 25 und 26, fotografiert 1976 am Platz der Befreiung bzw. im Betriebshof Zittauer Straße; Wie alle Busse dieser 2. Generation trugen sie anfangs einen einfarbigen hellen Außenanstrich. Wagen Nr. 24 bis 28 kamen ohne Gepäckbrücke und ohne Fahrertür im Spätherbst 1972 erstmals zum Einsatz.

Der dunkelrote Farbbalken ist bei den Wagen Nr. 23 und 24 erst nachträglich aufgebracht worden. Die Bilder dokumentieren hier Nr. 24 im Juli 1976 auf der Abstellanlage Weinhübel des VEB Kraftverkehr Görlitz.

1977 erhielten die Ikarus 66 Nr. 24, 25, 26 und 28 eine GR im ARW Halle/Saale. Das Bild von 1978 zeigt das Heck von Nr. 24, nun mit rechteckigem Rückfahrscheinwerfer ausgerüstet.

Vor der Verwaltungsbaracke des Betriebshofs Zittauer Straße ist Nr. 26 an einem Sommertag des Jahres 1978 neben dem Csepel-Abschleppwagen für seinen nächsten Einsatz bereit gestellt. Seine GR im ARW Halle/Saale liegt hier ein Jahr zurück.

Manchmal standen alle sieben Ikarus 66 der 2. Generation im Betriebshof vor der Verwaltungsbaracke, diese Bilder von 1980 aber zeigen jeweils nur drei von ihnen. Übrigens waren nach der GR drei Wagen weiß-rot-weiß und genau so viele weiß-gelb-weiß lackiert. Als vorderen Bus im oberen Bild erkennt man Nr. 28, links sehen wir im Vordergrund die Hecks der Wagen 28 und 25.

Hier nun noch eine Winteraufnahme der im Betriebshof aufgestellten Wagen Nr. 26, 25 und 24 zu Beginn des Jahres 1980. Kurze Zeit später erfolgte der Verkauf von Nr. 24, reichlich ein Jahr danach auch der anderen beiden abgebildeten Fahrzeuge.

Anfang 1975 erlitt Wagen Nr. 23 bei einem Zusammenstoß mit einem Lkw schwere Schäden an der Front und am Heck.
Die Bilder zeigen das Fahrzeug am Unfallort und einige Monate später vorbereitet zur Überführung in das RfG Dresden.
Rechts erkennt man auch das Heck von Wagen Nr. 14, dessen aktive Zeit sich dem Ende nähert.

Nach der Aufarbeitung im RfG Dresden wirkte der Wagen Nr. 23 mit den nun mittig angeordneten Nebelscheinwerfern wie ein Ikarus 66 der Zeit 1966 bis 1968. Unbeschädigte Leisten und Bleche hat man am Fahrzeug belassen. Die Aufnahme vom Juli 1976 unweit der rückwärtigen Ausfahrt des Betriebshofes Zittauer Straße zeigt den Bus zusammen mit dem Ikarus 260 Nr. 4 von 1973, einer in der DDR nicht weit verbreiteten Ausführung mit durchgehender Schiebefensterleiste.

Dasselbe Fahrzeug zeigt sich im August 1977 mit überwiegend glatten Seitenscheiben, die vom verschrotteten Wagen Nr. 16 stammten. Am rechten Bildrand sehen wir Nr. 20, der wenige Wochen später verkauft worden ist.

Hier nun der Wagen Nr. 23 kurz nach der GR im ARW Halle/Saale, aufgenommen im Juli 1978 während einer Wartung im Betriebshof Zittauer Straße. Mit der Inventarnummer 7724 553 ging der Bus 1982 in den Bestand des VEB Kraftverkehr Görlitz über und fuhr noch einige Jahre im Regionalverkehr.

Auch der Wagen Nr. 27 musste nach einem Unfall im Jahre 1976 vorzeitig einer Aufarbeitung zugeführt werden. Diese ist wahrscheinlich auch vom RfG Dresden vorgenommen worden. Die Vorderfront blieb unverändert, die Traverse im unteren Heckabschluss hat man in vereinfachter Form nachgebaut, die seitlichen Zierleisten zeigen sich nun deutlich sparsamer ausgeführt. Bis zur GR fuhr der Bus mit einer dunkelroten Bauchbinde.

Wagen Nr. 27 erhielt 1978 eine GR im ARW Halle/Saale. Ein Jahr später steht er im Betriebshof Zittauer Straße, eingerahmt von dem Straßenbahn-Salzbeiwagen Nr. 112 und einem ebenfalls zum Betrieb gehörenden Belarus-Traktor. Kurze Zeit fuhr er als Kinderwagen-Omnibus (Bummi-Bus) im Berufsverkehr nach einem eigenen Fahrplan.

Wagen Nr. 27 ist ab 1982 mit der Inventarnummer 7724 578 beim VEB Kraftverkehr Görlitz zum Einsatz auf Regionalbuslinien gebracht worden. Dort erhielt er noch einmal einen neuen Außenanstrich und überlebte so bis zum Ende der 1980er Jahre. Das Bild zeigt den Bus im Frühsommer 1986.

Einige seltene Sonderbauarten des Ikarus 66

In diesem kurzen Kapitel sollen einige Varianten ansatzweise präsentiert werden, von denen nur relativ wenige Exemplare von den Bändern rollten. Sie sind meist für bestimmte Auftraggeber explizit geschaffen worden. Zum Einbau kamen dabei auch Motoren von Saurer und Henschel. Da die Faktenlage hier eher spärlich ist, kann dies nur beispielhaft geschehen, um zu zeigen, was alles aus dieser Konstruktion noch herausgeholt werden konnte. Die Auslieferung von Reisevarianten mit nur einer Einstiegstür ist nur eines dieser Beispiele, aber lassen wir nun eine Auswahl von Bildern selbst für sich sprechen.

Bereits Anfang 1964 erschien eine recht interessante Bauart mit dem Namen Metro. Insider werden längst gemerkt haben, dass dies der unmittelbare Vorläufer der Ikarus 66.62 gewesen ist. Die hellen Fenstergummis erinnern noch an das Jahr 1963, die Stoßstange an den Ikarus 55. Am rechten Bildrand erkennt man im Hintergrund einen Ikarus 630, ganz links ein Dumper mit einem Spezialaufbau.

Diese Bilder zeigen einige weiteren Details dieser Metro-Busse. Wie viele insgesamt von ihnen die Fertigungsbänder verließen, ist nicht bekannt.

Im Jahre 1965 sind einige Ikarus 66 mit nur einer Einstiegstür, seitlichen Schiebeoberlichtfenstern und Reisegestühl von den Bändern gelaufen. Sie waren mit einem Henschel-Antriebsaggregat ausgerüstet und verfügten über rechteckige an den Außenseiten der Motorklappen hochkant angebrachte Mehrkammerleuchten. Es liegt nahe, dass es sich bei dem abgebildeten Fahrzeug um einen der nach Ägypten gelieferten fünf Busse gehandelt haben wird. Dieser Ikarus 66 ist sogar als Ikarus 55 beschriftet.

Werfen wir nun noch einen Blick durch die Fahrertür und den mit Reisegestühl recht mondän ausgestatteten Innenraum eines solchen Fahrzeuges.

Eine durchaus noch überschaubare Zahl von Ikarus 66 ist 1965 bis 1968 auch mit einem Saurer-Dieselmotor ausgestattet worden. Die Aufnahme lässt einen ganz selten dokumentierten Ikarus 66 erkennen. Dieser verfügt über eine vordere und hintere Einstiegstür, Reisegestühl, Gepäckbrücke und der Doppelreihe Luftschlitze hinter der letzten Tür und man kann ihn deshalb zweifelsfrei dem Jahr 1965 zuordnen. Eine Besonderheit sind die Schiebeoberlichter in den Seitenfenstern und die Stoßstange vom Ikarus 55. Wohin er geliefert wurde, ist nicht bekannt, Ägypten liegt nahe, aber das ist nur spekulativ.

Hier sehen wir nun einen Ikarus 66 mit nur einer – der vorderen – Einstiegstür, Reisegestühl, Stoßstange vom Ikarus 55, drei Dachluken und seitlichen Klappoberlichtfenstern. Der als Ikarus 66 Lux beschriftete Omnibus könnte zu den 1966 nach Ägypten gelieferten vierzig Wagen gehört haben.

Auch dieser Ikarus 66 mit nur einer Einstiegstür, diesmal aber mit Gepäckbrücke und seitlichen Schiebeoberlichtern gehört zu einer Lieferung für Ägypten aus dem Jahre 1966.

1967 bis 1968 entstanden insgesamt 180 Ikarus 66 für Kuweit. Sie unterschieden sich äußerlich in einigen Details – unter ihnen den Zierleisten – recht deutlich von anderen Serienfahrzeugen, wurden von einem Saurer-Dieselmotor angetrieben und verfügten über eine vordere und eine hintere Einstiegstür. Hinter letzterer befand sich dann die obligatorische doppelte Luftschlitzreihe. Die Seitenfenster waren als zweigeteilte Schiebefenster ausgeführt und auf dem Dach zählte man fünf rechteckige Dachluken.

Der untere Heckabschluss der nach Kuweit gelieferten Fahrzeuge hob sich in seiner Form unübersehbar von jenem der übrigen Busse dieses Typs ab. Die geöffneten Klappen geben den Blick auf den Saurer-Motor frei, dessen Luftfilteraufsatz fast mittig hinter der Heckverglasung zu erkennen ist. Im Gitter zeigt sich – abweichend von den übrigen Serienfahrzeugen – ein Drahtgeflecht.

Wie alle ab 1967 produzierten Ikarus 66 verfügten auch die nach Kuweit gelieferten Busse im Armaturenbrett über runde Anzeigeinstrumente.

Nun werfen wir noch einen Blick in den Fahrgastraum von hinten nach vorn. Die seitlichen Schiebefenster und vier der fünf Dachluken sind recht deutlich zu erkennen.

Nachträgliche Eigenumbauten

Im Laufe einer oft langjährigen Nutzung ergaben sich immer wieder einmal veränderte Anforderungen an die Busse, die nicht selten in zuweilen recht seltsamen Umbauten mündeten. Meistens sind diese mit den zur Verfügung stehenden Mitteln selbst vorgenommen worden. Nur relativ selten kam es bei Ikarus 66 zur Einbindung von Reparaturbetrieben bzw. Aufbauherstellern in diese Aktivitäten. Die Mannigfaltigkeit der in Eigenregie erfolgten Umbauten ist so groß gewesen, dass wir uns hier lediglich auf einige prägnante Vertreter beschränken müssen, welche beispielhaft für viele andere stehen mögen.

Bei dem 1962 oder 1963 gebauten Ikarus 66.61 Nr. 20-9121 des VEB Kraftverkehr Lugau hat man relativ früh Schlagtüren in die beiden Einstiege montiert. Dies könnte hier im Rahmen einer GR erfolgt sein. Das seltene Bilddokument stammt aus dem Jahre 1967.

Bei diesem Ikarus 66 aus Eisenach ist der Umbau sicher eigenständig erfolgt. Der einstige Stadtwagen mit drei Einstiegstüren erhielt Schlagtüren vom Ikarus 55 und der mittlere Einstieg ist – deutlich sichtbar – verschlossen worden. Sehr markant treten die zusätzlichen Gitter an den Außenseiten der rechten Motorklappe ins Bild. Auch die Lufthutze auf dem Dach ist verlängert worden. Links der an anderer Stelle bereits beschriebene Wagen Nr. 18 von 1961.

Beim abgebildeten Ikarus 66.62 der Firma Max Lassak in Bautzen sind nachträglich ein Reisegestühl, Schlagtüren in den Einstiegen und die Stoßstange eines Ikarus 55 zum Einbau gekommen. So hielten sich einige dieser Busse noch bis Ende der 1980er Jahre.

Auch diesen Ikarus 66.62 der Firma Pietzsch aus Kolkwitz hat man nachträglich mit Schlagtüren versehen. Interessant ist hier auch die Form der Radabdeckungen. Im Grill vermisst man hingegen das typische Drahtgeflecht.

Wahrscheinlich nach einem Unfall ist beim 1964 gebauten Wagen Nr. 40-9127 des VEB Kraftverkehr Hoyerswerda die vordere Drucklufttür durch eine Schlagtür getauscht worden.

Beim Unternehmen Siegfried Wilhelm in Großpostwitz stand dieser Exot im Einsatz. Er verfügte über eine vordere und hintere Schlagtür sowie die Vorderfront eines Ikarus 180 oder 556. Mit großer Wahrscheinlichkeit handelt es sich um einen Ikarus 66, aber ganz sicher lässt sich das nicht sagen. Jedenfalls ist im Fahrzeug auch ein Reisegestühl zum Einbau gebracht worden.

Bei diesem in Querfurt stationierten Überlandwagen kamen veränderte Türblätter, Sputniks und die Stoßstange eines Ikarus 55 nachträglich zum Einbau.

Was man aus einem einstigen Stadtwagen machen konnte, lässt auch dieses Motiv eindrucksvoll erkennen. Dem Bus, der hier zur LPG Thomas Müntzer in Mühlhausen gehörte, hat man die mittlere Einstiegstür entfernt, an deren Stelle sich nun ein zusätzliches Seitenfenster befindet. Auch die transparenten Dachluken sind erst nachträglich montiert worden.

Aus einem Stadtwagen mit drei Einstiegen entstand dieses Fahrzeug durch Entfernung der hinteren Einstiegstür. Es stand zum Zeitpunkt der Aufnahme bei einem landwirtschaftlichen Unternehmen im Postdamer Raum im Einsatz.

Auch hier griff man zur Selbsthilfe: bei diesem Stadtwagen des VEB Kraftverkehr Köthen ist die mittlere Tür entfernt worden und an ihre Stelle kam die hintere Tür zum Einbau, die wiederum durch ein Fenster ersetzt worden ist.

Bei der LPG in Beilrode griff man auf einen in gleicher Weise vorgenommenen Umbau zurück. Die Stimmigkeit der Zierleisten und der seitlichen Fenster schließt nicht aus, dass der Umbau dieses und des zuletzt beschriebenen Busses durch einen professionellen Aufbauhersteller erfolgte oder wenigstens eine gewisse Unterstützung vorhanden gewesen ist.

Auch dieser Ikarus 66, im Dienst bei der VEG Gewächshausanlage Vockerode, ist ursprünglich als Stadtwagen gefahren. Nun fehlt die hintere Einstiegstür und in der mittleren hat ein Einstieg mit drei Türblättern seinen Platz gefunden. Inwieweit beim Umbau ein professioneller Aufbauhersteller Unterstützung geleistet hat, ist nicht bekannt.

Am 18.07.1977 sind die Wagen Nr. 18 und 21 der Görlitzer Verkehrsbetriebe an die örtliche Kommunale Wohnungsverwaltung verkauft worden. Diese beabsichtigte ihre Nutzung als mobile Reparaturstützpunkte für ihren Wohnungsbestand und rüstete sie mit Hilfe des VEB Waggonbau Görlitz entsprechend aus. Jedem Bus ist ein einachsiger Geräteanhänger beigestellt worden. Ab 1978 konnten die Busse ihrem neuen Zweck entsprechend genutzt werden. Sie wechselten jeweils nach mehreren Wochen ihren Stellplatz im Stadtgebiet und sind bis 1985 an mehreren Standorten bildlich dokumentiert worden, ein Grund für uns, diese Lebenslinien nachzuzeichnen.

Der ehemalige Wagen Nr. 21 begann im Frühjahr 1978 seine aktive Zeit in der Reichertstraße, die damals Wilhelm-Pieck-Straße hieß. Die im Hintergrund erkennbaren Gebäude aus der Zeit zwischen den Weltkriegen sind heute leider nicht mehr vorhanden.

In der Georg-Ledebour-Straße begann der Wagen Nr. 18 ebenfalls im Frühjahr 1978 seinen Dienst als mobiler Reparaturstützpunkt. Wie man unschwer erkennen kann, sind sogar defekte Fenster repariert worden.

1979 hatte Wagen Nr. 21 seinen Platz für einige Wochen in der Rauschwalder Straße.

1980 stand Wagen Nr. 18 längere Zeit am Klosterplatz in der Görlitzer Altstadt.

Ebenfalls 1980 sah man den ehemaligen Wagen Nr. 21 auf der Uferstraße, dort, wo der Autor seine ersten Gehversuche vor mehr als 60 Jahren gemacht hat. Bis dahin dürften die beiden Busse der KWV noch selbst bewegt worden sein.

Im Juni 1983 gelangen diese beiden Schnappschüsse vom ehemaligen Wagen 21 in der Sohrstraße. Wahrscheinlich erfolgte hier bereits die Umsetzung durch Überführungsfahrten.

In der Lausitzer Straße in Königshufen – die damals Leningrader Straße hieß – konnte man 1984 den ehemaligen Wagen 18 stehen sehen. Es dürfte eine der letzten Stationen gewesen sein. Interessant ist der am Heck des nicht mehr eigenständig betriebsfähigen Fahrzeuges angebrachte Briefkasten.

Die letzte dem Autor bekannte Station eines der beiden KWV-Busse ist der Aufenthalt von Wagen 21 in einem Grundstück in der damaligen Karl-Liebknecht-Straße Ende Mai des Jahres 1985. Kurze Zeit später sind beide Busse ganz sicher verschrottet worden.

Generalreparaturen im ARW Halle/Saale

Waren die Aufbauhersteller in der damaligen DDR in den ersten Nachkriegsjahren vor allem mit der Wiederherstellung durch lange Nutzung und Kriegsschäden verschlissener Nutzfahrzeuge beschäftigt, so richtete sich der Schwerpunkt seit Ende der 1950er Jahre zunehmend auf die systematische Nutzungsverlängerung der Lastwagen und Omnibusse. Hierzu ist ein System von Werkstätten in Verantwortung der jeweils zuständigen Kraftverkehrskombinate geschaffen worden. Vorbild war das in den Kolchosen der UdSSR praktizierte Modell in der Landwirtschaft, welches sich in der DDR in Gestalt der Landtechnischen Instandsetzungswerke wiederfand und recht gut bewährte. Die Busse fuhren überwiegend auf eigener Achse an die jeweiligen Standorte, wo die Komponenten voneinander getrennt wurden und der Aufbau entkernt und vom Gerippe her eine komplette Aufarbeitung erfuhr. Dies begann mit einer Sandstrahlung. Die Karosserie ruhte dabei auf einem Hilfsrahmen mit kleinen Rollen. Die technischen Aggregate (Motoren, Getriebe, Achsen) gelangten nach dem Austauschprinzip per Lkw in darauf spezialisierte Werkstätten zur Aufarbeitung. Ein Teil der Motoren ist durch Sechszylinder-Dieselmotoren aus Schönebeck ersetzt worden. Im Rahmen der Möglichkeiten sind die Busse auch äußerlich etwas moderner gestaltet und den jeweiligen technischen Betriebsvorschriften angepasst worden. Das ARW Halle verfügte vor Ort über eine Sattlerei, in der die Sitzpolster neu hergestellt wurden. Vor den Ikarus 66 hat man sich in Halle mit der Auffrischung von Ikarus 601/602 sowie 620 und 630 beschäftigt. Ein Ikarus 311 erhielt in diesem Werk einmal einen neuen Aufbau, um innerbetrieblich genutzt zu werden.

Die Verwendung von in anderen Werken und beim Bushersteller selbst vorgefertigten Blechteilen erfolgte je nach Verfügbarkeit. Dadurch kam es immer wieder einmal zu wechselnden Gesichtern der fertigen Busse. Ab Mitte der 1970er Jahre sind nur in Ausnahmefällen die Gepäckbrücken wieder auf den Dächern montiert worden. Insgesamt 1.747 Ikarus 66 haben bis 1980 eine GR im ARW Halle/Saale erhalten. Einige Busse waren mehrmals hier zu Gast. Parallel zu den Ikarus 66 sind Ikarus K 180 und nach ihnen Ikarus 280 hier erneuert worden.

Im September 1971 warten mehrere Ikarus 66 auf ihre Aufarbeitung. In der Bildmitte erkennt man den Görlitzer Wagen 18. Nach Nr. 15 und 14 war er der dritte Bus dieses Typs der Görlitzer Verkehrsbetriebe, der 1971 im ARW Halle/Saale ein neues Leben verliehen bekam.

Vier Jahre später stehen zwei Ikarus 66 Stadtwagen zur GR im Freigelände des Unternehmens. Links ein Wagen der Bauzeit 1968 bis 1973, rechts mit einem Kennzeichen aus Frankfurt/Oder ein Fahrzeug aus der Fertigungszeit 1966 bis 1968. Nach der Auffrischung werden beide äußerlich identisch aussehen.

Im selben Jahr entstanden diese Bildsequenzen mit Omnibussen aus verschiedenen Einsatzgegenden der damaligen DDR. Beachtung verdient der Überlandwagen des VEB Kraftverkehr Ballenstedt mit dem Kennzeichen KY 10-18. Ihm werden wir gleich noch einmal begegnen. Links von ihm erkennt man mit dem Kennzeichen RS 14-06 den Wagen Nr. 7724 272 des VEB Kraftverkehr Radeberg, hier mit der nachträglich eingebauten Bugwanne eines Ikarus 55.

Der Zufall wollte, dass der Ballenstedter Ikarus 66 wenige Wochen nach der GR dem Fotografen erneut begegnete. Er behielt seine Gepäckbrücke und wartete am Busbahnhof Ernst-Kamieth-Straße unweit des Hauptbahnhofes von Halle/Saale auf seine nächste Fahrt nach Thale.

Feierlich wird 1980 der letzte im ARW Halle/Saale generalüberholte Ikarus 66 verabschiedet. Es war das insgesamt 1.747. Fahrzeug dieses Typs. Leider konnten wir nicht herausbekommen, wohin dieser Bus rollte.

Zum Vergleich sehen wir hier noch einmal die Bestückung von Ikarus 66 späterer Bauart mit Polstersitzen im Herstellerwerk. So ähnlich kann man sich diese Abläufe im ARW Halle/Saale und anderen Aufbauwerkstätten vorstellen.

Wir kehren zu den Lebenslinien zurück und schauen uns den Görlitzer Wagen Nr. 27 noch einmal genau an. 1976 fährt der noch dunkelrote Bus im Kleid nach der Dresdner Unfallinstandsetzung durch Zgorzelec bzw. wartet am Platz der Befreiung auf seinen nächsten Einsatz.

Gerade ist der Wagen Nr. 27 Ende Juli des Jahres 1978 frisch von der GR zurückgekehrt und kann im Betriebshof Zittauer Straße bewundert werden. Im Hintergrund erkennen wir den Wagen Nr. 24, der ein Jahr zuvor ebenfalls in Halle/Saale seine GR erhalten hatte.

Einige Monate später ist dasselbe Fahrzeug – bereits schon wieder mit ersten Abnutzungsspuren – für seinen nächsten Einsatz hinter der Verwaltungsbaracke des Betriebshofes Zittauer Straße bereitgestellt.

Die Ikarus 66 des VE Verkehrsbetriebe Halle/Saale waren beinahe ständige Gäste im ortsansässigen ARW. 1978 sind Nr. 57 und 59 fast zeitgleich bereits zum zweiten Mal dort aufgefrischt worden.
Am linken Bildrand der Aufnahme mit Wagen 57 als Linie B nach Wörmlitz auf dem Hallmarkt ist Nr. 52 zu sehen, dessen GR bereits drei Jahre zurück liegt.

Nach der 2. GR fuhr der Hallesche Wagen Nr. 59 mit rechteckigen Rücklichtern und steht 1979 zur Abfahrt am Bahnhof östlich des damaligen Thälmannplatzes bereit. Die Hecks wirkten oft nach wenigen Jahren wieder verbraucht, wie die Aufnahme vom Hallmarkt mit Wagen 56 aus demselben Jahr zeigt.

Auch diese beiden Ikarus 66.62 aus Anklam und Magdeburg haben ihre GR im ARW Halle/Saale erhalten.

Die beiden Vergleichsbilder zeigen den Wagen 58 der VE Verkehrsbetriebe Halle/Saale im Zustand nach der ersten bzw. wenige Wochen vor der zweiten GR und wenige Wochen nach dieser. Beide Aufarbeitungen erfolgten natürlich vor Ort, die letzte als eine der letzten eines Ikarus 66 überhaupt in diesem Unternehmen. Die Bilder entstanden 1979 vor der Hallmarkbibliothek in Halle/Saale und zwei Jahre später in Merseburg.

In den letzten Jahren sind bei Aufarbeitungen im ARW Halle/Saale häufig die Zwischenräume im Heckgitter farbig gestaltet worden. Meist verwendete man einen bräunlichen oder grünlichen Farbton. Der Görlitzer Wagen Nr. 23 kehrte im Frühjahr 1978 mit braunem Heckgitter von der GR zurück.

Zum Abschluss noch eine Parallelsequenz der im ARW Halle/Saale aufgefrischten Wagen 24 und 27 der Görlitzer Verkehrsbetriebe, aufgenommen Ende Juli 1978 im Betriebshof Zittauer Straße.

GR-Wagen in Halle/Saale

In einem Bilderbogen möchten wir nun die letzten auf Stadtbuslinien der mitteldeutschen Stadt Halle/Saale eingesetzten Ikarus 66 vorstellen. Alle hatten eines gemeinsam: sie waren ein oder mehrmals im ortsansässigen ARW aufgefrischt worden. In Halle/Saale hatte und hat das Busliniennetz stets vor allem eine Zubringerfunktion zur Straßenbahn und der S-Bahn. Die Nummerierung der Fahrzeuge lässt nur bedingt einen Schluss auf ihr tatsächliches Alter zu. Wiederholt sind vor allem nach Unfällen Busse umnummeriert worden, um die Restbuchwerte ausgeschiedener Wagen nutzen zu können. Im ARW stand beispielsweise einmal der Wagen 51, während sich das überholte Fahrzeug bereits wieder im Einsatz befand. Ein anderes Beispiel: Wagen 5 ging 1971 zur GR als zweitüriger Bus und fuhr danach mit drei Einstiegstüren, um nur einige vorab zu nennen.

Die Beschaffung von Ikarus 66 durch die VE Verkehrsbetriebe Halle/Saale begann 1960. Zum Test weilte aber bereits zwei Jahre vorher ein Bus dieses Typs in der Saalestadt. 1972 kam mit der Nummer 65 der letzte Ikarus 66 in den Bestand des Unternehmens. Gegen Ende der 1970er Jahre sah man ausschließlich nach 1967 gebaute Busse auf den Stadtbuslinien. Halle/Saale war somit eine der letzten Hochburgen des Ikarus 66 in der DDR. Nur in Ostberlin gab es einen vergleichbar homogenen Wagenpark von generalüberholten Bussen dieses Typs. Schauen wir uns nun aber die letzten etwas über zwanzig Ikarus 66 im Stadtliniennetz ein wenig an, dokumentiert in Aufnahmen der Jahre 1975 bis 1981. Wenige Jahre später waren die markanten Busse hier, wie überall, weitestgehend von den Linien verschwunden.

Eine eindrucksvolle Bildsequenz mit vielen Ikarus 66 stellt dieser Schnappschuss aus den frühen 1970er Jahren im Betriebshof Freiimfelder Straße dar. Wagen 34 stammt aus dem Jahre 1967, die dahinter stehenden Nr. 48, 36 und 42 sind nach 1967 gebaut worden, ganz hinten bereits generalüberholte Busse.

1975 sind die Wagen Nr. 8 und 18 im Betriebshof zerlegt worden. Kurze Zeit später fuhren nur noch überholte Busse der Bauzeit ab 1968.

Mit dem Zulauf neuer Ikarus 260 schieden weitere Ikarus 66 aus dem Bestand aus – unter ihnen 1977 auch Wagen 7, dessen GR 1971 erfolgte und der inzwischen wieder nachlackiert worden ist. Das Bild zeigt ihn Anfang 1977 neben der Hallmarkt-Bibliothek (links im Bild).

1977 zeigt sich der Wagen 39 von 1968 am Hauptbahnhof der Saalestadt. Von hier wird er in wenigen Minuten wieder als Linie A zur Wohnstadt Süd II fahren.

Der Wagen 43 erhielt 1974 noch einmal eine GR im ARW. Es war bereits seine zweite. Auch er steht zur Abfahrt als Linie A zur Wohnstadt Süd II am Hauptbahnhof bereit, allerdings 1978. Hinter ihm erkennen wir den erst wenige Jahre alten Ikarus 260 Nr. 85.

Der Wagen 47 von 1969 hat seine GR im ARW Halle/ Saale bereits 1972 erhalten und ist zwischenzeitlich in Eigenregie erneut aufgefrischt und dabei in wichtigen äußerlich besonders am Heck deutlich erkennbaren Details verändert.
Die obere Aufnahme mit dem Ikarus 260 Nr. 73 von 1973 am rechten Rand entstand Anfang 1977, die linke fast an gleicher Stelle im Sommer 1978.

Wir erleben den in Eigenregie aufgefrischten Wagen 47 noch einmal als Linie A am Hauptbahnhof im Sommer 1978 und zwei Jahre später – nun bereits ohne Antriebsaggregat – als Aufenthaltswagen beim Betriebshof Freiimfelder Straße.

Als Nr. 49 im Sommer 1977 unter den Bahnhofsbrücken Fahrgäste aufnimmt, um später nach Reideburg zu fahren, stand seine Aussonderung unmittelbar bevor.

Lebhafter Betrieb herrscht an einem Herbsttag des Jahres 1978 vor dem Hauptbahnhof, als Nr. 50 sich auf seine Fahrt als Linie A zur Wohnstadt Süd II vorbereitet. Das Interhotel Halle/Saale entstand am Südrand des damaligen Thälmannplatzes in den Jahren 1964/65.

Auch Wagen 51, dessen GR im Jahre 1978, dem Zeitpunkt der Aufnahme, augenscheinlich einige Jahre zurücklag, ist hier als Linie A am Bahnhof zu sehen.

Wagen Nr. 52 erhielt seine GR 1975 und zwischenzeitlich einen neuen Außenanstrich. Beim Bahnhof sehen wir das Fahrzeug 1978 vor der Kulisse der heute nicht mehr existierenden Hochhäuser am damaligen Thälmannplatz.

Dieses vom Heck her aufgenommene Bild zeigt den recht verbraucht wirkenden Wagen 52 auf dem Hallmarkt.

Wie Nr. 52 erhielt auch der ebenfalls 1969 gebaute Wagen Nr. 53 seine GR 1975 im ortsansässigen ARW. Die Bilder zeigen ihn als Linie F nach Nietleben bei der Aufnahme von Fahrgästen am Hallmarkt und auf der Linie H Beesen - Ammendorf - Döllnitz in der Regensburger Straße im Jahre 1978.

Mit Wagen 54 begann 1971 die zuletzt insgesamt zwölf Busse umfassende Serie der Überlandwagen. 1978 sehen wir dieses Fahrzeug – natürlich längst generalrepariert – als Linie G nach Reideburg am Hauptbahnhof. Diese Linie ist bis 1971 als Linie 10 von einer Straßenbahn befahren worden.

Im Betriebshof Freiimfelder Straße wartet an einem Spätsommertag des Jahres 1977 der aufgefrischte Wagen 55 der Serie von 1971 auf seinen nächsten Einsatz. Am rechten Bildrand sehen wir einen so genannten Kirchenfensterwagen als Arbeitstriebwagen der Straßenbahn.

Zu den im Frühsommer 1981 im Schienenersatzverkehr in Merseburg eingesetzten Bussen gehörte auch der 1980 noch einmal überholte Wagen Nr. 55. Damals ist die Brücke am Sportplatz in Merseburg erneuert worden und ließ deshalb auf der Straßenbahnlinie 5 in beiden Richtungen keinen durchgehenden Verkehr zu.

Drei Jahre später war der Bus im Einsatz beim VEB Kraftverkehr Halle/Saale. So etwas hat es 1972 schon einmal gegeben: Mit der Verstaatlichung des Busunternehmens Schwieffert kam der 1960 gebaute Wagen Nr. 1, der dort mehrere Jahre gefahren ist, ebenfalls für einige Monate bei diesem Unternehmen zum Einsatz.

Vor der Kulisse des nördlichen Hochhauses am damaligen Thälmannplatz fährt Wagen 56 im Juni 1978 als Linie C zur Haltestelle Hauptbahnhof.

Zwei Jahre später fuhr der Bus mit neuem Außenanstrich. Hier steht er neben dem Ikarus 260 Nr. 73 von 1974, der ebenfalls bereits eine GR hinter sich hat, am Hauptbahnhof.
Die Nebelscheinwerfer beider Busse sind verschlossen.

1978 hatte der Wagen 57 der Serie von 1971 seine zweite GR erhalten und steht am Hallmarkt zur Abfahrt als Linie F nach Nietleben bereit.

Die erste GR von Wagen 58 lag schon einige Jahre zurück, als dieses Motiv im Frühsommer 1978 in der Südstadt II entstand. Bei dieser GR hat man den verunfallten Überlandwagen von 1971 gegen ein anderes Fahrzeug mit drei Einstiegstüren getauscht.

Der 1980 als letzter Ikarus 66 der VE Verkehrsbetriebe Halle/Saale noch einmal generalreparierte Wagen Nr. 58 steht im Frühsommer 1981 in Merseburg bereit für seine nächste Fahrt im Schienenersatzverkehr der Straßenbahnlinie 5.

Ein kurzer Blick in den Motorraum des Wagens Nr. 59, aufgenommen 1979 in winterlicher Atmosphäre beim Hauptbahnhof vor der Kulisse des Interhotels Stadt Halle. Der Bus hat gerade seine zweite GR erhalten.

Hier sehen wir noch einmal den frisch überholten Wagen 59 von 1971. Am Bahnhof befindet er sich ganz sicher gerade in der Pause vor dem nächsten Einsatz, denn sein Weg lautet Hallmarkt - Nietleben als Linie F. Links erkennt man einen Ikarus 260, im Hintergrund das nördliche Hochhaus am damaligen Thälmannplatz. Auch dieses Bild ist 1979 entstanden.

Einige Monate später ist wieder Winter. Nun steht der Wagen 59 zur Abfahrt nach Nietleben am Hallmarkt. Nach der 2. GR fuhr er mit rechteckigen Rücklichtern.

Der Wagen Nr. 59 befand sich im Frühsommer 1981 im Merseburger Schienenersatzverkehr.
Das Ziergitter zeigt hier erste Verschleißerscheinungen und ein Gitterstab beginnt sich zu lösen.
Links sehen wir einen Gothazug der hiesigen Straßenbahn.

Auch der Wagen 60 ist 1971 geliefert worden und hat 1977 bereits seine zweite GR erhalten. Die Bilder zeigen den Bus 1978 am Bahnhof vor der Kulisse der Ernst-Kamieth-Straße und der Hochbauten am damaligen Thälmannplatz, die es in dieser Form heute nicht mehr gibt.

Das nun frisch gewaschene Fahrzeug nimmt im selben Jahr am Hallmarkt Fahrgäste auf, um kurze Zeit später als Linie F nach Nietleben zu fahren.

Auch der Wagen 61 – ein Überlandwagen von 1971 – erfuhr bei seiner ersten GR einen Tausch gegen einen Stadtwagen mit drei Einstiegstüren. Hier zeigt er sich im Sommer 1978 auf der Linie H Beesen - Ammendorf - Döllnitz in der Regensburger Straße. Rechts sehen wir denselben Bus nach der 2. GR 1980 als Jugendwagen beim Bahnhof.

Als der Ikarus 66 Nr. 61 1981 im Schienenersatzverkehr in Merseburg auf der Straßenbahnlinie 5 aushalf, hatte er seine nun bereits zweite GR schon fast zwei Jahre hinter sich.

Einfach malerisch wirkt diese Winteraufnahme von 1979 mit dem 1971 gelieferten Wagen 62 vor der Kulisse der Hallmarktbibliothek. Das wenige Monate vorher überholte Fahrzeug ist hier im Einsatz auf der Linie E Hallmarkt - Kröllwitz.

Hier sehen wir den Bus vom Heck her aufgenommen am Bahnhof.

Mit dem Wagen 63 endete die Serie der 1971 gelieferten Überlandwagen. Bei diesen Bildern aus dem Jahre 1978 setzt er sich am Bahnhof als Linie A Richtung Wohnstadt Süd II in Bewegung, um kurze Zeit später in den Kreisverkehr am damaligen Thälmannplatz einzufahren.

Auch dieses Motiv, aufgenommen im Winter 1978/79 am Bahnhof mit demselben Fahrzeug, möchten wir den Lesern nicht vorenthalten.

Als diese Bilder des 1972 gelieferten Ikarus 66 Nr. 64 im Sommer 1978 am Hallmarkt entstanden, lag die GR bereits einige Jahre zurück. Der Bus hat aber kurz zuvor einen neuen Außenanstrich erhalten.
Die Nebelscheinwerfer sind nun verschlossen.

Recht verbraucht erleben wir den Omnibus, als er drei Jahre später am Rosengarten Richtung Merseburg unterwegs ist. Man hat jedoch Nebelscheinwerfer unterhalb der Stoßstange montiert.

Frisch überholt, aber bedeckt mit winterlichem Straßenschmutz ist hier der Wagen Nr. 65 am Hallmarkt Anfang 1979 zu sehen. Er befindet sich hier im Einsatz auf der Linie E Hallmarkt - Kröllwitz.

Den Abschluss bildet nun noch eine Farbaufnahme, 1979 am Bahnhof fotografiert. In Bildmitte der Wagen Nr. 65, diesmal frisch gewaschen, als Linie A Hauptbahnhof - Wohnstadt Süd II. Der Ikarus 66 wird links flankiert von einem Ikarus 260 der Bauzeit 1976/77 und rechts von dem bereits generalüberholten Wagen 79 gleichen Typs aus der Serie von 1975.

Beispiele für Aufarbeitungen von Ikarus 66 an weiteren Standorten

Insider konnten an verschiedenen äußeren Merkmalen relativ sicher erkennen, bei welchem Unternehmen Ikarus 66 aufgefrischt worden sind. Durch nachträgliche Eingriffe im Rahmen der Werterhaltung bzw. Nutzungsverlängerung war das aber im Einzelfall nicht immer ganz einfach. Wir möchten mit einigen willkürlich ausgewählten Bilddokumenten versuchen, diese Abgrenzung deutlich zu machen, sind uns aber bewusst, dass dies nur beispielhaft erfolgen kann.

Die Überlandwagen Nr. 466 007 und 466 010 gehörten im Sommer 1976 zu den letzten von den Dresdner Verkehrsbetrieben eingesetzten Ikarus 66. Der Wagen 466 007 erhielt seine GR im ortsansässigen RfG Dresden, beim Wagen Nr. 466 010 hingegen ist in Eigenregie das rückwärtige Gitter mit Zierleisten aufgefüllt worden. Das 1971 gebaute Fahrzeug zeigt sich dem Fotografen noch mit seinem originalen Blechkleid.

Vor allem im Cottbuser Raum sind von dort ansässigen Aufbauherstellern verschlissene Busse auch aufgefrischt worden, wobei nicht selten die alten Bugwannen wieder Verwendung fanden. Die Aufnahmen von 1980 zeigen die Wagen 450 und 465 des VEB Cottbusverkehr, 1969 bzw. 1972 als Nr. 79 und 104 in Dienst gestellt und 1983 ausgesondert.

Typisch für im Cottbuser Raum aufgefrischte Ikarus 66 waren die recht individuelle Anordnung von Zierleisten anstelle der Gitterstäbe im Heck und nicht selten der Doppelstreifen auf der Lufthutze, wie diese ebenfalls 1980 entstandenen Bilddokumente der Wagen 450 und 463 des VEB Cottbusverkehr (ex. Nr. 79 und 101) eindrucksvoll belegen.

Auch die 1980 dokumentierten Wagen 7721 710 und 7721 702 des VEB Kraftverkehr Schwarze Pumpe erfuhren ihre Aufarbeitung bei einem Aufbauhersteller in der Region. Es hat aber auch Werkstätten in anderen Gegenden gegeben, bei denen die Umgestaltung der Heckgitter in ähnlicher Weise erfolgte, unter ihnen in Güstrow, Stralsund, Neubrandenburg und Glauchau. Durch den zunehmenden Bedarf an Kapazitäten im Zusammenhang mit dem Verschleiß der 200er Ikarus-Busse war zudem an eine systematische Aufarbeitung der älteren Fahrzeuge nicht mehr zu denken. Mit wenigen Ausnahmen endete diese zu Beginn der 1980er Jahre fast zeitgleich an allen Standorten.

Die in Kleinmachnow aufgefrischten Ikarus 66 wiesen zwei Merkmale auf, die sie von an anderen Standorten reparierten Bussen deutlich unterschieden. Die obere der seitlichen Zierleisten war nach der GR durchlaufend bis zu den Motorklappen und die Gitterstäbe im Heck hat man durch genau so viele Zierleisten ersetzt. Die Bilddokumente entstanden 1979 in Hennigsdorf bzw. 1987 kurz vor der Verschrottung eines zuletzt beim VEB Kraftverkehr Zeitz stationierten Wagens in Wallwitz.

An einem Juniabend des Jahres 1976 steht Wagen 5333 des VEB Kraftverkehr Haldensleben am Magdeburger Busbahnhof, um Fahrgäste in seine Heimatrichtung aufzunehmen. Seine letzte GR im RFG Dresden liegt nicht allzu lange zurück, wobei eine Bugwanne des Ikarus 55 mit 4 Nebelscheinwerfern zum Einbau gelangte, was nicht allzu oft erfolgt ist.

In Westsachsen eingesetzte Ikarus 66 erhielten ihre Auffrischung häufig in Plauen am Standort des ehemaligen Vomag-Werkes. Dort reparierte Fahrzeuge wirkten bereits Mitte der 1970er Jahre äußerlich vergleichsweise einfach. Hier ist ein Bus des VEB Kombinat Kraftverkehr Karl-Marx-Stadt 1975 in Halle/Saale bildlich festgehalten worden.

Der Wagen 2191 216 des VEB Kraftverkehr Zwickau erhielt seine GR auch in Plauen. Die Aufnahme zeigt den Bus ohne Rückfahrscheinwerfer. Auch wurde auf einen Teil der Zierleisten verzichtet.

Hier sehen wir den Wagen 13-9199 des VEB Kombinat Kraftverkehr Karl-Marx-Stadt nach einer GR in Plauen, aufgenommen 1974.

Im Winter sind bei im Erzgebirge und im Harz eingesetzten Ikarus 66 oft Skiträger am Heck montiert worden wie dies beim Annaberger Wagen 35-3129 im Jahre 1974 bildlich dokumentiert worden ist. Auch dieses Fahrzeug hatte bereits eine GR in Plauen erhalten.

Zum Zeitpunkt dieses Bilddokumentes 1986 waren im Betriebshof Olbernhau fast ausschließlich in Plauen aufgearbeitete Ikarus 66 zu sehen. Die Aufnahme verdeutlicht, wie sehr hier bereits die Entfeinerung vorangeschritten gewesen ist.

Bei diesem Überlandwagen des VEB Kraftverkehr Karl-Marx-Stadt hat man bei der GR auf die untere umlaufende Zierleiste komplett verzichtet.

Vor allem bei Aufarbeitungen von Ikarus 55 und 66 an Standorten im Norden der DDR zeichneten sich die Busse danach durch recht individuell gestaltete Hecks aus, bei denen man auf Gitterstäbe vollständig verzichtete und stattdessen Zierleisten verwendet worden sind. Bei den Ikarus 66 prägten außerdem Stirnfenster mit abgerundeten Ecken den Gesamteindruck recht nachhaltig.

Der Rostocker Stadtwagen Nr. 307 von 1968 zeigt sich im April 1976 mit den markanten Stirnfenstern, bei denen die Ecken abgerundet sind.

Der Wagen 7720 308 des VEB Kraftverkehr Greifswald hatte zum Zeitpunkt der Aufnahme seine aktiven Einsätze bereits hinter sich. Auch hier sind die abgerundeten Ecken der Stirnfenster recht gut zu erkennen.

Wenige Monate vor seiner Aussonderung zeigt sich der Wagen 7720 847 des VEB Kraftverkehr Stralsund, Betriebsstelle Bergen/Rügen in Wiek auf Rügen. Recht deutlich erkennt man die vereinfachte Gestaltung des Hecks nach der GR in Stralsund. Natürlich fehlen auch die abgerundeten Stirnfenster nicht.

Die in Bergen/Rügen stationierten Ikarus 66 Nr. 7720968 und 7721036 erlebten ihre letzten Einsätze auf der Linie nach Garz im Süden der Insel.

Beim Bahnhof Saßnitz steht der Wagen 7721116 an einem Wintertag Mitte der 1980er Jahre als Schulbus bereit. Er trägt einen recht individuellen braun-weißen Außenanstrich. Mit dem Zulauf von gebrauchten Ikarus 280 aus Ostberlin sind bis 1986 die meisten Ikarus 55 und 66 aus ihren letzten Aufgabengebieten verdrängt worden. Dem zunehmenden Ansturm von Urlaubern waren sie bereits seit mehreren Jahren nicht mehr gewachsen.

Auf der Linie nach Lauterbach im Südosten Rügens erlebte der Ikarus 66 Nr. 7721 044 des VEB Kraftverkehr Stralsund seine letzten Einsätze.

Hier steht der Ikarus 66 Nr. 7721 220 des VEB Kraftverkehr Stralsund bereit als Schulbus nach Dreschvitz auf der Insel Rügen. Auch seine Tage sind gezählt.

Zum Zeitpunkt der Aufnahme vom 27.07.1988 verdiente sich dieser blau-weiß lackierte Ikarus 66.62 der Bauzeit ab 1968 sein Gnadenbrot bei der LPG (P) Velgast. Die abgerundeten Ecken der Stirnfenster outen den GR-Wagen als Nordlicht. Immerhin aber verfügt er noch über eine Gepäckbrücke.

Natürlich gehörten auch in den Nachbarbezirken Schwerin und Neubrandenburg die markanten „Nordlichter“ mehrere Jahre zum Alltag. Diese Aufnahme lässt im Juni 1987 ein recht verbraucht wirkendes Fahrzeug in Templin erkennen. Auch hier sind Ikarus 66 zunehmend von Omnibussen der 200er Ikarus-Reihe verdrängt worden.

Im Betriebshof Anklam wartet hier ein Überlandwagen des VEB Kraftverkehr Demmin auf einen seiner letzten Einsätze. Auch bei diesem späten Wagen dieses Typs, der hier noch über die originalen vorderen Fahrtrichtungsanzeiger verfügt, erkennt man wieder die für die Nordlichter so charakteristischen abgerundeten Ecken der Stirnfenster. Am rechten Bildrand schob sich ein weiterer Ikarus 66 in das Motiv.

Einsätze im Regionalverkehr der DDR-Bezirke Halle/Saale und Dresden

Diese beispielhafte Bildauswahl hat ganz bewusst diese beiden Gebiete zum Inhalt. Zum einen erleben wir einen sehr ausgeprägten Berufsverkehr mit einer entsprechenden Infrastruktur im mitteldeutschen Raum um Halle/Saale herum. Dadurch war hier eine sehr große Zahl von Omnibussen stationiert, ab Ende der 1960er Jahre eine Zeit lang überwiegend Ikarus 66 aus zwei Generationen zum Teil gleichzeitig, die sich bis gegen Ende der 1980er Jahre noch in Restbeständen halten konnten – immer wieder aufgefrischt und – gegen Ende ihrer aktiven Zeit oft mehr schlecht als recht – repariert, weil jeder Bus quasi rund um die Uhr gebraucht worden ist. Dem gegenüber leisteten an vielen Standorten des VEB Kraftverkehrskombinates Dresden schier unendlich viele dieser markanten Busse gleichermaßen bis weit in die 1980er Jahre Tag für Tag ihren Dienst in dem weitverzweigten Liniennetz und sind so zu Legenden geworden. Zuletzt hat man sie auf ganz unterschiedliche Weise in den Betriebsstellen am Laufen gehalten, wodurch einzelne Fahrzeuge sich bis zu ihrer Aussonderung in recht gutem Zustand zeigen konnten.

Im August 1968 zeigen sich dem Fotografen am Busbahnhof beim Hauptbahnhof von Halle/Saale zwei ältere Ikarus 66. Der Wagen Nr. 2568 von 1964 ist hier noch im Zustand seiner Lieferung zu sehen. Rechts dahinter der Wagen 2536 aus demselben Jahr. Dessen Schwesterfahrzeug Nr. 2537 konnte der Autor kurz vor der Aussonderung 1971 noch täglich im Einsatz erleben, wenn es heulend an der Goetheschule am Waisenhausring vorbeifuhr.
Die Wagen 2536 und 2537 erhielten ihre GR im RfG Dresden.

1965 begann ein bis dahin nicht dagewesener Zulauf an Ikarus 66 wie überall in der DDR auch und vor allem beim VEB Kraftverkehr Halle, was innerhalb weniger Jahre zur Ablösung der Rahmenfrontlenker führte. Die beiden Aufnahmen beim Busbahnhof in der Ernst-Kamieth-Straße vom August 1968 werden beherrscht von Fahrzeugen dieses Typs aus den Jahren 1965 bis 1967. Noch aber erkennt man einen Ikarus 601, wohingegen Ikarus 630 bis Mitte der 1970er Jahre ihren Dienst leisteten.

Als im Sommer 1976 dieses Bilddokument in Magdeburg entstand, befand sich der 1972 gelieferte Ikarus 66 des VEB Kraftverkehrskombinat Halle/Saale äußerlich noch im Zustand seiner Lieferung.

Wiederholte GR im ortsansässigen ARW hielten die Ikarus 66 bis in die späten 1980er Jahre betriebsfähig. Beim Wagen 7722 345 hat man die Klinke an der Fahrertür entfernt.

Ab 1974 teilten sich Ikarus 66 des Kraftverkehrskombinates Halle/Saale, wie überall, zunehmend ihre Dienste mit ihren Nachfolgern, aber man konnte erst gegen Ende der 1980er Jahre völlig auf ihre Dienste verzichten.

Der Wagen 7721 575 des VEB Kraftverkehr Zeitz machte noch im Oktober 1987, als diese Aufnahme in Weißenfels entstand, trotz nun weitgehend fehlender Zierleisten äußerlich einen recht guten Eindruck.

Bei diesem Überlandwagen – längst durch eine GR aufgefrischt – hat man die Gitterstäbe im Heck mittig mit zusätzlichen Schrauben gesichert. Sorgfältige Ausbesserung von Verschleiß- und Unfallspuren lassen darauf schließen, dass es hier wohl noch einmal einen neuen Außenanstrich geben wird. Die Aufnahme entstand 1983.

Nach Mitte der 1980er Jahre waren viele Ikarus 66 nur noch ein Schatten ihrer selbst. Nur wenige Jahre später haben Ikarus-Busse der 200er Reihe auch die Dienste der letzten von ihnen vollständig übernommen. Eine größere Zahl verdiente sich danach noch ihr Gnadenbrot, vor allem bei privaten Unternehmern und in der Landwirtschaft.

Kommen wir nun zum damaligen Bezirk Dresden. Als im Mai 1976 in Bautzen diese Aufnahmen vom Überlandwagen 7723 632 entstanden, lag seine GR im RfG Dresden erst wenige Wochen zurück. Hier steht der Bus bereit als Schienenersatzverkehr der Bahn, bei der auch stets irgendwo an den Strecken gebaut worden ist.

Der Überlandwagen 7722 978 des VEB Kraftverkehr Görlitz, gebaut 1970, ist 1976 am Demianiplatz im Zustand nach der ersten GR im RfG Dresden zu sehen. Wenige Jahre später folgte eine weitere GR.

Wenige Monate nach diesem Klassentreffen der Ikarus 66 Nr. 27, 26 und 23 der Görlitzer Verkehrsbetriebe im Jahre 1980 trennten sich deren Wege: Nr. 26 wurde verliehen und später verkauft an das VEG Kunnerwitz, Nr. 23 kam zum Betriebshof Emmerichstraße, Nr. 27 blieb in der Zittauer Straße und wechselte später ebenfalls zur Emmerichstraße.

Als diese Aufnahme im Mai 1982 vor der Verwaltungsbaracke der Görlitzer Verkehrsbetriebe entstand, war an dem Ikarus 66.62 von 1972 sowohl die Nummer 23, als auch die Inventarnummer 7724 553 des neuen Eigentümers, des VEB Kraftverkehr Görlitz, angeschrieben. Noch aber fehlt dessen Wappen.

Im November 1983 waren beim VEB Kraftverkehr Görlitz in drei Meisterbereichen noch 14 Ikarus 66 im aktiven Dienst. Das im Sommer desselben Jahres auf der Freiabstellanlage in Weinhübel aufgenommene Fahrzeug war darin nicht mehr enthalten. Beachtung verdient die Einhausung der wahrscheinlich nachträglich eingebauten rechteckigen Rücklichter.

Auf Regionalbuslinien des VEB Kraftverkehr Görlitz sah man 1985 unter anderem die Ikarus 66.62 Nr. 7723 222 und 7722 174, aufgenommen in Niesky und auf dem Demianiplatz.

Im Sommer 1979 entstand diese Bildsequenz beim Betriebshof Emmerichstraße des VEB Kraftverkehr Görlitz, die geprägt wird von Ikarus 66 und deren Nachfolgern. Links und rechts säumen die Wagen 7722 978 und 7723 616 die eindrucksvolle Szenerie.

Anfang 1982 sah es so aus, als würde der an der Emmerichstraße abgestellte Wagen Nr. 7723 255 in Bälde ausgesondert werden. Auf dem Bild von 1985 zeigt er sich jedoch frisch lackiert dem Fotografen in der Zittauer Straße an der Einmündung der Biesnitzer Straße.

Durch immer wieder erfolgte Auffrischungen in Eigenregie konnten die verbliebenen Ikarus 66 des VEB Kraftverkehr Görlitz mehrheitlich bis über das Jahr 1987 betriebsfähig gehalten werden. Einige Busse erhielten dabei nachträglich kleine Luftschlitze rechts neben der vorderen Einstiegstür eingebaut.

Als im Sommer 1986 beim Betriebshof Emmerichstraße die Aufnahme mit dem Ikarus 66.62 Nr. 7723 585 entstand, wies dieser recht nachhaltigen Verschleiß am hinteren linken Kotflügel auf. Das rechte Heckfenster ist zudem zu Bruch gegangen und deshalb durch eine Folie abgedeckt.

Was in Eigenregie möglich war, verdeutlichen diese beiden Aufnahmen des Wagens 7722 680 des VEB Kraftverkehr Görlitz. 1982, als die Aufnahme in Deutsch-Paulsdorf entstand, wirkte der zum Meisterbereich 51-501 gehörende Bus, dessen aktive Zeit bereits im Sommer 1969 in der Neißestadt begann und der im RfG Dresden eine GR erhalten hatte, in hohem Maße abgewirtschaftet. Fünf Jahre später – nun im Bereich 51-502 eingesetzt – erkennen wir ihn kaum wieder, wären da nicht das Kennzeichen und der markante, aber nachgerüstete Bügeltritt an der Unterseite der Stoßstange.

Die Ikarus 66.62 Nr. 7721 358 und 7721 165 des VEB Kraftverkehr Dippoldiswalde haben ihre GR im RfG Dresden erhalten. Dabei sind ganz sicher auch die Bugwannen vom Ikarus 55 mit vier Nebelscheinwerfern zum Einbau gebracht worden. Am linken Bildrand erkennt man einen Ikarus 31.

Der VEB Kraftverkehr Bautzen und der VEB Kraftverkehr Zittau setzten viele Jahre Ikarus 66-Stadtwagen mit drei Einstiegstüren auf ihren städtischen, aber auch im Regionalverkehr ein.
In Bautzen ist mindestens bei einem Wagen die hintere Tür durch ein Fenster ersetzt worden. Die Bilder dokumentieren den Bautzener Wagen 7700 722 und den Zittauer Wagen 7700 601.

Am 17.07.1987 konnte der hier recht gut erhaltene Bautzner Ikarus 66 Stadtwagen 7700 730 mit nur noch zwei Einstiegstüren bildlich dokumentiert werden.

Wie in Görlitz konnte man noch einige Jahre nach Mitte der 1980er Jahre viele Busse des VEB Kraftverkehr Bautzen und des VEB Kraftverkehr Zittau trotz der zunehmenden Entfeinerung noch einmal mit farbenfrohen Außenanstrichen erleben. Ihre Dienste waren noch nicht entbehrlich. Die Bilddokumente zeigen die Bautzner Wagen 7724 096, 7723 343 und den Zittauer Wagen 7722 832.

Beim VEB Kraftverkehr Bischofswerda ist der Ikarus 66.62 Nr. 7723 745 in den 1980er Jahren noch auf Regionallinien aktiv gewesen.

Einen recht gepflegten Eindruck macht der abgebildete Wagen 7722 141 des VEB Kraftverkehr Eibau.

Diese beiden Ikarus 66 Überlandwagen des VEB Kraftverkehr Zittau beendeten ihre aktive Zeit mit einem recht skurrilen Umbau. Die Rücklichter befinden sich nun im Inneren des Hecks. Wahrscheinlich sind beide Busse zuletzt in Eibau eingesetzt gewesen.

Der Wagen 7722 777 des VEB Kraftverkehr Meißen ist hier mit verkehrt herum montiertem Frontgrill zu sehen.

Auch der Wagen Nr. 7723 150 fuhr 1987 beim VEB Kraftverkehr Meißen und steht hier im Betriebshof Nossen bereit für seine nächste Fahrt.

Mit dieser stimmungsvollen Aufnahme des Ikarus 66 Überlandwagens Nr. 7723 858, eingesetzt beim VEB Kraftverkehr Zittau in den späten 1980er Jahren, möchten wir dieses Kapitel beenden.

Ein Blick auf die letzten Jahre der Ikarus 66

Wir möchten nun den Blick auf einige Bilddokumente richten, wie man sie so gut wie nie in Büchern finden wird. Sie zeigen das letzte Aufbäumen der Ikarus 66 bis deren Einsätze durch modernere Busse komplett übernommen werden konnten. Möglicherweise verdankt der eine oder andere heute existierende Oldtimer dieser Zeit, dass er überhaupt erhalten geblieben ist.

Hier erleben wir eine typische Alltagsszene von einem bereits generalüberholten Ikarus 66 an einer Tankstelle. So in etwa konnte man das bis in die 1980er Jahre hinein beinahe täglich sehen.

Bereits in den sechziger und siebziger Jahren sind wiederholt auch Ikarus 66 zum Einsatz gebracht worden, obwohl Teile von ihnen sich noch in der Reparatur befanden. Es war fast immer keine ausreichende Zahl einsatzfähiger Busse verfügbar. Hier ein Ikarus 66 des VEB Kraftverkehr Magdeburg, aufgenommen 1976 am hiesigen Busbahnhof.

Am 16.08.1984 gelang diese einzigartige Sequenz in Bernstadt auf dem Eigen. Rechts fährt der Zittauer Ikarus 55 Nr. 7620 827 einem Ikarus 66 entgegen. Die Straße hätte nicht schmaler sein dürfen.
Der Ikarus 66 gehörte übrigens damals zur ZBO Grundstein im nahe gelegenen Kiesdorf und fuhr bis 1977 bei den Görlitzer Verkehrsbetrieben mit der Nummer 20.

Ende der 1980er Jahre teilten sich vielerorts die letzten verbliebenen Ikarus 66 ihre Einsätze mit ihren Nachfolgern, hier beim VEB Kraftverkehr Zittau beispielsweise mit Ikarus 255. Lebenslinien werden auch in Gestalt der Wagenhalle hinter den Bussen in eindrucksvoller Weise sichtbar: Bis zur Betriebseinstellung der Straßenbahn im Jahre 1921 sind deren Fahrzeuge hier untergestellt worden, heute wird das Gebäude von einer Autowerkstatt genutzt.

Einen jammervollen Eindruck machte der Ikarus 66 Nr. 35-9155 des VEB Kraftverkehrskombinat Karl-Marx-Stadt, als er im Herbst 1985 im Kurort Oberwiesenthal bildlich dokumentiert worden ist. Auf seine Dienste konnte aber noch nicht völlig verzichtet werden.

Bei diesem Ikarus 55.62 der Bauzeit ab 1968 des VEB Kraftverkehr Schwedt, aufgenommen am 18.04. 1988 beim Bahnhof der Gemeinde Tantow an der Bundesstraße 113, ist der Sitz der Frontscheiben an deren oberen Rand nachträglich stabilisiert worden.

Auch für diesen am 21.02.1987 im Betriebshof aufgenommenen Wagen des VEB Kraftverkehr Zwickau nähert sich der letzte seiner aktiven Einsätze. Rechts ein weiterer Ikarus 66.

Nur relativ selten erfuhren die Busse in den eigenen Unternehmen ihre Zerlegung, wie dieser Ikarus 66.62 des VEB Kraftverkehr Eberswalde.

Hunderte Ikarus 66 sind in Wallwitz am Fuße des Petersberges bei Halle/Saale zerlegt worden. Die nur beispielhafte Aufnahme zeigt einen Bus des VEB Kraftverkehr Eisleben.

In der zweiten Hälfte der 1980er Jahre erlebte man für kurze Zeit noch einmal die vermeintliche Wiederauferstehung von Ikarus 66. Von nun oft privaten Eigentümern sind sie überwiegend mit bescheidenen Mitteln aufgearbeitet worden, um noch einige Jahre treue Dienste verrichten zu können. Wir zeigen einige dieser Busse, sind uns aber bewusst, dass dies eine willkürliche Auswahl aus unzähligen weiteren Bilddokumenten ist, die wir treffen mussten.

Die LPG(P) in Jüterbog arbeitete mit eigenen Mitteln diesen von ihr erworbenen Überlandwagen im Jahre 1988 auf, um ihn nur wenige Jahre noch zu nutzen. Von der kurz darauf folgenden Wende spürte man noch nichts. Sonst wäre die Entscheidung möglicherweise anders ausgefallen.

Auch die LPG (P) in der Gemeinde Zodel, etwa 10 km nördlich von Görlitz gelegen, scheute keinen Aufwand, um von ihr erworbene gebrauchte Busse in ansehnlichem Zustand zum Einsatz zu bringen. Die Aufnahme entstand am 28.07.1987.

Eine extravagante Lackierung hatte auch dieser Überlandwagen der bekannten Firma Erich Schulze in Burg bei Magdeburg.

Dieser Ikarus 66 verbrachte seinen Lebensabend bei der Firma Knorr im etwa 5 km nördlich von Finsterwalde an der Bundesstraße 96 gelegenen Sonnenwalde. Äußerlich entspricht er bis auf die nun glatten Seitenscheiben in vielen Merkmalen noch dem Lieferzustand und macht einen recht gepflegten Eindruck.

Am 21.05.1988 fuhr dieser Ikarus 66 Überlandwagen des VEG (Z) Tierzucht Mücheln dem Fotografen vor die Linse.

Einen ausgesprochen auffälligen dunkelroten Anstrich trägt dieser Ikarus 66 des Unternehmens „Altmark" Walter Schröter aus Stendal, der hier zudem über eine Bugwanne des Ikarus 55 verfügt.

Dieser Ikarus 66 verbrachte seine letzten aktiven Jahre bei der LPG (P) Schafstädt, zwischen Merseburg und Querfurt an der Landesstraße L 172 und etwa 2 km südlich der Autobahn A 38 gelegen. Hier sehen wir ihn mit nachträglich eingebauten vorderen Fahrtrichtungsanzeigern des Lkw W 50.

Etwas mehr als 4 km südwestlich von Mansfeld befindet sich an der Bundesstraße 86 Anarode, eines seiner Ortsteile. Beim hiesigen VEG (P) verbrachte dieser Überlandwagen seine letzten aktiven Jahre. Die Aufnahme vom 21.05.1988 zeigt das mit einem blau-weißen Außenanstrich versehene Fahrzeug mit vorderen Fahrtrichtungsanzeigern des Lkw W 50.

Seine letzten aktiven Einsätze bei der LPG Bastorf hatte dieser Überlandwagen mit einer umgebauten Stoßstange des Ikarus 55 zum Zeitpunkt der Aufnahme bereits hinter sich. Meistens folgte danach die Verschrottung.

Auch dieser Ikarus 66.62 hat seinen letzten Einsatz beim VEB Glaskunst Lauscha wahrscheinlich bereits längst hinter sich.

Einen Dornröschenschlaf verbringt hier bei der Firma Günter Pietsch in Klettwitz (NL) ein aus heutiger Sicht sehr wertvolles Fahrzeug, ein Ikarus 66 mit zwei Einstiegstüren der ersten in die DDR gelieferten Serie von 1958.

In Salzfurtkapelle nordöstlich von Zörbig und wenige Kilometer westlich der Autobahn A 9 gelegen, werden wir Zeuge des letzten Weges eines Ikarus 66 Überlandwagens und möchten damit diese Bildauswahl beenden.

5. Ein Blick auf die Csepel-Lkw

Wir möchten nun einige jener Csepel-Lkw vorstellen, deren Motoren in den meisten der vorgestellten Ikarus-Bussen zum Einbau gelangt sind. Im Jahre 1948 begann auf der südlich von Budapest gelegenen und 1950 als 21. Bezirk eingegliederten Donauinsel Csepel die Fertigung von Nutzfahrzeugen. Grundlage bildete eine Lizenz der Steyr 380 und 480. Als Csepel D 350 kam ein erster, etwas kantigerer Lkw auf den Markt. Zwei Jahre später begann die Fertigung des Csepel D 420, welcher dem Steyr 380 sehr ähnlich gewesen ist. Das Antriebsaggregat trug die Bezeichnung Csepel D 413, leistete 80 PS und ist in den Ikarus 30 und 31 verwendet worden.

Kipper Csepel D 352 B kam in kleiner Zahl auch in die DDR.

Ein alter Csepel, der noch wie ein Steyr aussieht, aber bereits vom D 414 angetrieben wurde: der Csepel D 420, hier als Tankwagen.

Der Csepel D 352 kam in die DDR nur mit Prischenaufbau.

Der allradgetriebene Mannschaftswagen ist nur beim ungarischen Militär verwendet worden.

Die ab 1958 exportierte 450er Reihe war auch in der DDR weit verbreitet. Hier sehen wir eine Sattelzugmaschine D 450N.

Auch Zementsattelzüge Csepel D 450 mit verschiedenen Aufliegern sind in der DDR recht weit verbreitet gewesen.

Natürlich gab es in der DDR auch verschiedene Tankaufbauten der Csepel 450er Reihe.

Im Pritschenwagen Csepel D 450 und im Kipper Csepel D 420 arbeitete noch der Motor vom Typ D 413. Beide gab es auch in der DDR, die Kipper sah man hier zuerst beim Bau der Berliner Mauer im August 1961.

Auch mit Pritschen- und verschiedenen Kofferaufliegern sind Csepel D 450 in die DDR geliefert worden.

Diese drei Varianten runden das Spektrum der Csepel D 450 ab, haben aber offiziell nicht den Weg in die DDR gefunden.

1958 begann der Export der überaus erfolgreichen neuen 450er-Csepel-Reihe. Hauptabnehmer waren vor allem RGW-Staaten, aber auch China, Ägypten, Nigeria und Syrien. Hier gelangte der auch vom Ikarus 311 bekannte Vierzylinder-Motor D 414 mit 95 PS zum Einbau. Aus diesem wiederum entstand in den zu Beginn der 1950er Jahre ein sechszylindrisches Aggregat mit 125 PS, welches für den Vortrieb der Ikarus 60er Reihe und anfangs auch der Bustypen Ikarus 620, 55 und 66 verwendet worden ist. Es trug den Namen D 613. Aus diesem wiederum entstand 1960 durch Aufbohren und weitere technische Änderungen der Csepel D 614 mit 145 PS, welcher die von 1960 bis 1971 gefertigte Frontlenkerbaureihe Csepel D 700 antrieb, aber auch in den Ikarus 620, 630, 55 und 66 Verwendung fand. Letzte Modifikation dieses Motors war Mitte des Jahres 1962 der Einbau einer neuen Luftfilteranlage, äußerlich erkennbar an nur einem, aber deutlich größeren Zyklon-Luftfilteraufsatz gegenüber der bisherigen Bauweise mit zwei kleineren Luftfilteraufsätzen. Ein Teil der Csepel D 700er Reihe erreichte mit Turbolader eine Leistung von 170 PS.

In der DDR kamen Csepel D 352 mit Pritschenaufbau, D 352 B Kipper, D 420 Pritschenwagen, D 420 B Kipper, D 450 Pritschenwagen (Motor: D 413), D 450 N Sattelzugmaschine, D 510 Milchtankwagen (Motor: D 414), D 705-710 Sattelschlepper mit vielen Aufliegern zum Einsatz. Allein von der 700er Reihe liefen hier 700 Züge, deren bekannteste Varianten ein Großraummöbelzug mit ein- oder zweiachsigem Auflieger, ein Zementsilozug mit zweiachsigem Auflieger und zwei hinter einander stehenden Silos und ein Milchzug mit einachsigem Nachläufer gewesen sind. Hier sorgte, wie bereits geschildert, der D 614 für den Vortrieb. Heute sind Csepel-Lastwagen eine absolute Ausnahmeerscheinung. Die Nachfolgebaureihen konnten sich am Markt nicht durchsetzen.

Die 1960 gefertigten Vorausmuster der neuen 700er Reihe wirkten recht verspielt mit ihrem üppigen Chromzierrat. In der kurz darauf anlaufenden Serienfertigung wirkten die überaus erfolgreichen Fahrzeuge deutlich sachlicher.

In die DDR kamen bis 1971 annähernd 700 Csepel D 705. In großer Zahl waren Behälterauflieger in verschiedenen Bauarten zu sehen. Hier sehen wir Zementauflieger mit hinterer Lenkachse.

Auch derartige Behälterfahrzeuge hat es ganz sicher in der DDR gegeben. Bildlich belegt sind sie nicht.

Diese Aufnahmen zeigen Sattelschlepper D 705 mit Kraftstofftankaufliegern. Diese sind in der DDR auch zum Einsatz gekommen.

Zu den auch in der DDR verbreiteten Lebensmittelbehältertankfahrzeugen auf der Basis des D 705 gehörten vor allem Milchzüge.

Hier sehen wir zwei Solotankfahrzeuge auf der Basis des Csepel D 705. Ob es sie so auch in der DDR gab, ist nicht bekannt, aber vorstellbar.

Zu wahren Legenden sind diese Möbelzüge auch in der DDR geworden. Der Autor erlebte seinen Umzug von Görlitz nach Halle/Saale im Februar 1971 mit einem solchen Gefährt, damals beheimatet beim VEB Kraftverkehr Halle/Saale. Hier waren sie noch bis zum Beginn der 1980er Jahre täglich im Einsatz zu sehen.

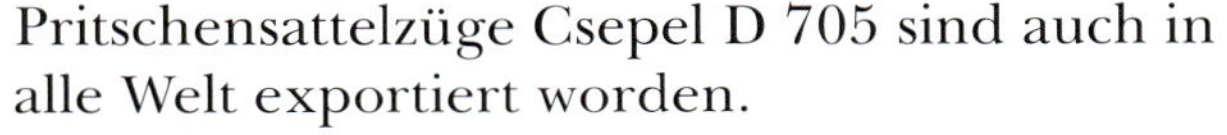

Pritschensattelzüge Csepel D 705 sind auch in alle Welt exportiert worden.

Nach Ghana ist dieses Wassertankfahrzeug geliefert worden.

Müll- und Kranfahrzeuge auf der Basis des Csepel D 705 sind sehr selten bildlich dokumentiert.

Zum Abschluss zeigen wir noch einige Solotankfahrzeuge mit unverkleidetem Tank mit und ohne Anhänger. Deren Einsatz in der DDR ist nicht bildlich belegt, aber auch nicht ausdrücklich ausgeschlossen.

Zum Abschluss möchten wir zwei der recht seltenen Amateuraufnahmen von Csepel-Lastkraftwagen im DDR-Einsatz präsentieren. Sie zeigen recht weit verbreitete Fahrzeuge und lassen somit in eindrucksvoller Weise an jene Ära erinnern, die deutlich kürzer war, als jene der Busse mit deren Motoren.

Im Winter 1964/65 brachte dieser Csepel D 450 des VEB Minol Diesel für die in Königswartha stationierten Omnibusse des VEB Kraftverkehr Bautzen. Über der Beifahrerseite erhebt sich hinter dem Fahrerhaus die Tanksäule. Übrigens wurde die gelbe Rundumleuchte bei Tankfahrzeugen nach dem schweren Zugunglück in Langenweddingen bei Magdeburg am 06.07.1967 mit 94 Opfern verbindlich eingeführt. Zum Zeitpunkt der Aufnahme gab es sie also noch nicht.

Überall, wo es in der DDR größere Bauvorhaben gab, waren seit ihrer Einführung ab 1960 die Zementzüge auf der Basis des Csepel D 705 allgegenwärtig. Hier erleben wir ein solches Fahrzeug aus dem damaligen Bezirk Potsdam. Unter der Stoßstange ist die eingehängte Abschleppstange gut zu sehen, vor dem Grill befindet sich zudem ein Frostschutz.

Anstelle eines Schlusswortes

Wenn ich mich nun dem Ende dieses Buches nähere, möchte ich es nicht, ohne mich bei all jenen zu bedanken, die es zu dem haben werden lassen, was es nun ist. Lassen Sie mich aber vorher die Klammer Lebenslinien noch einmal kurz zusammenfassend erläutern. Zunächst sollten in wesentlichen Merkmalen die Entwicklungsstufen der frühen Ikarus-Typen bzw. dort, wo dies geschehen ist, deren Weiterführung zu neuen Typen und die Ableitung von Sonderbaureihen dargestellt werden. Ein weiterer Aspekt ist die mit dem Nutzungsprozess unmittelbar einhergehende Entwicklung, der stetige Wandel von Verschleiß und Erneuerung, schließlich die Restverwertung, wo diese möglich und sinnvoll erschien, immer im Kontext mit den aktuellen Anforderungen und den vorhandenen Möglichkeiten zu ihrer Erfüllung. Anders ließen sich die zum Teil skurrilen Lösungen nicht erklären. Der wohl wichtigste Aspekt aber ist die Verbindung dieser Fahrzeuge mit den Biografien all jener Menschen, die in irgendeiner Form mit ihnen etwas zu tun hatten, sei es als Fahrdienstleiter, Produzent, Ein- und Verkäufer, Buchhalter, Unternehmer, Werkstattleiter, Arbeiter in allen berührten Gewerken, Fahrer, nicht zuletzt als Fahrgast allen Alters und Bürger schlechthin. Nur ein winziger Teil von ihnen wird diesen Zusammenhang bewusst erlebt haben, aber diese wenigen haben dieses Buch erst möglich gemacht. Mein besonderer Dank gilt hier stellvertretend für alle Johannes Rausch, Manfred Pieper, Peter Dönges, Holger Haase, Thomas Zimmermann, Andre Junghans und natürlich dem Verlag für die exzellente Betreuung, aber er gilt vor auch den Familien und Partnern für oft ein Höchstmaß an Geduld und Verständnis, mitunter auch nur Duldung, ohne die nichts gelungen wäre. Stellvertretend für alle sei hier meine Mutter genannt. Ein einziger Impuls genügt bei keinem Hobby. Es bedarf immer wieder neuer und man muss bei allem auch ein wenig Glück haben, die so gewonnenen Erkenntnisse in angemessener und vor allem verständlicher Form einer breiten Öffentlichkeit präsentieren oder wenigstens sinnvoll ausfüllen zu können. Ich habe dabei aufgrund der sehr lückenhaften Nachweise über bestimmte Prozesse – gerade bei den ältesten Typen – mich ganz bewusst von Beginn an für die deduktive Methode der Darstellung von Fakten entschieden, das heißt, dass in vielen Fällen die Erforschung und Erläuterung anhand konkreter beispielhafter Bilder erfolgt ist. Auch ist im Buch auf eine vollständige Typbezeichnung weitestgehend verzichtet worden, weil deren Dokumentierung in den überlieferten Quellen Widersprüche aufweist. Hier wollte ich nicht dazu beitragen, diese Ungereimtheiten noch weiter zu vergrößern. Das aber ist natürlich ein sinnvoller Ansatz für eine weitergehende Forschung und öffentliche Darstellung.

Es wäre mir eine große Freude, wenn viele Leser jenen Spaß teilen würden, den ich bei der Bearbeitung des Themas hatte, und der in wesentlichen Aspekten einen beträchtlichen Teil meines Lebens widerspiegelt.

Einträchtig stehen hier im damaligen Bezirk Gera in Thüringen ein Ikarus 55 und ein Ikarus 66 nach mehr als zehnjähriger Nutzung nebeneinander, beide durch Auffrischungen recht stark vom Lieferzustand entfernt, aber irgendwie noch immer majestätisch, als wären sie noch nicht bereit, aus dem aktiven Dienst auszuscheiden.

Bildurhebernachweis

Archiv DVB AG
Archiv VGG
Bernd Arnold
Sammlung Jens Aumann
Sammlung Klaus Bartusch, Nossen
Ikarus-Archiv, Bildverlag Böttger GbR
Günter Bloos, Sammlung Andreas Riedel
Peter Dönges
Sammlung Roland Fischer
Werner Gloe, Sammlung Plauener Omnibus GmbH
Sammlung Holger Haase
Günter Hauck
Sammlung Gerd Heckel
Sammlung Andre Junghans
Rainer Kitte, Sammlung Andreas Riedel
Manfred Kittlaus
Siegfried Knorre, Sammlung Mathias Kluge
Sammlung Michael Küster
Andreas Lange, Sammlung Andreas Riedel
Sammlung Wilfried Otto
Manfred Pieper
Johannes Rausch
Sammlung Gerold Rebentrost
Ehrenfried Richter
Andreas Riedel
Sammlung Matthias Scheidhauer
Wolfgang Schreiner, Sammlung AG Historische Nahverkehrsmittel Leipzig e. V.
Sammlung Lutz Uhlemann, Archiv VGM
Klaus Wenzel
Sammlung Thomas Zimmermann

Weiterführende Literatur

Gerlei Tamás, Kukla László, dr. Lovász György – Az Ikarus évszázados története, (Ungarn, 2008)

Christian Suhr – Ikarus: Busse für die Welt, Verlag Kraftakt, Halle (Saale), 2014

Andreas Riedel – Omnibusse in Dresden und Sachsen, Stadtbildverlag, Görlitz, 2014

Aus unserem Verlagssortiment

Text-Bildband
DIE FAHRSCHULE
von den Anfängen bis heute
Manfred Fischer
Während Publikationen über Kraftfahrzeuge in den letzten Jahren sehr zahlreich erschienen sind, gibt es nur wenige Abhandlungen über die Geschichte der Fahrausbildung.
Schwerpunkt des Bandes sind die 1960er/70er Jahre.
Format 24 x 16 cm, 176 Seiten, 151 s/w und 184 Farbabbildungen
Preis: 19,80 €
ISBN 978-3-937496-49-8

Text-Bild-Band
Modellautos 1:87 und ihre Vorbilder
Fahrzeuge aus dem Straßenbild der DDR
Günther Wappler
Dieser Band behandelt ausführlich die Entwicklung der Modellautos im Maßstab 1:87. Da die Vielfalt der DDR-Modellautos in den letzten Jahren zugenommen hat, stehen diese dabei im Blickpunkt der Betrachtung.
Format 28,5 x 22,5 cm, 196 Seiten, 998 Abbildungen (Fotos von Modellen, Vorbildern und Prospekten)
Preis: 29,80 €
ISBN 978-3-937496-67-2

Text-Bildband
Fahrzeuglexikon Trabant
Jürgen Lisse
Vor über 50 Jahren, im Jahre 1957, begann im VEB Automobilwerk Zwickau der Serienanlauf des Trabant. Die zweite, erweiterte Auflage, wird ergänzt durch umfangreiches Bildmaterial und die Entwicklungs-geschichte des "New Trabi".

Format 28,5 x 22,5 cm, 208 Seiten, zahlreiche s/w und Farbfotos
Preis: 29,80 €
ISBN 978-3-937496-34-4

Text-Bildband
Fahrzeuglexikon Framo / Barkas
Jürgen Lisse
Seit 1927 wurden bei Framo in Frankenberg Lieferwagen hergestellt. Als Nachfolger ging der von 1957 - 1992 gefertigte Barkas in die Automobilgeschichte ein. Im neuen Band des Fahrzeuglexikons werden alle Typen in gewohnter Detailtreue vorgestellt.

Format 28,5 x 22,5 cm, 208 Seiten, 56 s/w und 156 Farbfotos
Preis: 29,80 €
ISBN 978-3-937496-23-8

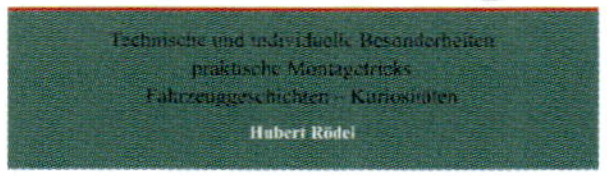

Text-Bild-Band
KRAFTFAHRZEUGVETERANEN
zwischen Mangel und Leidenschaft
Hubert Rödel

Technische und individuelle Besonderheiten, praktische Montagetricks, Fahrzeuggeschichten, Kuriositäten

28,5 x 22,5 cm, 144 Seiten, gebunden, 71 s/w, 179 Farbfotos
Preis: 26,50 €
ISBN 978-3-96564-004-7

Kraftfahrzeugveteranen zwischen Mangel und Leidenschaft – dabei handelt es sich vor allem um Fahrzeuge, welche in Zeiten des Mangels heiß begehrt waren. Sei es das Lastendreirad Rollfix, der Fahrradhilfsmotor von MAW, der Trabant Camping oder die BMW Isetta. Sie wurden von ihren Besitzern gehegt und gepflegt und schließlich, Jahrzehnte später, liebevoll restauriert. Der vorliegende Band stellt solche Fahrzeuge nicht nur mit technischen Details, sondern mit interessanten Geschichten und zahlreichen Schraubertipps vor. Viel zu erfahren gibt es auch über das Funktionieren der Kraftfahrzeug-Veteranenszene in einem Land, in dem schon der Kauf eines Alltagsautos mit langen Wartezeiten verbunden war.

Text-Bildband
Städtischer Nahverkehr in der DDR
einzigartige Momentaufnahmen von Peter Dönges
Andreas Riedel
In diesem Buch findet der Leser die bisher umfangreichste Zusammenstellung von historischen Alltagsszenen mit Straßenbahnen und Omnibussen in der DDR.

28,5 x 22,5 cm, 480 Seiten, gebunden 6 Farbfotos, 1.647 schwarz/weiß Fotos
Preis: 48,- €
ISBN 978-3-937496-95-5

Aufnahmen von Peter Dönges sind seit vielen Jahren fester Bestandteil einschlägiger Publikationen. Noch nie aber ist bisher eine derart repräsentative Auswahl von Bildern über einen Zeitraum von mehr als einem Vierteljahrhundert zusammengestellt und damit ein nahezu lückenloses Alltagsbild des Städtischen Nahverkehrs in der DDR in einer Zeitspanne von etwa 1952 bis 1981 gezeichnet worden. Um eine gewisse Übersicht zu behalten, sind die Kapitel in ihrer Abhandlung nach Städten und Bundesländern sortiert. Dieses Buch ist eine Fundgrube für all jene, die sich für verkehrsgeschichtliche Themen interessieren und ein Muss für jeden Nahverkehrsfan.

Weitere Verlagsprodukte (www.boettger-bildverlag.de):

- Bücher zur Regionalgeschichte, Reiseführer, Wanderhefte
- Bücher zu Technik und Verkehr (Eisenbahn, Kraftfahrzeuge, Modellautos, Modellbau)
- Postkartenkalender Eisenbahn, IFA-Fahrzeuge
- Ansichtskarten aus der Region Sachsen sowie mit Motiven von Eisenbahnen und Fahrzeugen
- Weihnachtskarten mit regionalen Ansichten und Landschaften (auch mit Umschlag)

Vom Ikarus 66 sind 1952 bis 1973 9.260 Busse gefertigt worden, von denen die DDR ab 1958 insgesamt über 5.900 Wagen erhalten hat, die über 30 Jahre lang das Alltagsbild auf den Straßen der DDR nachhaltig prägten.

Lediglich 75 der 1959 bis 1971 gebauten 9.121 Stadtwagen des Typs Ikarus 620 rollten in drei Serien in die DDR. Vom Landbus Ikarus 630 waren es immerhin 2.032 Wagen.